“十四五”时期国家重点出版物出版专项规划项目

大规模清洁能源高效消纳关键技术丛书

# 全清洁能源供电的研究与实现

方保民　李春来 等　编著

中国水利水电出版社
www.waterpub.com.cn
·北京·

## 内 容 提 要

本书为《大规模清洁能源高效消纳关键技术丛书》分册之一，总结了我国能源转型的发展现状和未来思路、青海清洁能源禀赋和青海电网现状、青海省“绿电 7 日”“绿电 9 日”“绿电 15 日”全清洁能源供电实践的组织和实施，并对全清洁能源供电实践对能源转型的影响等方面进行了深入剖析。

本书内容系统翔实，图文并茂，适合从事清洁能源发电、电力系统设计、调度、生产、运行等工作的工程技术人员参考使用，作为提高专业能力、扩充知识面的培训教材和参考资料，也可供相关专业的师生参阅。

**图书在版编目（CIP）数据**

全清洁能源供电的研究与实现 / 方保民等编著. -- 北京 : 中国水利水电出版社, 2023.5

（大规模清洁能源高效消纳关键技术丛书）

ISBN 978-7-5170-9353-4

Ⅰ. ①全… Ⅱ. ①方… Ⅲ. ①无污染能源－供电－研究 Ⅳ. ①X382②TM72

中国国家版本馆CIP数据核字(2023)第155656号

| | |
|---|---|
| 书 名 | 大规模清洁能源高效消纳关键技术丛书<br>**全清洁能源供电的研究与实现**<br>QUAN QINGJIE NENGYUAN GONGDIAN DE YANJIU YU SHIXIAN |
| 作 者 | 方保民 李春来 等 编著 |
| 出版发行 | 中国水利水电出版社<br>（北京市海淀区玉渊潭南路 1 号 D 座 100038）<br>网址：www.waterpub.com.cn<br>E-mail：sales@mwr.gov.cn<br>电话：（010）68545888（营销中心） |
| 经 售 | 北京科水图书销售有限公司<br>电话：（010）68545874、63202643<br>全国各地新华书店和相关出版物销售网点 |
| 排 版 | 中国水利水电出版社微机排版中心 |
| 印 刷 | 天津嘉恒印务有限公司 |
| 规 格 | 184mm×260mm 16 开本 16.25 印张 337 千字 |
| 版 次 | 2023 年 5 月第 1 版 2023 年 5 月第 1 次印刷 |
| 印 数 | 0001—3000 册 |
| 定 价 | **98.00** 元 |

# 《大规模清洁能源高效消纳关键技术丛书》
# 编　委　会

# 本书编委会

# Preface

# 序

世界能源低碳化步伐进一步加快，清洁能源将成为人类利用能源的主力。党的十九大报告指出：要推进绿色发展和生态文明建设，壮大清洁能源产业，构建清洁低碳、安全高效的能源体系。清洁能源的开发利用有利于促进生态平衡，发展绿色产业链，实现产业结构优化，促进经济可持续性发展。这既是对我中华民族伟大先哲们提出的“天人合一”思想的继承和发展，也是党中央、习近平总书记提出的“构建人类命运共同体”中“命运”质量提升的重要环节。截至2019年年底，我国清洁能源发电装机容量9.3亿kW，清洁能源发电装机容量约占全部电力装机容量的46.4%；其发电量2.6万亿kW·h，占全部发电量的35.8%。由此可见，以清洁能源替代化石能源是完全可行的。

现今我国风电、太阳能等可再生能源装机容量稳居世界之首；在政策制定、项目建设、装备制造、多技术集成等方面亦具有丰富的经验。然而，在取得如此优势的条件下，也存在着消纳利用不充分、区域发展不均衡等问题。目前清洁能源消纳主要面临以下困难：一是资源和需求呈逆向分布，导致跨省区输电压力较大；二是风电、光伏发电的出力受自然条件影响，使之在并网运行后给电力系统的调度运行带来了较大挑战；三是弃风弃光弃小水电现象严重。因此，亟须提高科学技术水平，更加有效促进清洁能源消纳的质和量，形成全社会促进清洁能源消纳的合力，建立清洁能源消纳的长效机制，促进清洁能源高质量发展，为我国能源结构调整建言献策，有利于解决清洁能源产业面临的各种技术难题。

“十年磨一剑。”本丛书作者为实现绿色能源高效利用，提高光、风、水、热等多种能源综合利用效率，不懈努力编写了《大规模清洁能源高效消纳关键技术丛书》。本丛书从基础研究、成果转化、工程示范、标准引领和推广应用五个环节着手介绍了能源网协调规划、多能互补电站建模、测试以及快速调节技术、多能协同发电运行控制技术、储能运行控制技术和全国集散式绿色能源库规模化建设等方面内容。展现了大规模清洁能源高效消纳领域的前沿技术，代表了我国清洁能源技术领域的世界领先水平，亦填补了上述科技工程领域的出版空白，望为响应党中央的能源转型战略号召起一名“排头兵”的作用。

这套丛书内容全面、知识新颖、语言精练、使用方便、适用性广，除介绍基本理论外，还特别通过实测建模、运行控制、测试评估等原创性科技内容对清洁能源上述关键问题的解决进行了详细论述。这里，我怀着愉悦的心情向读者推荐这套丛书，并相信该丛书可为从事清洁能源消纳工程技术研发、调度、生产、运行以及教学人员提供有价值的参考和有益的帮助。

中国科学院院士 卢强

2019 年 12 月

# Foreword 前言

能源是经济社会发展的重要物质基础。进入 21 世纪，随着能源安全、生态环境、气候变化等问题日益突出，以清洁、低碳、智能为特征的新一轮能源革命在全球范围内蓬勃兴起，能源生产清洁化、消费电气化、配置全球化成为大势所趋。控制化石能源消费，促进清洁能源发展，成为很多国家能源转型的重要方向。

我国能源消费总量位居世界第一，能源结构长期以化石能源为主，带来资源紧张、环境污染等突出问题，严重影响人们生产生活和经济社会可持续发展，优化能源结构、推进能源转型已刻不容缓。党中央、国务院高度重视清洁能源发展，习近平总书记在气候雄心峰会上强调，我国将提高国家自主贡献力度……到 2030 年，我国单位国内生产总值二氧化碳排放将比 2005 年下降 65%以上，非化石能源占一次能源消费比重将达到 25%左右，森林蓄积量将比 2005 年增加 60 亿 $m^3$，风电、太阳能发电总装机容量将达到 12 亿 kW 以上，确定了以新发展理念为引领，在推动高质量发展中促进经济社会发展全面绿色转型，把发展清洁能源作为我国能源转型的主攻方向。

2014 年 6 月，习近平总书记在中央财经领导小组第六次会议上提出能源"四个革命、一个合作"的重要论述，为推动中国能源转型提供了战略框架和基本遵循。2015 年 9 月 26 日，习近平总书记在联合国发展峰会上提出，探讨构建全球能源互联网，推动以清洁和绿色方式满足全球电力需求。2017 年 5 月 14 日，习近平总书记在"一带一路"国际合作高峰论坛上强调，抓住新一轮能源结构调整和能源技术变革趋势，建设全球能源互联网，实现绿色低碳发展。2017 年 10 月 18 日，习近平总书记在党的十九大报告中指出，推进能源生产和消费革命，构建清洁低碳、安全高效的能源体系。习近平总书记关于能源革命的一系列重要论述和指示，为加快清洁能源发展、推动能源转型、实现能源可持续发展指明了前进方向。

国家电网有限公司认真贯彻习近平总书记关于能源发展的重要指示，以实际行动贯彻落实国家能源战略，坚持把推动再电气化、构建能源互联网、以清洁和绿色方式满足电力需求作为基本使命，把服务新能源发展作为重要的政治任务，持续推进坚强智能电网建设，着力打造广泛互联、智能互动、灵活柔性、安全可控、开放共享的新一代电力系统，多措并举、综合施策、千方百计推动我国清洁能源快速健康发展。截至2019年年底，我国清洁能源发电装机容量已达到7.41亿kW，占全部电力装机容量的39.5%，其中水电、风电、太阳能发电装机容量分别为3.26亿kW、2.1亿kW、2.05亿kW，均位居世界第一。

青海地处雪域高原，地域广袤、风光壮美，是国家生态安全的重要屏障，是长江、黄河、澜沧江的发源地（简称三江源），被誉为“中华水塔”。青海水电资源丰富，理论蕴藏量2187万kW；风电可开发利用容量达7500万kW；太阳能资源得天独厚，总量约占全国总储量的9.3%，可开发利用容量达30亿kW，拥有10万$km^2$戈壁荒滩，适于发展光伏发电产业。风电和光伏发电在空间尺度和时间尺度上均呈现互补特性，具有多种能源互补协调运行的天然优势。

2016年8月，习近平总书记在青海考察时强调：“必须把生态文明建设放在突出位置来抓，尊重自然、顺应自然、保护自然，筑牢国家生态安全屏障……青海生态地位重要而特殊，必须担负起保护三江源、保护‘中华水塔’的重大责任……确保‘一江清水向东流’”。经过多年的努力，青海在推动能源清洁转型、保护绿色生态等方面取得了显著成绩，风能、太阳能等新能源快速发展。到2018年，青海已经形成了以水电、光伏、风电等清洁能源为主、火电为辅的能源供应格局，清洁能源消纳始终处于全国领先水平。

国家电网有限公司支持和服务新能源发展，积极探索适合我国国情的新能源发展道路。国网青海省电力公司在国家电网有限公司的领导下，结合青海省省情和公司技术创新成果，分别于2017年、2018年、2019年开展了“绿电7日”“绿电9日”以及“绿电15日”全清洁能源供电实践，并全部取得圆满成功，创造了我国全清洁能源供电新的世界纪录。“绿电7日”期间，青海电网水电供电量8.52亿kW·h，占72.3%；新能源供电量3.26亿kW·h，占27.7%；省内富余电量（含全部火电电量）通过交易外送陕西、宁夏、山东等省份，全省累计供电量11.78亿kW·h，相当于减少燃煤53.5万t，减排二氧化碳96.4万t。“绿电9日”期间，青海电网水电供电量16.12亿kW·h，占76.9%；新能源供电量4.19亿kW·h，占20%；省内富余电量（含全部火电电量）通过交易外送江苏、山东、陕西等省份，全省累计供电量17.6亿

kW·h，相当于减少燃煤80万t，减排二氧化碳144万t。“绿电15日”期间，青海电网水电供电量29.23亿kW·h，占73.4%；新能源供电量9.85亿kW·h，占24.8%；省内富余电量（含全部火电电量）以市场化交易方式送出省外，全省累计供电量28.39亿kW·h。三次全清洁能源供电全部以水、风、光等清洁能源供电，实现用电零排放，期间电网保持安全运行，全省供电秩序正常。

青海全清洁能源供电实践是国家电网有限公司贯彻落实习近平总书记重要讲话精神的实际行动，也是推进我国能源生产和消费革命的一次具体实践。通过这次实践，验证了国家电网有限公司消纳清洁能源措施的针对性和有效性，对于促进清洁能源消纳，积极探索符合国情的清洁能源发展之路，加快构建清洁低碳、安全高效的能源体系具有重要意义。同时，也对保护好青海这个“中华水塔”，筑牢国家生态安全屏障，保障中华民族永续发展等具有重要的启示意义。

青海全清洁能源供电在国内外产生了积极的反响，引起同行专家的高度关注，得到了各种媒体广泛报道，其中：《人民日报》在2017年6月18日头版发文予以报道；新华社刊发系列报道，指出能源供给侧改革的“青海样本”为绿色转型蹚出了一条新路；《经济日报》指出，一个省也可以通过努力，最大限度地摆脱对化石能源的依赖。作为西部边远地区，青海全清洁能源供电实践向人们展示了绿色能源使用的广阔前景。

为深入总结全清洁能源供电的技术与实践成果，更好地推动清洁能源发展，特编写本书。全书共分为9章，首先分析了世界能源转型和我国能源发展的形势与挑战，提出了我国能源转型的总体思路；然后从青海清洁能源资源禀赋和发电特性、电网及负荷特点、电力调度交易技术准备、总体策划与实施等方面，对“绿电7日”“绿电9日”“绿电15日”全清洁能源供电进行了全面系统记录和总结；最后探讨了青海进行全清洁能源供电实践的价值，展望了中国能源转型的未来情景。

青海全清洁能源供电实践验证了大规模、长时间、高占比清洁供电的现实可行性。在实践中我们深切感受到，能源转型涉及面广、技术性强、困难挑战多，是一项复杂的社会化系统工程。衷心希望本书的出版，能够引起社会各界对能源转型的广泛关注和重视，全社会共同努力，推动我国能源健康可持续发展。

本书在编制过程中，得到了国网青海省电力公司、青海省能源局、中国电力科学研究院有限公司及有关高校等单位的大力支持。清洁能源是一个发展中的领域，还有许多问题有待进一步研究。本书是一个初步研究和实践成果，诚望各界专家和广大读者提出各种宝贵意见和建议。同时，限于作者水平，本书难免有疏漏或错误之处，敬请读者批评指正。

**编者**

2023年3月

# Contents 目录

# 第1章

# 能源转型总体趋势

能源是人类经济社会发展的重要物质基础。第一次工业革命以来，传统化石能源大规模开发利用，有力支撑了经济社会的发展，促进了人类的文明进步，同时也带来了资源紧张、环境污染、气候变化等问题。随着矛盾持续积累，问题越加突出，给人类社会可持续发展带来严峻挑战。加快能源转型，构建清洁低碳、安全高效的能源体系迫在眉睫。

## 1.1 世界能源发展进程

近现代以来，以蒸汽机、内燃机以及发电机为代表的能源技术创新，先后引领了第一次工业革命和第二次工业革命，推动了人类能源利用从薪柴为主向煤炭为主、再向石油和天然气为主的两次能源转型，极大促进了生产力的发展，使人类社会从农业文明逐步迈向现代工业文明。进入21世纪，随着技术进步和生态环保要求的提高，以清洁低碳为方向，以再电气化为重要路径，以风能、太阳能等清洁能源大规模开发利用为突出标志的新一轮能源转型正在推进。

### 1.1.1 前两次能源转型

人类文明经历了漫长的农业文明阶段，可供利用的能源主要来自薪柴等生物质能和风力、水力等自然动力。16世纪末期开始，随着人口数量和经济规模的迅速扩大，薪柴供应能力有限，生物质能和自然动力难以满足人类生产的用能需求，煤炭作为替代品逐步得到了发展。18世纪60年代，英国发明了以煤炭为燃料的蒸汽机，第一次工业革命拉开序幕，蒸汽机得到广泛应用，机器生产逐渐普及，对煤炭的需求大大增加，促使煤炭占世界一次能源消费的比重逐步提高。19世纪80年代前后，煤炭取代薪柴，成为世界主导能源，人类能源供给由薪柴时代进入煤炭时代，人类社会也由农业文明进入工业文明。

人类进入工业文明以后，能源生产利用技术加速进步。美国1859年在宾夕法尼亚州的缇特斯韦尔（Titusville）地区挖掘了第一口商业油井，标志着世界现代石油产业的开端。19 世纪中后期，内燃机和发电机的发明应用，推动了第二次工业革命。内燃机的大范围推广应用，促进了石油在交通运输行业的利用。两次世界大战前后，汽车、航空工业迅速发展，跨国石油公司开始出现，石油消费快速增长。同期，美国大型管线技术进步和燃气输送系统出现，使得天然气的开发利用进入了快车道。大量天然气田的发现，进一步提高了天然气在世界能源供应中的地位。20 世纪 60 年代，石油和天然气占世界一次能源消费的比重超过煤炭，成为世界主导能源；其中，1965 年石油消费超过煤炭，人类社会由煤炭时代进入油气时代。世界一次能源消费结构变化情况如图 1－1 所示。

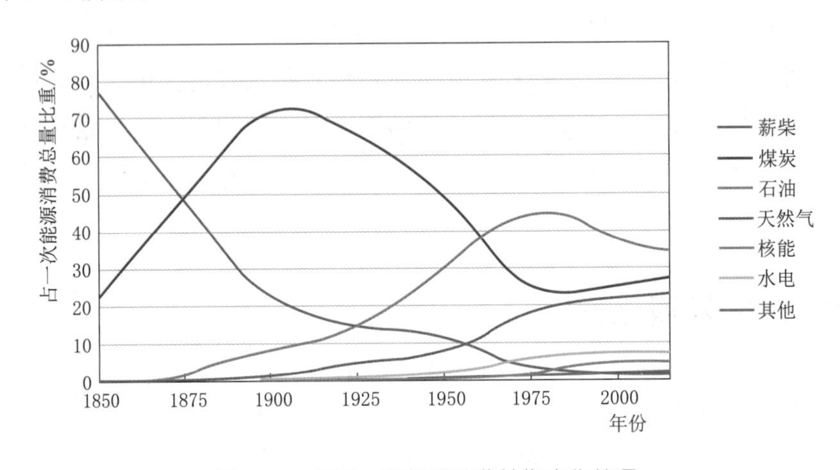


图 1－1　世界一次能源消费结构变化情况

综合前两次能源转型历史来看，推动能源转型的因素主要包括两个方面：一是能源消费需求的变化；二是能源利用技术的重大变革。第一次能源转型的发生主要受能源需求驱动，大范围扩大则取决于蒸汽机技术的进步。国家范围内的第一次能源转型首先发生在英国，于第一次工业革命之前完成。16 世纪末期，英国能源需求受经济和人口快速增长的影响而迅速增加，薪柴难以满足用能需求，促使英国主导能源由薪柴转向煤炭。第二次能源转型的发生主要受能源利用技术变革驱动。19 世纪中后期，第二次工业革命爆发，油气开采技术、内燃机和管线技术等取得突破，促进了石油和天然气的大规模利用。石油资源丰富、技术先进的美国率先开始了由煤炭为主向油气为主的第二次能源转型，之后随着技术传播和环境问题的出现，第二次能源转型迅速在欧美发达国家间扩大。

### 1.1.2　新一轮能源转型

21 世纪以来，化石能源大规模开发利用带来的气候变化、资源紧张、生态环境破坏等问题越来越得到世界各国的重视，全球能源科技创新进入活跃期，推动新一轮能源转型的孕育和发展。

#### 1.1.2.1 驱动因素

1. 应对气候变化

目前，全球气候变化已经成为不争的事实，普遍观点认为，温室气体排放是导致气候变化的主要因素。2013年，联合国政府间气候变化专门委员会（The Intergovernmental Panel on Climate Change，IPCC）发布第五次评估报告，研究结果表明过去三个十年地表温度连续偏暖于1850年以来的任何一个十年；大气中二氧化碳、甲烷、一氧化二氮等温室气体的浓度已经上升到过去80万年以来的最高水平。1951—2010年间温室气体排放贡献了地表平均温度升高的0.5～1.3℃，是造成地表升温的首要因素。

气候变化会产生地球冰盖融化、沿海地区淹没、良田变成沙漠、物种减少、极端天气增加等一系列连锁反应，给人类生活带来极大的伤害，世界经济也会遭到难以挽回的损失。IPCC第五次评估报告研究显示，过去20年，格陵兰岛和南极冰盖已大量消失，世界范围内的冰川持续萎缩，海平面上升的速度不断加快。2016年，英国《自然·气候变化》月刊发表的一份研究报告显示，气候变化可能给全球金融资产造成2.5万亿美元的损失，造成损失的原因包括极端天气带来的直接破坏和由干旱、高温等导致的部分行业收入下降等。

化石燃料燃烧是温室气体排放的主要来源之一。英国石油公司（BP）统计数据显示，截至2019年年底，全球化石燃料燃烧排放的二氧化碳达到368亿t，约占全部人类活动温室气体排放的60%。因此，减少化石能源消耗，控制碳排放，在全球取得广泛认识。2015年第21届联合国气候变化大会上，近200个缔约方一致同意通过《巴黎协定》，同意本世纪内将全球气温较工业化前水平的升幅控制在2℃以内，并努力把温升控制在1.5℃以内。在应对气候变化、降低化石能源碳排放的驱动下，清洁能源受到高度重视，开发利用力度持续加大，推动新一轮能源转型不断发展。

2. 保障能源安全

20世纪中后期两次石油危机的爆发，引发了世界各国对能源安全问题的广泛思考。1973年，受第四次中东战争等因素影响，石油输出国组织大幅提高石油价格，引发了第一次石油危机，对石油进口国经济造成严重的冲击。1978年，受世界第二大石油出口国伊朗政局变化和两伊战争等因素的影响，全球石油产量骤减，油价暴涨，爆发第二次石油危机，导致西方经济全面衰退。这两次石油危机，引发了全球对能源安全问题的高度重视，如何保障能源可靠供应、维护国家能源安全成为世界各国能源战略考虑的主要问题。以美国为例，第一次石油危机之后，“能源独立”成为美国各届政府能源政策的核心内容，“加快国内非常规油气开发”“提高能效和开发清洁能源”成为解决能源安全问题的重要举措。

能源安全问题受化石能源储量有限性、分布不均衡性、配置不稳定性三方面因素的影响。

（1）世界化石能源资源经过数百年的大规模开采，其持续供应保障能力面临着很大挑战。截至 2019 年年底，全球煤炭、石油和天然气剩余探明可采储量分别为 10550 亿 t、2305.8 亿 t 和 205.2 万亿 $m^3$；按照当前世界平均开采强度，分别可开采 134 年、50 年和 53 年。

（2）全球油气资源的地理分布比较集中，供需呈逆向分布格局，进口国油气资源供应受地缘政治和国际局势影响较大，能源供应风险较高。随着世界能源生产中心西移、消费中心东倾，对欧洲和亚太地区能源安全问题的关注度持续上升。其中，欧盟能源对外依存度长期维持在 50%以上；我国石油、天然气对外依存度持续上升，分别由 2010 年的 55%和 12%上升到 2019 的 70.8%和 43%左右。

（3）全球主要的化石能源运输通道地处瓶颈区域，大多存在利益关系错综复杂、政治局势不稳、地区关系紧张等问题，增大了能源供应链的安全风险。

基于对能源安全问题的高度重视，大力发展分布广泛、储量无限的清洁能源，提高能源供应多元化程度，成为世界许多国家的共同选择。

3. 保护生态环境

化石能源开采、储运过程中，对土壤、水体和大气等环境造成污染，而且对地表生态等产生破坏。煤炭开采会造成地表塌陷，矿井排水会导致地下水位下降、地表沉降等一系列问题，若不经处理排放还会污染附近地表水体；煤炭开采过程中还会对地面基础设施、地表植物景观等造成损坏；煤炭运输过程中产生的煤尘，严重污染沿线生态环境。油气开采过程中同样会产生废水、废气等污染，输油管道一旦突发泄漏情况，不仅会污染生态环境，甚至有可能发生爆炸，严重危害人类生命健康。

化石能源燃烧过程中会排放细颗粒物、$SO_2$、氮氧化物等污染物，造成灰霾和酸雨，严重影响民众身心健康和生产生活。美国环保署 2009 年发布的《关于空气颗粒物综合科学评估报告》指出，大气细粒子能吸附大量致癌物质和基因毒性诱变物质，加剧呼吸系统及心脏系统疾病恶化、改变人体免疫结构、提高死亡率等。1930 年比利时马斯河谷烟雾事件导致河谷工业区几千居民呼吸道发病。1952 年伦敦硫酸烟雾事件导致伦敦发生哮喘、咳嗽等呼吸道症状的病人明显增多，市民死亡率陡增。1943—1970 年间的美国洛杉矶光化学烟雾污染导致洛杉矶大量居民发病甚至死亡、农作物减产、材料和建筑物被腐蚀、交通事故增多等。《2019 年中国环境状况公报》显示，2019 年全国 337 个地级及以上城市中，157 个城市环境空气质量达标，180 个城市环境空气质量超标，占全部城市数的 53.4%；337 个城市累计发生严重污染天数 452 天，发生重度污染 1666 天；PM2.5、PM10、$O_3$、$SO_2$、$NO_2$ 和 CO 浓度分别为 $36\mu g/m^3$、$63\mu g/m^3$、$148\mu g/m^3$、$11\mu g/m^3$、$26\mu g/m^3$、$1.4\mu g/m^3$。

清洁能源在开发利用过程中，对生态环境的影响相对较小。风能和太阳能发电过程中不排放烟尘、二氧化硫和氮氧化物等空气污染物，清洁化程度较传统化石能源大大提高。因此，随着保护生态环境、促进可持续发展的理念深入人心，清洁能源开发利用受到世界各国的高度重视，能源结构逐步由化石能源为主向清洁能源为主转变已成为必然趋势。

4. 技术创新与进步

能源技术创新和进步是引领能源产业变革的主要源动力。21世纪以来，世界各主要国家采取了各种措施促进新兴能源技术发展。美国自2003年以来，先后发布了《氢能燃料计划》《生物燃料计划》《阳光美国计划》《洁净煤发电计划》《全面能源战略》等相关政策，促进清洁燃料技术发展。欧盟于2007年和2012年分别制定了《欧盟第七科技框架计划》和《2050能源科技路线图》，提出加强可再生能源、洁净煤、智能电网等技术投资和研究。我国于2005年和2016年分别制定了《可再生能源法》和《能源技术革命创新行动计划（2016—2030年）》，促进可再生能源健康发展，强调要充分发挥能源技术创新在建设清洁低碳、安全高效现代能源体系中的引领和支撑作用。在国家政策措施激励下，能源科技创新蓬勃发展。

在能源开发环节，最显著的技术进步表现为非常规油气资源勘探开发技术和新能源发电技术的发展。美国“页岩气革命”之后，页岩油气和致密油气等非常规油气开发利用技术不断进步，但非常规油气仍然属于化石能源，在可持续供应和减少碳排放方面面临一定挑战。在新能源发电技术领域，风电和太阳能发电效率和经济性不断进步。风电单机容量和效率大幅提升，光伏能量转换效率可以达到20%左右，新能源发电商业化应用规模不断扩大。根据世界风能理事会发布的《全球风电报告2018》，风电正逐渐向完全商业化且不需要补贴的方向发展，墨西哥的招标价格已经低于1.77美分/(kW·h)。2017年10月，在沙特阿拉伯的300MW光伏项目招标中，最低竞标价格低至1.786美分/(kW·h)。随着近年来风电技术的大型化发展和智能控制系统的应用，电池转换效率和系统稳定性的提高，清洁能源发电将因更具经济性而获得大规模开发利用。

在能源配置环节，特高压输电技术、柔性输电技术和智能配电网技术快速发展。特高压输电技术是目前世界上最先进的输电技术，具有大容量、远距离、低损耗、占地少的综合优势，它的发展为清洁能源大规模开发、远距离输电、大范围配置提供了可能。柔性输电技术能够大幅提高电力系统运行稳定性和可靠性，它的发展为智能电网发展提供了保障。智能配电网技术具备强大的资源优化配置能力和更加稳定的运行水平，为适应和促进清洁能源的发展创造了条件。

在能源消费环节，电动汽车、电采暖等电能替代技术快速进步。随着电气化铁路、电动汽车等技术的快速发展，以交通部门为代表的用电新领域不断涌现；同时，电加热、电采暖等用电设施也逐步推广应用，促使传统制造业和居民生活用电程度不断深化。电能替代技术的发展改变了能源消费状况，推动了电能在终端能源消费环节的大范围应用，间接促进了清洁能源的大规模并网利用。

综合来看，气候变化、能源安全、环境破坏等问题决定了以化石能源为主导的传统能源发展模式必将难以为继，技术创新和进步为清洁能源的发展创造了条件。改变传统能源发展模式，促进清洁能源大规模开发利用将是新一轮能源转型的必由之路。

#### 1.1.2.2 转型趋势

1. 能源生产和消费向清洁低碳化演变

为了有效应对气候变化、能源安全和环境破坏等挑战，世界各主要国家都将发展可再生能源作为重要举措。德国 2000 年通过《可再生能源法》，确立了可再生能源强制收购补贴体系，并通过投资补贴和科技创新大力推动太阳能、风能等可再生能源的推广和应用。在政策激励和技术进步作用下，德国可再生能源快速发展，2019 年可再生能源发电量比重达到 40%。此外，德国还在国家能源系统改革战略“能源转型计划”中承诺，2050 年可再生能源供电比重达到 80%，温室气体排放量较 1990 年下降 80%～95%。美国小布什政府主要通过提供资金支持和税收优惠等方式，鼓励太阳能、风能、生物质能、地热能等可再生能源开发利用；奥巴马政府通过在经济领域设定碳排放上限和交易制度等措施，控制温室气体排放，并承诺到 2050 年将温室气体排放量在 2005 年水平上减少 83%。我国 2005 年颁布了《可再生能源法》，并通过补贴、优先上网等一系列产业保护政策支持风能和太阳能发展，目前已成为世界上清洁能源装机容量和发电量第一大国。此外，我国在《能源生产和消费革命战略（2016—2030 年）》中提出，2030 年非化石能源占一次能源消费比重达到 20%，二氧化碳排放达到峰值并争取尽早达峰。在能源清洁低碳化目标的推动下，各国将持续促进清洁能源发展，随着清洁能源的大规模开发利用，能源生产和消费结构向低碳清洁化转变将成为新一轮能源转型的一个必然趋势。

2. 能源供应体系向多元化转变

新一轮能源转型中主导能源由化石能源向清洁能源转变。水能可以转换为电力使用，但能用于水力发电的水能资源有限；风能和太阳能资源丰富，分布广泛，但是能量密度低，出力不稳定；生物质能和地热能受资源供应量和位置的限制较大；因而任何一种清洁能源品种都不具备成为单一主导能源的潜质。未来能源供应体系将会形成以水能、风能、太阳能、生物质能等多种清洁能源为主，以煤炭、石油、天然气、核能等为辅的格局。从国家战略来看，世界各国均将能源供应多元化视为保障能源安全和促进经济发展的关键。例如，美国一方面着力推进国内油气资源勘探开发，另一方面加快推动生物质能、氢能和电动汽车等的发展，同时坚持能源进口来源多元化；欧盟除了大力促进区域内清洁能源资源开发利用，还致力于与主要能源生产国和供应国建立平等对话关系，保证进口来源多样化；日本则既重视能源进口来源多元化，又积极促进国内核电和清洁能源发展；我国积极推动能源供应革命，大力推进煤炭清洁高效利用和非煤能源发展，着力形成煤、油、气、核、清洁能源多轮驱动的能源供应体系。综合来看，世界各主要国家在大力促进风能、太阳能等清洁能源发展的同时，也在着力推动化石能源的清洁化利用，未来能源供应体系将由目前的煤、石油、天然气"三分天下"的格局向以清洁能源为主导的多元化格局转变。

3. 数字技术和能源技术深度融合

21 世纪以来，数字、通信、互联网等新技术快速进步，能源科技创新不断发展，以能源技术为主导的传统能源体系正在发生深刻变化。一方面，随着清洁能源的大规模开发利用，风电和太阳能发电规模化并网使得传统电力系统安全稳定运行面临挑战，大规模间歇式能源的智能发电与友好并网要求能源技术与现代信息技术深度融合；另一方面，储能设施、电动汽车等新型用能设施在能源系统广泛应用，智慧用能、绿色能源灵活交易、能源大数据服务应用等新模式和新业态相继涌现，要实现能源智能双向按需传输和动态平衡使用，最大限度地适应新型用户接入并满足不同用户需求，需要有效利用大数据、云计算、物联网和移动互联网等数字技术。当前，数字技术正加速与能源产业相互融合，物联网技术和移动互联网技术可以提供能源全生命周期的信息实时采集与处理，大数据与云计算技术可以促进信息流和能量流的紧密融合，进而通过其他互联网应用技术满足不同用户的差异化需求。未来，随着新一轮能源转型的深入推进，能源系统将与"云大物智移"等数字技术深度融合，推进智慧能源体系加速形成。

4. 终端用电水平不断提高

电能具有清洁、高效、便捷的优势，所有的一次能源都可以转换成电能，电能又可以较为方便地转换为机械能、热能等其他形式的能源并实现精密控制，这些特性使电能在现代经济社会中得到了广泛应用。世界工业化和城市化水平不断提高的过程，也是电能在工业生产和居民生活中不断普及的过程。随着电能替代技术的发展和进步，通过电能满足各种能源需求，将日益成为社会生产生活方式变革的常态，电能在终端能源消费中的比重将日益提高。根据国际能源署预测，未来工业、居民等终端部门的电力需求增长最快，采暖和交通领域电能应用范围不断扩大，推动电力在终端能源消费中的比重持续提升。

### 1.1.3 再电气化

19 世纪后期电的发明和在 20 世纪的广泛应用，直接推动了第二次工业革命，开启了崭新的电气化时代，对生产力的繁荣发展和社会文明进步起到了前所未有的促进作用。随着新一轮能源转型在世界范围内的快速推进，未来将是更加绿色、更加智能、更加广泛的再电气化时代。

#### 1.1.3.1 世界电气化进程

电气化是指能源需求向电力转化的过程，也即用电力替代其他形式能源并带动电力需求不断增长的过程。电气化程度，即社会经济发展对电力的依赖程度，通常用两个指标来衡量：一是发电能源占一次能源消费总量的百分比（发电用能占比），它反映电力在能源系统中的地位；二是电力占终端能源消费总量的百分比（终端电能占比），用来度量各类用户的电力消费水平，反映电力对社会经济发展的作用。

从发电用能占一次能源消费的比重来看，全球发电用能占比经过前期快速提升，近期进入平稳发展阶段，发达国家普遍高于发展中国家。发达国家发电用能占比在经历了快速提升阶段后，普遍在20世纪80、90年代步入平稳阶段；进入21世纪后，受页岩气革命、经济危机、弃核政策等影响，部分发达国家发电用能占比出现小幅波动。发展中国家的发电用能占比一直处于提升阶段，特别是包括我国在内的金砖国家，经济社会持续快速发展，能源生产侧电气化水平已快速攀升至经济合作与发展组织（Organization for Economic Co-operation and Development，OECD）国家水平。2000年以来，无论是发达国家还是发展中国家，风电、太阳能发电均得到迅猛发展，清洁能源发电量在电源装机容量和发电量结构中的比重不断上升，据英国能源巨头——英国石油公司（BP）最新发布的世界能源统计数据显示，2019年全球清洁能源发电量占比达36.4%，而煤电占比36.4%，这是历史上首次清洁能源发电量占比与煤电占比相当。

从电力占终端能源消费总量的百分比来看，全球终端电能占比长期保持“稳步提升”态势，发达国家增长放缓，新兴市场国家快速提升。发达国家整体电气化水平提升放缓多受产业结构持续调整、替代能源竞争力增强等因素的影响，处于工业化后期的发达国家终端电能占比普遍在20%～25%区间波动，尤其是21世纪以来，发达国家终端电气化水平基本稳定。发展中国家受工业化进程推动，终端电能占比迅速提升，成为全球终端消费侧电气化水平稳步提升的主要动力。在金砖国家中，我国终端电能占比仅低于南非。

从发电用能占比来分析，主要影响世界电气化进程的因素包括：煤炭、水能、核能的广泛利用促进电气化水平快速提升，非常规油气的兴起放缓了其提升速度，但上述能源发展都一定程度受到资源、环境、生态、安全等因素的限制。

（1）煤炭面临碳减排巨大压力。对于煤炭资源丰富的国家，比如我国和印度，21世纪前，煤炭的电气化利用是发电用能占比提升的主要推动力，但其高碳特性短时难以改变，无法仅靠煤炭清洁化利用支撑能源转型。

（2）非常规油气开采环节存在环境和生态影响。随着页岩革命的不断推进，近10年来页岩油、页岩气、可燃冰等非常规油气产量大幅提升。以美国为代表，2006—2016年页岩气产量增加10倍，促进了化石能源的非电利用，发电用能占比持续下降。然而，页岩油气开采过程中所带来的水资源占用、水污染、地质灾害等多种环境问题仍没有很好的解决途径，可燃冰开采过程中也面临生态环境破坏和温室气体排放等问题。

（3）水电受资源潜力、生态保护制约。水电作为一种清洁能源，对于水能资源丰富的国家，可以以此提高一定比例的电气化水平。但水电的进一步开发将受到资源约束、开发成本升高（特别是移民成本）、生态环境保护等多种因素限制，未来不能完全支撑能源转型的目标实现。

（4）核电具有“双刃剑”属性。对于化石能源资源贫乏的国家，核电的广泛利用是一种提高能源自给能力与电气化水平的重要途径。但同时，核电具有潜在的安全风险，2011年日本福岛核事故发生之后，“弃核”政策导致日本发电用能中核电占比大幅下降。

（5）新能源发展面临机遇与挑战。新能源作为一种可再生的非化石能源，可以较好地应对气候变化和环境污染、解决资源短缺问题。随着技术逐步成熟、成本逐渐下降，近年来，全球新能源发展迅猛。2019年，全球风电和太阳能发电累计装机容量达1209.1GW。然而，新能源发电的电力电子特性、出力的随机波动性也给电力系统运行带来巨大挑战。

从终端电能占比来分析，世界电气化进程主要影响因素包括经济发展、可选能源、产业结构等。进入工业化后期，第三产业比重较高的发达国家的电气化水平普遍较高。另外，可选能源资源禀赋和经济性直接影响终端电能的竞争力。

（1）经济发展与电气化水平相互影响。电气化水平与经济社会发展互为促进、相互影响。一方面，经济发展要求劳动效率不断提高，促进了电能在终端用能的比例提升；另一方面，以电为动力的工业革命实现了由单纯机械生产向批量大规模生产的跨越，大大提高了劳动效率，创造了巨大的生产力，推动了全球经济的蓬勃发展。

（2）可选能源影响终端电能竞争力。资源禀赋决定终端消费可选能源品种，这些可选能源的经济性影响电能竞争力。比如，英国和俄罗斯拥有丰富的天然气资源，冬季采暖以气为主，两国的居民电气化水平长期维持在20%～30%和10%以下的较低水平，远低于其他发达国家40%～50%的普遍水平。

（3）产业结构对电气化水平影响巨大。不同经济部门用电需求有明显差别，产业结构对电气化水平影响巨大。从典型国家看，全球化背景下美国制造业转移对电气化水平的影响被信息时代服务业的蓬勃发展对冲，近年来美国整体电气化水平维持平稳。从典型城市来看，东京、巴黎、伦敦等国际化都市电气化水平在30%～35%，其他工业或航运占有较大份额的城市，电气化水平在20%左右。

**1.1.3.2 再电气化的内涵**

进入21世纪，以建立清洁低碳现代能源体系为目标的能源革命在全球蓬勃兴起，新一轮能源转型加速推进，正在开启一段新的电气化进程，即再电气化。与传统工业化时期的电气化进程相比，再电气化在数量、质量和用电方式上均有不同，具体体现在下述几个方面：

1. 量的“再”增长

国家工业化与全球信息化推动电力需求“再”度较快增长。进入21世纪以来，经济合作与发展组织（OECD）内的发达国家经济发展进入后工业化阶段，能源消费总量保持相对平稳。未来，随着我国、印度等发展中国家工业化进程的持续推进，经济结构与产业结构深度调整，电能作为清洁高效的动力源，导致电力需求将保持较快增长。同时，全球信息化技术迅猛发展，“大云物移”等数字技术的应用以电能为重要载体，随着数字技术与其他传统产业的深度融合，将会催生社会生产的新模式和新业态，也会促使对电能的需求不断提升。

电能的替代竞争力增强激发用电潜力“再”度释放。进入电气时代以来，电动机的推广应用挖掘了各领域的用电潜力。在技术进步推动下，民用、工业、商业、建筑、交通等领域以电代煤、以电代油的力度将越来越大，电能替代范围将越来越广。未来，随着工业领域智能制造与自动化生产的不断升级，交通领域电动汽车与电气化铁路的潜力释放，商业领域信息通信等第三产业的规模扩大，电能替代的潜力和规模巨大。

全球来看，终端电气化水平在发达国家先行工业化和新兴市场国家追赶发展的推动下稳步提升；部分发达国家在终端电气化水平达到20%后进入波动增长平台期。未来，受工业电气化稳步提升、交通电气化快速提高、建筑电气化大力推广等因素驱动，全球终端电气化水平将要步入“加快攀升”轨道。预计2040年超过30%，2035—2040年电能超越石油成为终端第一大能源，2050年有望超过35%。全球终端电能占比发展趋势如图1-2所示。

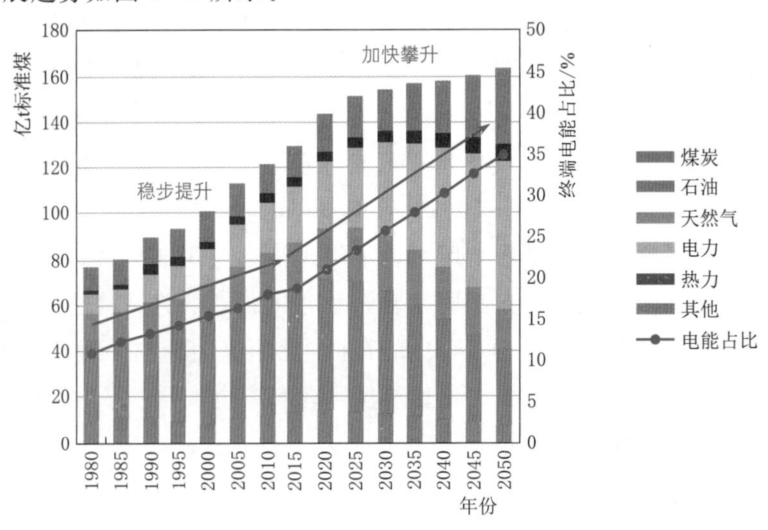


图1-2　全球终端电能占比发展趋势

2. 质的“再”提升

清洁能源规模化开发利用促进能源结构“再”次调整。化石能源的大规模开发利用，满足了人类工业化进程中快速增长的用能需求，但生态环境也遭受了较严重的污染。未来，随着风电和太阳能发电等技术逐渐成熟、成本逐渐下降，大规模清洁能源发电利用将降低系统供应成本，推动能源生产侧电气化水平的提高。

电能的提供方式和消费方式更加绿色，推动了电气化质量“再”次提升。绿色是构筑人与自然和谐共生、可持续发展的基础，也是电气化发展的本色。不仅包含了以风、光、水等清洁能源为主的能源结构绿色化，还包含了煤炭绿色开采和清洁利用、煤电超低排放升级改造、能效升级等能效绿色化。同时，积极实施电能替代工程，提高电能在终端能源消费中的比重，培育良好的市场服务和应用环境，形成用能质量绿色化；通过用能习惯的不断培养纠正，将节能意识潜移默化地根植于每个人心中，形成用能习惯的绿色化。

3. 用电方式的新变化

经济技术发展促进用户用电方式“再”度变化。随着我国经济社会快速发展，广大用户对生活品质的要求越来越高，以“互联网＋”为载体的智慧化生活方式成为这个时代不可逆转的趋势。用电方式上，储能设施、电动汽车等新的用能设备和智慧家居等新的用电需求不断涌现，用能方式更加灵活多样，并向智能化方向发展。

数字技术与能源技术深度融合满足用户多样化需求。随着数字技术不断融入到能源产业，能源电力生产者和消费者之间的融合交互加强，电力与信息呈现双向交互，电力服务与供热、供气系统及交通系统耦合程度加深。电力具备灵活可控、多元可变特性，可实现与互联网等信息技术更便捷和精准的互动，满足多元化的能源消费需求，推动能源消费从单向、被动的用电方式，向互动、灵活的智能化用电方式转变。未来，电能生产、传输、配置、利用等各环节的智能化水平将不断提升，系统自愈能力和用户友好性将显著增强，有效满足各类电源灵活接入、设备即插即用、用户互动服务等需求。

## 1.2 我国能源发展形势

我国能源结构长期以化石能源为主，能源消费量大且仍在持续增长，由此带来的生态环保、能源安全等压力十分突出，大力推进能源转型势在必行。近年来，国家积极推动建立清洁低碳、安全高效的能源体系，能源生产和消费结构发生较大变化，取得了显著成绩。然而，实现远景战略目标的任务仍十分艰巨，大规模发展清洁能源仍面临一系列挑战。

### 1.2.1 能源生产和消费情况

1. 能源资源禀赋

我国能源资源总体呈现“富煤、贫油、少气、多可再生”的特点。截至2019年年底，全国化石能源剩余探明可采储量中煤炭1688.1亿t、石油37.3亿t、天然气59674.16亿$m^3$，世界占比分别为13.2%、1.5%、2.8%。按照当前开采速度，煤炭、石油、天然气储采比分别为41年、19年、40年，均低于世界平均水平。清洁能源中水电技术可开发量约6.87亿kW，年发电量约$3\times10^4$亿kW·h，西南占69.3%、西北占9.65%；陆地80m高度风能资源技术可开发量35亿kW，近海水深5～25m范围内风能资源潜在技术可开发量为1.9亿kW（以多年平均有效风功率密度大于等于300W/$m^2$为标准）；每年陆地太阳辐射总能量约$1.47\times10^8$亿kW·h，相当于$1.8\times10^4$亿t标准煤。

我国能源资源与能源消费分布不平衡。我国能源资源主要分布在西部和北部地区，能源消费则主要集中在东中部地区，90%以上的煤炭资源分布在秦岭—淮河以北地区，山西、陕西、新疆、内蒙古四省（自治区）占比达到70%左右；石油资源主要分布在新疆、山东、陕西、甘肃等地区；80%左右的天然气资源分布在西部地区；水能资源主要分布在西部地区，陆上风能资源主要分布在“三北”地区，太阳能资源主要分布在西北地区。我国70%以上的能源消费集中在长江三角洲、珠江三角洲和京津冀等经济发达地区。总体来看，我国能源资源分布与需求呈逆向分布格局，客观上需要在全国范围内自西向东、自北向南大规模、远距离调配能源。

2. 能源生产和消费

21世纪以来，我国能源产业发展迅速，能源生产和消费总量持续增加。2000—2018年，我国一次能源生产总量从13.9亿t标准煤增长到39.7亿t标准煤，年均增长率达到7.6%；一次能源消费总量从14.7亿t标准煤提高到39.7亿t标准煤，年均增长率达到3.3%，平均消费增速居世界首位。“十五”期间，我国经济高速发展，GDP年均增长率接近10%，促使能源生产和消费维持较高增速，2004年能源生产和消费增速分别高达15.6%和16.8%。“十一五”期间，国家节能减排政策大力推进，再加上2008年世界金融危机导致我国经济发展放缓，能源生产和消费增速有所下降。“十二五”期间，受我国经济增速放缓、产业结构调整等因素的影响，能源生产和消费增速持续放缓，一次能源生产总量基本稳定，消费总量平稳增长。“十三五”以来，我国宏观经济和工业发展稳中向好，能源生产和消费总量缓慢提升。近年来我国一次能源生产和消费变化情况如图1-3所示。

受能源资源禀赋和国家能源发展战略影响，我国能源生产和消费结构长期以煤为主，整体上不断优化。2000年以来，我国煤炭生产占比一直维持在70%左右，煤炭

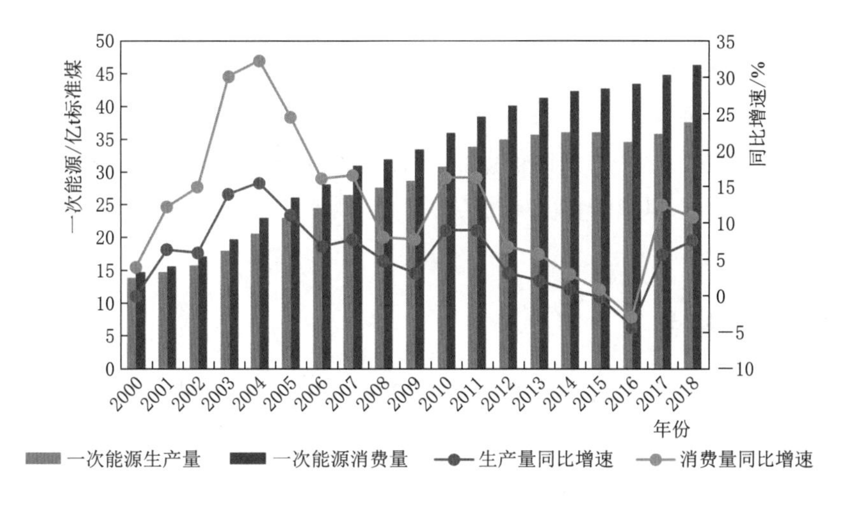


图1-3　2000—2018年我国一次能源生产和消费变化情况

消费占比下降明显。“十五”和“十一五”期间，煤炭消费占比一直维持在70%左右，2003—2007年，我国经济快速增长，国内能源供应紧张，煤炭消费占比有所上升，最高达72.7%。“十二五”以来，随着我国大气环境污染问题日益加剧，煤炭利用受到限制，煤炭消费占比大幅度下降，从2011年的70.3%下降至2018年的57.7%，比上年下降1.5个百分点；能源消费结构调整步伐明显加快，2018年，我国非化石能源占能源消费比重达15.3%，淘汰煤炭落后产能1亿t左右；2011—2018年，非化石能源消费占比提高了7.6个百分点，较2000—2010年间增加了5.5个百分点。我国一次能源消费占比情况如图1-4所示。

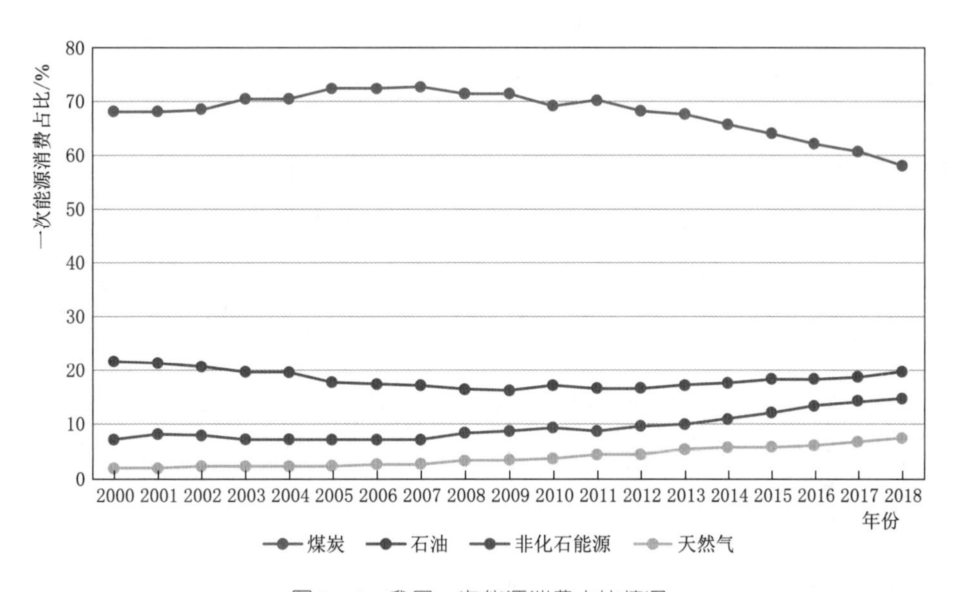


图1-4　我国一次能源消费占比情况

总体来看，我国能源消费体量大，能源消费需求刚性增长，煤炭主体地位短时间内难以动摇。能源消费地区性差异显著，东中部地区能源消费量显著高于其他地区。能源利用效率不断提高，能源消费弹性系数从改革开放前的大于1发展到2019年的0.54。目前，我国已经确立了控制能源消费总量的整体要求，未来在能源效率和生态环保的双重约束下，能源消费的重点在于持续不断改善能源消费结构，提高能源利用效率。

### 1.2.2 能源转型特点

习近平总书记在十九大报告中提出："推进能源生产和消费革命，构建清洁低碳、安全高效的能源体系"，为我国能源转型指明了方向。综合考虑我国能源消费总量大且仍将保持持续增长，能源消费结构以煤为主，能效水平相对较低，体制机制改革尚在推进，地区发展不平衡显著等问题，我国能源转型主要呈现出下述五个特点。

*1. 我国的基本国情决定了能源转型路径异于世界其他国家*

从能源转型的进程来看，我国目前正处于煤炭时代，考虑到我国能源资源禀赋、能源生产与消费结构等基本国情，将跨越油气时代直接向清洁能源时代转型。能源转型进程与国家经济和能源特征密切相关。欧美发达国家经验表明，油气资源禀赋是一个国家能源发展能否从煤炭时代成功跨越到油气时代的关键。英国向油气转型起步很早，但直到1965年北海天然气田的发现，才使得英国迅速迈入油气时代。德国1972年石油消费占比首次超过煤炭，但由于其国内石油缺乏，再加上1973年国际石油价格暴涨，1972—1991年煤炭再次成为其主导能源。

我国煤炭资源丰富，油气资源相对贫乏。油气资源消费严重依赖进口，2019年石油和天然气对外依存度分别高达70.8%和43%，石油对外依存度已远超50%的国际警戒线。BP世界能源统计数据显示，我国石油和天然气的消费量已分别高达全球总消费量的13.3%和6.6%。中国社会科学院发布的《中国能源前景2018—2050》报告预测，2050年我国石油对外依存度接近70%，天然气对外依存度高达79%；能源消费结构仍然以煤为主，天然气消费占比在20%左右。如果向石油和天然气转型，油气消费占比将继续提高，油气对外依存度将进一步提升，油气供应安全将面临巨大挑战。

*2. 我国能源转型是在总量增长情况下实现结构优化*

改革开放以来，我国能源电力需求增长与经济发展基本同步，呈正相关关系，经济的快速发展推动了能源消费需求的快速攀升，能源供应能力的提升支撑了经济迈向更高阶段。当前我国尚处于工业化和城镇化的推进阶段，决定了我国能源电力消费仍有较大的增长空间。因此，我国的能源转型进程将伴随着能源需求的庞大基数和长期增长。

能源需求与工业化和城镇化进程密切相关。从欧美等世界主要工业国能源消费特征来看，工业化前期，能源需求增速较大，能源消费弹性系数大于1；工业化后期，能源需求基本稳定，能源消费弹性系数小于1；城镇化过程中，人均能源消费量与城镇化率呈正相关关系。目前，我国大部分地区仍处于工业化中期，城镇化水平还有很大的提升空间，随着我国工业化进程和新型城镇化战略的推进，能源需求在一段时期内依然有继续增长的内在动力，能源消费量还处于递增阶段。

美国、德国等发达国家向清洁能源转型过程中，能源结构优化是在一次能源消费量稳中有降的情况下进行的。BP世界能源统计数据显示，1965年以来，美国、德国、丹麦、日本等发达国家的能源消费总量基本维持稳定，能源消费增速呈现递减趋势。与国外相比，我国在向清洁能源转型过程中，伴随着能源需求持续增长，能源结构优化与需求增长同步进行。

3. 能源转型过程中节能减排潜力巨大

改革开放以来，我国经济快速增长，能源消费持续增加，各项建设取得巨大成就，但粗放的发展模式也造成了资源的大量浪费和环境的严重破坏。近年来，随着民众对美丽中国的渴望日益迫切，经济增长与能源安全问题和环境问题之间的冲突更加尖锐。目前，我国已成为世界经济总量第二大国和能源消费第一大国，如果不加快转变经济发展方式、优化能源结构、保护生态环境，经济、能源、生态之间日益加深的矛盾将严重制约我国未来的发展。因此，节能减排是我国建设资源节约型、环境友好型社会的必然要求，是保障我国能源安全和促进生态建设的重要前提，也是我国能源转型的重要内容。

我国节能减排空间大，通过节能减排可以大大减少能源消费。根据欧洲可再生能源委员会的情景预测，能源革命情景下中国2030年通过提高能效能够减少1/3的能源消费。“十一五”以来，国家出台多个节能减排工作方案，大力推进重点行业节能减排。“十二五”期间，实现节约能源6.7亿t标准煤。目前，我国能源效率还处于较低水平，2016年能源消费强度约为同期世界平均水平的2倍，是典型发达国家的数倍，能源效率还有较大的提高空间。为加快实施节能减排，国家发展改革委、国家能源局印发的《能源生产和消费革命战略（2016—2030）》（发改基础〔2016〕2795号）提出：2020年单位国内生产总值能耗、二氧化碳排放分别比2015年下降15%、18%，二氧化碳排放2030年左右达到峰值并争取尽早达峰，能效水平2050年达到世界先进水平。

4. 我国能源转型与体制改革同步推进

（1）从历史经验来看，建立新的能源体系，需要强有力的制度和法律体系予以保障。我国要实现从化石能源向清洁能源转型，就要破除原来围绕化石能源建立起来的能源体制和政策体系。能源体制改革具有复杂性和长期性，应与我国能源转型进程同步推进。

(2) 能源转型要求能源体制改革。受我国特殊发展阶段和发展要求等因素的影响，我国能源领域长期保留着传统计划经济的色彩，形成能源行业行政性垄断和价格管制。这种能源体制在一定时期内促进了我国经济高速增长，保障了我国能源的稳定供应。随着经济社会发展进入新阶段，固有的能源体制已不能很好地适应我国能源转型要求。以煤炭价格为例，煤炭价格政策制定没有充分考虑煤炭的环境外部性、资源成本等问题，使得价格难以起到制约煤炭消费的作用，同时也限制了清洁能源的开发利用，阻碍能源转型进程。因此，要利用市场和政府的手段把能源的价格机制理顺，让价格真实反映能源资源的稀缺性和环境外部性，以此来促进能源的节约高效利用和清洁能源对高污染化石能源的有效替代。

(3) 能源体制改革是一个长期性过程，需要与能源转型同步推进。能源体制改革涉及电力、煤炭、石油、天然气、非化石能源等多个领域，包含价格机制、监管机制和法治机制等多个环节。此外，能源体制改革面临着利益关系的重新调整，不可避免地要受到固有利益集团的反对和抵制。能源体制改革的复杂性决定了能源转型道路曲折而漫长，综合考虑能源转型的迫切性和必要性，需要二者同步推进。

5. 区域不均衡发展决定了能源转型的地区性差异

我国地域辽阔，地区能源资源、能源结构、经济发展水平、产业结构等多方面存在较大的不均衡。这种不均衡使得各地区面临的能源问题、需要采取的能源转型战略等存在一定的差异性。

经济发展程度和能源资源的不均衡分布决定了我国各地区能源转型的差异化路径。我国东中部地区经济发展水平高、能源消费量大，清洁能源资源相对不足。东中部地区国土面积仅占全国的 20%，2019 年约 65%的全国常住人口集中在东中部，产出的经济规模和消耗的电能分别占全国的 74%和 67%，而可再生能源资源不足全国的 20%。东中部地区要实现能源转型，应以化石能源的清洁高效化利用为主，以本地可再生能源开发为辅，加大从区外引入清洁能源的比重。我国西部地区经济发展落后、能源需求较低，清洁能源资源丰富，西部地区能源转型路径要以本地清洁能源开发和化石能源清洁高效化利用并重。

新能源资源分布的不均衡决定了我国新能源发展必须坚持集中式与分布式开发并举。我国“三北”地区新能源资源富集，尤其是西北地区，土地资源丰富、人口密度低，适合开展新能源集中式开发；我国东中部地区新能源资源分布分散、负荷中心集中、土地资源紧缺、人口密度高，适合开展新能源分布式开发。

## 1.3 我国能源转型面临的挑战

在我国能源电力消费仍将保持快速增长的预期与我国能源清洁、低碳转型的要求下，未来，清洁能源将成为我国能源电力供应的主要支柱。由于水能、核能受限于资源、政策不确定性等因素影响，难以完全支撑未来能源电力需求增长，而我国风能与太阳能资源富足，将在未来能源系统中发挥更大的作用。风能与太阳能资源绝大多数是转化为电能利用，因而，高比例风电与太阳能发电的开发与利用将对优化能源配置、保障系统安全、提升经济效率、统筹规划政策提出更大挑战。

### 1.3.1 配置能力的挑战

改革开放以来，我国能源电力需求长期保持快速增长，得益于我国“富煤”的禀赋条件，煤炭的供给保障了我国电力能源的消费需求。当前，我国能源消费总量、电力需求水平已位居世界首位。然而，我国煤炭资源分布极不平衡，大部分煤炭资源分布在西部和北部的晋陕蒙宁新等地区，而能源电力消费中心分布在经济更加发达的东中部地区。过去几十年，煤炭运输已经构建了紧密的铁路网、公路网、航运网，煤炭坑口的输电线路也不断架设起来，全国范围内的煤炭与煤电的传输与配置相对已经比较成熟。

我国清洁能源资源主要分布在西部北部地区，其中70%以上的水能资源集中在西南地区，80%以上的陆地风能在“三北”地区，60%以上的太阳能资源在西部和北部地区，而70%以上的电力消费集中在东中部地区。这种清洁能源资源富集区域与电力消费中心区域呈现逆向分布的特征，更加要求在全国范围内进行全局性的能源电力资源优化配置。未来，清洁能源的大规模集中开发和远距离输送将成为我国的必然选择，这将对我国大规模清洁能源跨区输送能力和大规模优化配置能源资源的能力提出更高要求。

### 1.3.2 系统安全的挑战

高比例具有波动性、随机性、低惯量的风电与光伏大量接入电网，电力系统安全稳定运行受到极大挑战。风电、光伏在时间维度上具有季节性、时段性波动和随机的特点，大规模并网使电力平衡呈现出明显的空间、时间不均衡，加剧了系统调节的负担，常规电源不仅要跟随负荷变化，还要平衡风电与光伏的出力波动。大量常规机组处于深度调峰甚至停机备用状态，频繁调节出力增加了机组启停次数、爬坡次数与幅度，带来成本增长、寿命缩短等问题。常规机组被大规模替代导致系统转动惯量大幅下降、频率调节能力不足，调峰调频调压矛盾突出，电网运行控制的难度明显增大。

另外，随着送端风电和光伏机组大量投产、受端直流大规模馈入，系统由以同步机为主向电力电子化转变。风电的“低转动惯量”和光伏的“零转动惯量”导致电力系统等值转动惯量大幅度降低。电力系统作为旋转惯量系统，低转动惯量导致抗扰动能力下降，易发生稳定破坏。常规火电被大量替代后，电网短路容量大幅下降，系统动态调节能力严重不足，电压支撑“空心化”严重，存在频率、电压崩溃风险。未来，交直流、送受端、源网荷之间的耦合关系更加紧密，发生连锁故障的风险不断增大，影响电网整体安全。新型用能设备广泛接入，互联网与电网逐步融合，干扰隔离控制难度加大，网络安全形势也日趋严峻。

### 1.3.3 经济效率的挑战

社会主要矛盾的变化充分体现了广大人民群众的用电需求正从“用上电”向“用好电”和“好用电”转变，这对用电成本的降低提出了更高要求。然而，传统清洁能源的发电成本呈现上升趋势，水电的进一步开发会受到资源的约束，开发成本（特别是移民成本）已经在逐渐升高；虽然核电技术进步带来的批量化、自主化建设将推动成本的下降，但是由于公众对核电安全性要求的提高，又将带来成本的持续大幅提高。

目前，清洁能源发电的成本优势初步显现，但过度依赖于财政补贴、税费减免、土地优惠等，比如截至2019年年底，累计清洁能源发电补贴缺口总计达1127亿元。这种强政策依赖的发展模式不可持续。根据国际可再生能源署统计数据，2010年以来，光伏与陆上风电的全球平均平准化度电成本（Levelized Cost of Energy，LCOE）分别下降了82.0%和38.4%，已在化石能源发电成本范围之内。2019年，全球化石能源度电成本为0.050～0.177美元/(kW·h)，公用事业级光伏平均度电成本为0.068美元/(kW·h)，陆上风电平均度电成本为0.053美元/(kW·h)，海上风电平均度电成本为0.115美元/(kW·h)。与化石能源发电相比，光伏与风电成本均已具备竞争力（具体如图1-5所示）。部分国家已实现光伏与风电无补贴，与化石能源发电直接进行市场竞争，阿拉伯联合酋长国最新光伏中标价已低至0.0169美元/(kW·h)。

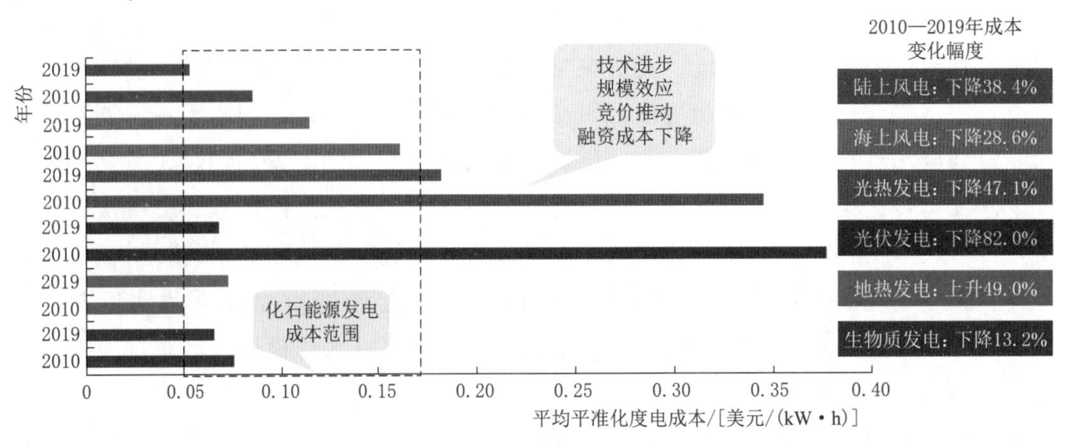


图1-5 可再生能源与化石能源发电全球平均平准化度电成本比较

随着清洁能源规模化发展和技术进步，光伏发电和风电成本持续下降，市场竞争力持续增强，我国政府对光伏和风电项目的补贴不断下降。按照我国《可再生能源发展“十三五”规划》目标：“到 2020 年，风电项目电价可与当地燃煤发电同平台竞争，光伏项目电价可与电网销售电价相当”，在部分资源条件较好的地区，这一目标已经基本实现。2019 年 5 月，国家发展改革委办公厅、国家能源局综合司联合公布了第一批风电、光伏平价上网项目。全国共有来自 16 个省（自治区、直辖市）的 250 个项目成为第一批平价上网示范项目，总装机规模为 2076 万 kW。“十四五”期间，我国风电、光伏将全面迎来平价上网时代，成为具有竞争力的能源品种。

清洁能源规模化发展，不仅需要关注风电和光伏的发电成本、技术改造成本，还需要关注其给整个电力系统带来的额外系统成本，主要包括电力平衡成本和容量充裕性成本等。因此，推动清洁能源技术进步、降低清洁能源单位造价及系统成本是十分迫切的需求。

### 1.3.4 规划政策的挑战

当前的电力规划难以适应构建现代能源体系的需要，亟待创新统筹安全、经济、环保、协调的电力规划体系与机制。电力规划是科学确定发展规模，有序安排各类电源建设，统筹电源、电网、负荷的均衡发展的重要保障。电力综合规划与水电、煤电、新能源发电、电网等专项规划之间，国家规划与省级规划之间，电力规划与国土、环保、水利规划之间，电力发展规划与经济、财政、价格等政策之间存在不统筹、不协调等现象。

在规划设计环节，对高比例风、光等清洁能源发电出力特性和各地区不同源网荷约束条件下的消纳能力考虑不足，电网运行安全保障不足，需要制定考虑风电、光伏等波动性电源出力特性的电力平衡分析统一标准。在规划执行环节，规划的指导性、严肃性和约束性未能完全发挥，规划执行出现偏差时有发生。另外，规划后评价机制缺失，规划失误的责任追究制度有待建立。

未来，生态环境保护也将是我国经济社会发展永远的红线，各种电源在全生命周期内可能产生的环境问题亟须在规划中予以重视。比如，资源开发过程中的环保问题尚未引起足够重视，据我国煤炭开采的现状及环保问题专题综述分析，我国煤炭开采已造成近 1 万 $km^2$ 的地面塌陷区，破坏地下水 22 亿 $m^3$，这些问题都需要提前谋划，降低对生态环境的影响。另外，核废物管理及核电站退役问题，风电、太阳能项目建设过程中引发的噪声、光污染等问题以及运行过程中对周边生态系统的潜在影响，也需要密切关注。

近年来，我国风电与太阳能发电高速发展，两者装机容量和发电量已仅次于煤电和水电，成为全国第三大电源。在风电、太阳能发电快速发展过程中，能源转型带来的挑战已经初见端倪，局部地区（以西部北部地区为主）消纳矛盾突出，个别省份年度弃风率超过 40%（甘肃，2016 年，43%）、弃光率超过 30%（新疆，2016 年，32%）。在社会各界的广泛关注下，通过多方发力、多措并举，2018 年风电和光伏的年度弃电量、弃电率实现“双降”，消纳形势逐渐向好。2017 年 11 月，国家发展改革委和国家能源局联合印发《解决弃水弃风弃光问题实施方案》，明确要求确保弃水弃风弃光电量和限电比例逐年下降，到 2020 年在全国范围内有效解决弃水弃风弃光问题。在新能源仍将快速增长的形势下，转型压力仍然巨大。

第2章

# 我国能源转型的思路

能源转型是一项长期的、复杂的系统性工程，既涉及能源资源、能源技术、气候条件等自然科学，又涉及能源经济、政策机制、人的行为等社会科学。新一轮能源转型就是再电气化的进程，重点在清洁能源开发利用和提高终端能源利用效率。电网作为连接能源生产与消费的中心环节，承担着资源优化配置的基础平台作用，需要从加强电网基础设施建设、开展重大技术创新、促进政策和市场机制建设、激发全社会共同参与等四个方面协同发力，以应对我国能源转型面临的一系列重大挑战。

## 2.1 我国能源转型的现状

能源转型是对能源供应、加工转换、终端消费、市场机制、政策体系等全环节、全周期的能源系统内部深刻变革，伴随的是人类对经济、社会、生态等外部环境变化所产生的更迫切需求。能源系统转型的直接驱动来自能源政策制定者、能源供应者、能源消费者等利益相关方的战略决策，而具体的决策行为是基于对能源转型规律的认知。

### 2.1.1 能源转型的特点

1. 能源转型是长期渐近的过程

能源转型并不是一蹴而就的，历次能源转型均持续了长达百年乃至数百年的历程。比如，石油从1877年在能源结构中占比1%经历50多年才发展到占比16%，又经历了50年左右才实现了对煤炭的超越。2019年，可再生能源（不含水电）占全球一次能源消费中的比重仅为4%，根据国际能源署（International Energy Agency, IEA）的预测，还需要30多年才能达到10%左右。

能源转型既不能高估创新技术和新能源品种的推广速度和应用范围，也不能低估传统能源系统的发展惯性和适应能力。创新技术和新能源品种在应用初期通常是低效率、高成本，并可能引发出现意想不到的新问题。

能源转型的进程存在一定的路径依赖，就如同技术难以实现跳跃式突破，需要充分认识到能源转型的难度。在创新技术和新能源品种广泛应用之前，必须加强所需的基础设施建设，解决新技术、新品种带来的各种挑战。

2. 能源转型具有高度复杂性

能源系统本身就是一个非线性的复杂系统，再加上与政治、经济、社会、环境等方面有着千丝万缕的内在联系，相互之间的作用关系也是极为复杂的。能源系统发展至今天，所呈现的模式、结构和特征的复杂程度远超以往，能源品种更为丰富，开发利用模式更为多样，参与主体的主观行为更为多元，各系统之间的相互渗透更加深入，全球化、一体化趋势下的国际能源合作要求更为迫切。

不同国家、不同发展阶段的能源转型具有显著的差别，利益相关方的主观决策在一定时期内也会深刻影响着能源转型方向，转型路径呈现多样化的特征。新的能源技术突破、新的能源政策出台、新的能源业态与模式不断涌现，也极大地增加了能源转型进程的不确定性。比如，2017 年 6 月和 10 月，时任美国总统的特朗普分别宣布美国将退出《巴黎协定》和取消《清洁电力计划》，几乎完全废除了奥巴马政府最重要的气候和能源政策，化石能源迎来更宽松的政策环境，美国能源转型的方向出现了较大调整。

3. 能源转型是一项系统性工程

能源系统包括能源资源、转换利用技术、能源基础设施等方面，与经济、社会、生态环境等外部环境的变化息息相关。我们必须从能源系统全局出发，不可孤立、割裂地去理解能源系统各要素的重要性和外部系统的影响，深入分析要素与要素之间、系统与系统之间的相互关系和作用机理，才能深刻把握能源转型演变的本质规律。

能源发展的历史进程表明，每一次能源转型的发生，都体现出新的能源品种在能源供应、配置、消费各环节所引发的革命性变化。能源技术的突破带来了更高效、便捷、经济的能源开发与利用方式，科学合理的能源政策极大地保障了能源转型战略的实施，使能源系统更加有效地推动经济社会发展。

某种能源的退出，并不是因为该能源的耗尽，而是因为该能源的某些局限性在当时的社会中失去了竞争力或经济社会发展对能源的开发利用提出更高要求。人类社会对寻求更优质的替代能源已形成普遍共识。各类能源自身的局限性以及人类对终端能源需求的多样性，决定了任何一种能源都很难独自承担起能源转型的重任，需要充分利用各类能源不同的技术、经济与环境特性，在不同时空尺度内取长补短，不断优化能源结构。

### 2.1.2 能源转型的中心环节

推动能源转型要始终牢牢把握中心环节，在纷繁复杂的系统中紧紧抓住最能影响全局、带动全盘变革的枢纽。能源转型的中心环节，应是各类能源品种加工、转换、输送的交汇点，可容纳多种形式能源的输入和多元化的负荷类型，承载信息物理系统的集成和能源运营模式的创新，具备大范围优化配置资源的能力，实现各种形式能源的互补协同优化，提升能源系统的经济性、灵活性、适应性。

电能作为连接一次能源与终端能源的桥梁，是当前应用最为广泛的二次能源，电网作为推动新一轮能源转型的中心环节，是统筹能源开发、配置、消费的重要抓手。在可预见的技术发展趋势下，绝大部分清洁能源只有转换为电能，才能实现大规模开发和高效利用，这也在客观上决定了需要大幅提高电网大规模、大范围优化配置资源的能力。

未来能源系统中将大量接入各种新型用能用电设施和分布式能源、微电网，对电网的安全稳定控制能力和灵活性、智能化水平提出新的要求。随着能源科技和信息通信技术的深度融合，电网将呈现能源互联网的功能形态，以泛在互联、协调互动、智能友好的形式保障各种能源生产主体和用能设备灵活接入，满足用户多样化、个性化需求。

### 2.1.3 应对能源转型挑战的综合举措

在深入推进新一轮能源转型的进程中，电网的作用将更加重要，需要从基础设施建设、重大技术创新、精准政策和市场机制设计、全社会共同参与等方面统筹推进电网发展，使之成为能源转型的基础平台，更好地发挥资源配置的中心枢纽作用。

（1）基础设施建设是推动能源可持续发展的必备条件，也是承载新技术、新模式、新业态广泛应用的物质基础。基础设施建设需要长年积累和不断完善，与经济社会发展互相促进。良好的基础设施可成为能源转型的助推器，而建设滞后将成为制约转型的关键瓶颈。改革开放以来，我国经济社会快速发展，电力基础设施不断竣工投产并发挥了重大作用。然而，前期由于我国基础薄弱、基础设施滞后，20世纪末至21世纪初就曾频繁出现煤电油运紧张、大范围资源配置不畅的现象。近年来，新能源发电的集中分散开发并举、新型用能设施的广泛接入、新一代信息技术加速突破应用等新形势、新要求不断涌现，基础设施建设的短板效应更加凸显。

（2）重大技术创新是支撑和驱动能源转型的重要力量。习近平总书记在中国科学院第十九次院士大会、中国工程院第十四次院士大会上强调：“充分认识创新是第一动力”。只有通过技术创新，才能具备核心竞争力，在当今能源全球化趋势下始终处于引领地位。我国的能源技术从学习到赶超、再到引领，历尽艰辛，也取得了举世瞩目的成就，油气、电力等领域的多项重大能源技术的创新指标位居世界前列，相关产业逐步迈进中高端。新一轮能源转型进程更加强化了清洁能源开发利用，提高了能源利用效率，也带来了一系列的重大技术挑战。传统的能源技术难以适应，需要加速发展以清洁高效可持续为目标的能源技术，在清洁能源发电、大规模输电、智能用电等技术领域实现创新突破。能源技术创新已进入“深水区”，诸多技术难题有待解决，在世界范围内几乎没有可供借鉴的成熟理论体系和实践经验，每次创新都将是对未知前沿领域的探索。

（3）精准的政策和市场机制设计是实现能源转型的有力保障。能源转型的长期性、艰巨性和复杂性，决定了需要设计并建立涵盖宏观战略到微观实践的能源政策保障体系，培育新产业、新业态、新模式，助力创新技术从研发到产业的快速成长和发展，推动能源生产与消费的利益相关方广泛参与，引导社会各界形成能源转型共识。世界主要国家在推动清洁能源发展中，普遍制定了具有较强针对性的措施，包括投资补贴、税收政策、电价激励等。我国也采取了特许权招标、标杆上网电价等政策措施，极大地促进了清洁能源的发展。在市场机制方面，我国正处于建设社会主义市场经济体系的关键时期，成熟的市场体系正在培育和发展，市场机制有待完善。长期以来，我国能源发展按省域平衡，缺乏统一、灵活的市场机制，造成了严重的省间壁垒，制约了跨省跨区配置资源的效率。未来，需要精准设计市场机制，使市场在资源配置中起决定性作用，充分发挥市场力量，有效调动利益相关方参与市场调节的积极性。

（4）全社会的共同参与是适应能源转型的客观需要。在当今经济全球化、社会信息化的总体趋势下，能源生产与消费变革加速推进，政府、企业、用户相互联系和依存日益加深，依靠单一主体、单一手段难以实现新一轮能源转型，需要社会各界共同参与，建设一个绿色开放的智慧能源系统，使社会系统参与到能源运行调节系统中来。将来，新能源的大规模开发将深刻改变人类社会的用能方式，更多的能源需求依靠清洁能源来满足；随着人工智能、智能制造的发展和机器人的广泛应用，人类的生产生活方式将发生革命性变化，不再受到人体力量的局限，全社会也将真正成为一个以智慧能源为动力、以高度电气化为特征的智能系统。

## 2.2 电网基础设施建设

### 2.2.1 加强互联互通

通过加强电网基础设施建设，可以实现电网广泛互联，扩大市场范围，充分发挥互联系统的跨时间、跨地域互济调节能力，促进清洁能源发展。以欧洲为例，近年来欧洲新能源发展迅猛，与欧洲各国电网互联互通水平高密切相关。目前欧洲已建成统一同步电网，清洁能源能够在各国间互济消纳。比如，丹麦、葡萄牙与周边国家联网容量分别是清洁能源装机容量的1.6倍和0.6倍，为清洁能源消纳创造了良好条件。为进一步促进新能源发展，欧盟能源委员会又要求各国进一步加强联网，规划到2030

年将各国跨国电力交换能力在目前基础上再增加 1 倍。

### 2.2.2 提高大范围资源配置能力

西电东送仍是我国未来电网发展的基本格局，送电规模仍将持续扩大。我国清洁能源发展走的是集中式开发和分布式开发并举的道路，在西部和北部建设大基地、融入大电网、实现大范围配置是我国新能源开发的突出特点。综合考虑未来城镇化、电能替代等持续推进，高端装备制造业、高新技术产业深入发展，推动电力需求保持较快增长，中东部地区在较长时期内仍然是我国的负荷中心。大型能源基地远离负荷中心，能源输送距离长达 4000km。这种基本国情决定了在我国未来能源转型进程中，应合理布局能源生产供应。西北部地区，建设化石能源和可再生能源大型综合能源基地，保障全国能源平衡；西南部地区，建设大型水电基地，实现跨区域水火互济、风光互补，提高发电效率；东中部地区，推进分布式光伏和分散式风电建设，沿海发展核电和海上风电。

综合考虑能源转型发展目标、能源资源禀赋、生态环境约束和综合运输体系建设等要求，按照高效开发利用水电、核电、风电、太阳能发电等清洁能源的原则，统筹各地发电能源资源和跨区跨省输电走廊，预计 2035 年，全国西电东送规模将达到 5 亿 kW。这意味着将有更多的一次能源将转换为电能，通过跨省跨区输电网络在更大范围内实现资源优化配置。

目前，我国已建成投运“十三交十一直”共计 24 条特高压输电线路，其中，国家电网有限公司建成“八交十直”18 项跨省跨区特高压输电工程，输电能力达到 1.9 亿 kW，形成以西北部能源资源富集地区为送端，以华北、华东、华中及广东负荷中心为受端的全国联网格局，将西南水电、“三北”新能源、北部高效火电远距离输送到东中部负荷中心，年输送电量超过 8500 亿 kW·h。

### 2.2.3 补齐配电网短板

补齐配电网建设短板是支撑分布式电源、新型用能设备广泛接入的保障。我国东中部地区分布式电源将因地制宜、蓬勃发展，作为基地式能源开发的有益补充。分布式电源广泛接入配电网，将传统的无源网络变为有源网络，深刻改变了传统的能源生产与消费格局。目前，通过发展配电网，提高配电网建设运行标准，突破了分布式电源并网和多能互补优化系列关键技术，国家电网有限公司建成天津生态城、安徽金寨等一批智能配电示范工程，为分布式电源健康有序提供坚强支撑，支撑了 74.3 万户、2810 万 kW 分布式光伏并网。在 79 个城市核心区应用配电自动化及故障抢修系统，大幅提高了供电可靠性，大型城市核心区年平均停电时间从 24min 下降至不到 5min，供电服务能力和水平显著提高。配电网供电可靠率与电压合格率指标如图 2-1 所示。

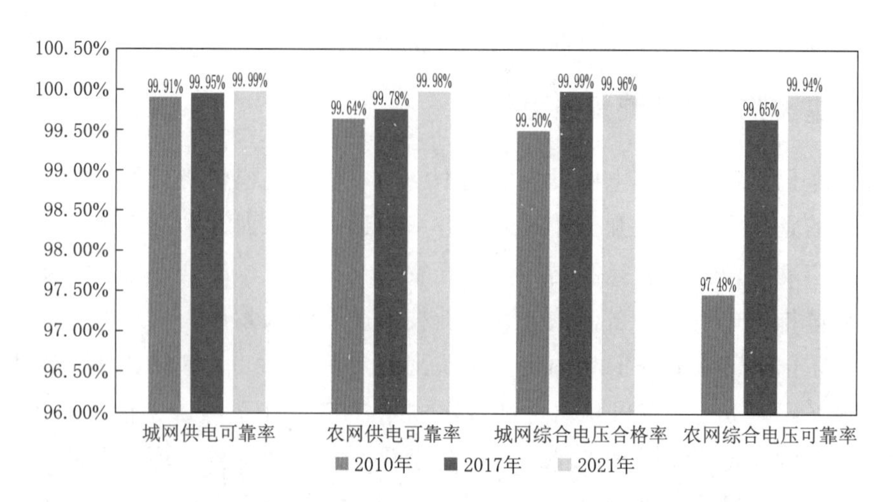


图 2-1　配电网供电可靠率与电压合格率指标

与此同时，电动汽车、微电网、储能设施等新型用能设备大量使用，电力系统接入主体更加多样化，电力供需形态趋向多元，电力用户特性更加复杂。因此，进一步加强配电网的改造升级，是提升供电可靠性、智能化水平的必然要求。2020 年 11 月，国家电网有限公司建成全球最大的智慧车联网平台，形成“十纵十横两环”高速城际快充“全国一张网”。截至 2022 年 5 月，国家电网有限公司建成了全球覆盖范围最广、接入充电桩最多、车桩网协同发展的智慧车联网平台，累计接入运营商 1200 余家、充电桩超过 170 万个，占全国公共桩的 90%，为 1100 万用户绿色出行提供便捷智能的充换电服务。

### 2.2.4　提升智能化水平

通过加强电网基础设施建设，提升智能化水平，形成具备高度信息化、自动化和互动化的智能电网，能够使电力供应更加安全可靠、能源消费更加优质环保、用户服务更加便捷友好。通过应用“大云物移智链”技术，实现电网与互联网深度融合，使得电力系统具备全环节智能感知、实时监测、智能决策、快速自愈。国家电网有限公司长期持续推动电网智能化升级，已建成全球规模最大、覆盖用户最多的用电信息采集系统和电能服务管理平台，安装智能电能表超过 4 亿只。建成投运全球规模最大的“大规模源网荷友好互动系统”，实现 376 万 kW 秒级、200 万 kW 毫秒级控制容量，能够有效增强电网抵御故障的能力。

未来，加强电网基础设施建设是推动我国能源转型的重点。采用特高压、超高压、高压电网等多种方式实现电网互联互通，构建以特高压电网为骨干网架、各级电网协调发展的现代化电网，扩大同步电网规模，提高电网的安全性和经济性，发挥现代化电网强大的资源优化配置能力，实现西电东送、北电南供、水火互济、风光互补，推动清洁能源大规模开发、大范围配置和高效率利用成为现实。

## 2.3 重大技术创新

新能源发电出力具有较强的波动性，大规模并网给电力系统运行带来了严峻挑战，亟须解决新能源大规模并网所带来的一系列技术问题，保证电力系统的安全稳定运行。近年来，各国都高度重视电力重大技术创新，在科技创新体系、实验研究能力、科技研发、人才培养等方面持续加大投入，针对新能源并网消纳、功率预测、电网运行控制等各个环节开展研发。

### 2.3.1 先进输电技术

由于能源资源和电力需求分布不均衡，特高压输电技术成为实现远距离、大容量、低损耗能源输送的重要方式，提高了电网自身的安全性、可靠性、灵活性和经济性，具有显著的社会效益、经济效益。目前，我国已全面掌握特高压交直流输电的核心技术，并实现了大规模的商业化应用，掌握了过电压抑制、外绝缘配置、电磁环境控制等关键技术，研制出串补装置、开关、变压器和直流控制保护、平波电抗器、换流阀、换流变等特高压输电核心设备，建立了包括研究、设计、制造在内完整的特高压输电技术体系。

目前，我国已建成投运“十三交十一直”共计 24 条特高压输电线路，合计变电容量 39667 万 kVA，线路总长 35583km。特高压工程有力推动了能源资源大范围优化配置和清洁能源大规模开发应用，保障了东中部负荷中心电力需求，成为“大气污染防治行动计划”的主要输电通道，为构筑稳定、经济、清洁、安全的能源供应体系提供了重要战略途径，社会效益、经济效益十分显著，全面支撑了国家能源革命和清洁低碳发展战略。

柔性输电技术能够有效提高电网输送能力、安全性和灵活性，是未来电力电子技术的重要发展方向，受到世界各国的高度重视。柔性直流输电是基于电压源换流器的一种高压直流输电技术，以电压源换流器、自关断器件和脉宽调制技术为基础，具有可向无源网络供电、不会出现换相失败、换流站间无须通信以及易于构成多端直流系统等特点。柔性直流输电是构建智能电网的重要装备，与传统方式相比，柔性直流输电在孤岛供电、城市配电网的增容改造、交流系统互联、大规模风电场并网等方面具有较强的技术优势。柔性直流输电技术在大规模风电场接入系统、实现区域联网、提高供电可靠性、缓解负荷密集地区电网运行压力等很多领域得到应用。2016 年 12 月，渝鄂直流背靠背联网工程核准建设，成为世界上电压等级最高（±420kV）、规模最大的柔性直流背靠背工程。2018 年 2 月，世界首个具有网络特性的直流电网示范工程——张北±500kV/3000MW柔性直流工程开工建设，其电压和容量等级再次刷新世界纪录，其线路图如图2-2所示。

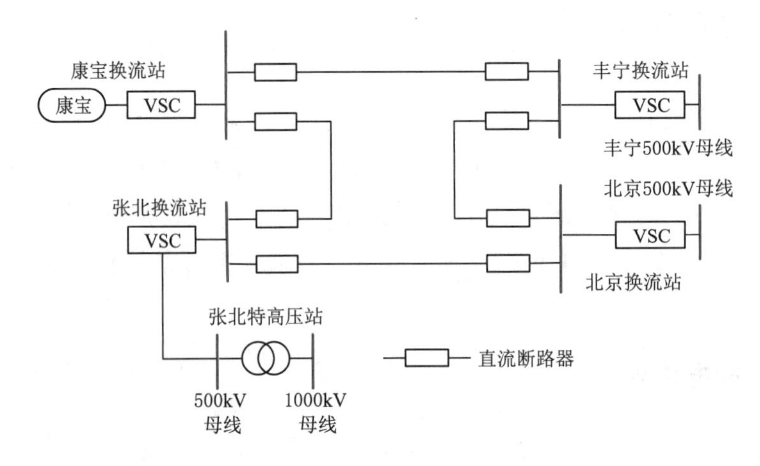


图2-2 张北±500kV/3000MW柔性直流工程线路图

柔性交流输电是综合电力电子技术、微处理和微电子技术、通信技术和控制技术而形成的用于灵活快速控制输电的技术。采用具有单独或综合功能的电力电子装置，对输电系统的主要参数（如电压、相位差、电抗等）进行灵活快速的适时控制，以期实现输送功率合理分配，降低功率损耗和发电成本，大幅度增强电网的稳定性并降低电力传输的成本。目前，我国自主研制了具有国际先进水平的5000kV统一潮流控制器和±5000kV直流电网成套设备，建成南京、苏州统一潮流控制器工程。

## 2.3.2 电网友好型新能源发电技术

新能源发电具有波动性强、调控能力差、暂态弱支撑的特点，对电网安全稳定运行提出了挑战。通过多数据源功率预测平台建设、设备状态监测系统建设、功率型储能装置建设，一体化监控及安全防御平台建立，实现具备预测能力、有功无功调控能力、暂态支撑能力的新能源电场，能较为有效地规避自身弱点，而拥有这些能力的新能源电场即可被视为电网友好型新能源电场。虚拟电厂、虚拟同步发电机、新能源功率预测技术也都从属于电网友好型技术。

（1）虚拟电厂，是将分布式发电机组、可控负荷和分布式储能设施有机结合，通过配套的调控技术、通信技术实现对各类分布式能源进行整合调控，以作为一个特殊电厂参与电力市场和电网运行。虚拟电厂可以看作是一种先进的区域性电能集中管理模式。虚拟电厂技术在欧美发达国家有着较为成熟的发展模式，德国卡塞尔大学太阳能供应技术研究所的试点项目、欧盟虚拟燃料电池电厂项目、欧盟FENIX项目均为虚拟电厂项目。2017年，我国首套针对清洁能源大规模消纳的“源网荷智能电网”系统在江苏投运，为当时世界上规模最大的虚拟电厂。某大规模源网荷友好互动系统如图2-3所示。

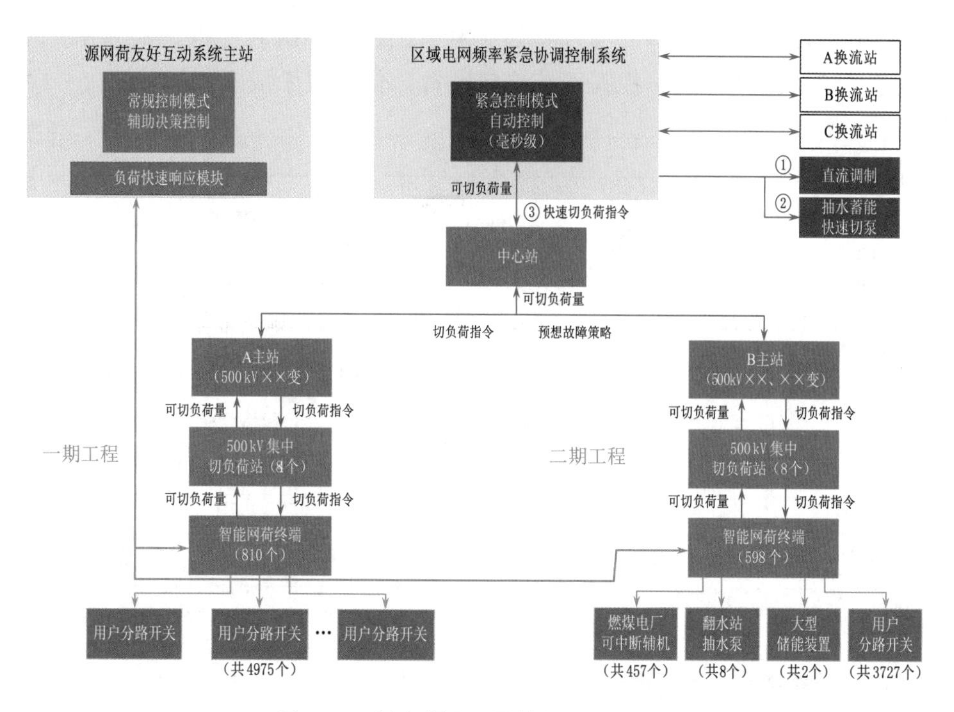


图 2-3　某大规模源网荷友好互动系统

（2）虚拟同步发电机技术，是一种通过模拟同步发电机组的机电暂态特性，使采用变流器的电源具有同步发电机组的惯量、阻尼、一次调频、无功调压等并网运行外特性的技术。具备虚拟同步机功能的新能源电站，可使新能源具备与火电机组接近的外特性，对电力系统的稳定起到支撑作用。2017 年 12 月，由国家电网有限公司研制安装的世界首个具备虚拟同步发电机功能的新能源电站在河北张家口风光储示范电站正式投运。

（3）新能源功率预测技术，是通过物理或统计方法将新能源资源参量与气象资源参量结合，预测新能源出力的技术。通过新能源功率预测降低新能源出力的不确定度，进而为调度机构科学编制新能源调度计划和电力市场下采购系统备用提供重要依据，促进新能源消纳。目前国家电网有限公司新能源功率预测系统，实现了覆盖全国的 9km×9km 高分辨率数值预报，更新频率为 15min，预测误差在 4%～18%。

### 2.3.3　储能技术

风电、光伏发电规模不断扩大，出现了适用于电网的集成功率达到兆瓦级的储能技术，可以储存新能源的富余电量，也可为电网提供电力支撑。按照其能量储存形式，大致可以分为机械储能、电磁储能、电化学储能、相变储能等。

抽水蓄能、压缩空气储能和电化学电池储能适合用于系统调峰、大型应急电源、可再生能源接入等大规模、大容量的应用场合；而超导、飞轮及超级电容器储能适用于需要提供短时较大脉冲功率的场合，如应对电压暂降和瞬时停电、提高用户电能质量，抑制电力系统低频振荡、提高系统稳定性等。储能技术成本趋势如图2-4所示。

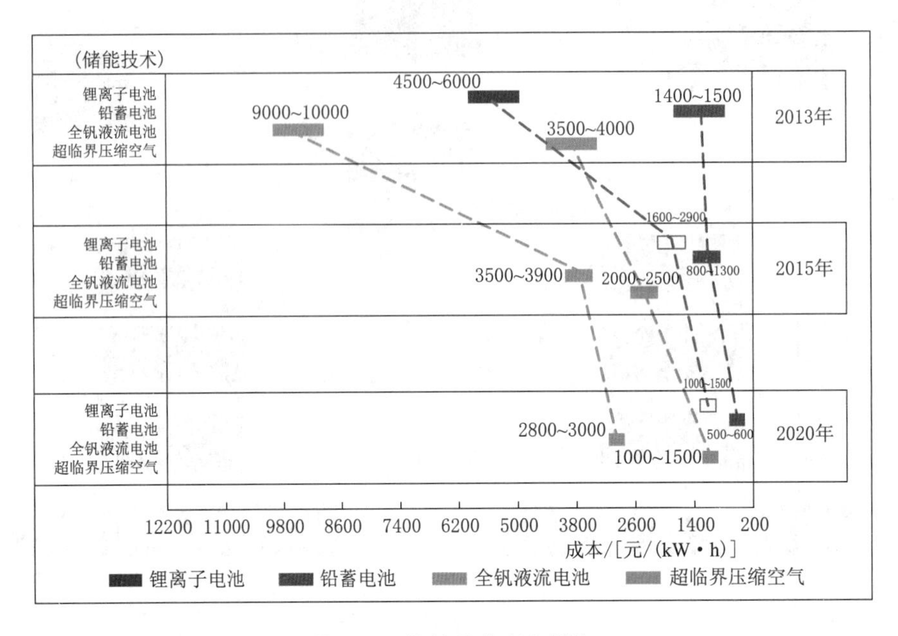


图2-4　储能技术成本趋势

助力于解决大规模清洁能源消纳的储能技术主要有抽水蓄能、压缩空气储能和电化学电池储能，目前大规模储能技术中只有抽水蓄能技术相对成熟；但由于地理资源限制，其应用范围受到制约，而其他储能方式还处于实验示范阶段甚至初期研究阶段，相关产业处于培育期，储能装置的可靠性、使用寿命、制造成本以及应用能力等方面有待突破。锂离子电池、液流电池、铅碳电池等新型电化学储能技术水平进步较快，具有巨大的发展潜力和广泛的应用前景，正在向低成本、长寿命、大容量和电站化方向发展，有望率先迈入产业化发展阶段，使储能技术成为与发、输、配、用并列的电力系统第五环节。

面向用户侧应用的分布式储能技术则呈现新型电池储能、超级电容器储能、超导储能、飞轮储能、储热等多种储能技术协同发展的格局，并向结构紧凑、控制智能、接入灵活的方向发展。针对新能源大规模并网增加电网调峰压力、常规火电调峰能力不足、抽水蓄能受制于地理环境等问题，需要突破不受地理条件限制的大容量、高效率和低成本压缩（液化）空气储能技术。

目前小规模储能系统在偏远社区和离网应用中具有成本竞争力，而大型蓄热技术在满足许多地区的供暖制冷需求上具有竞争力。大容量、快速、高效、低成本、绿色环保等是储能技术实用化的总体要求，也是大规模储能技术的总体发展趋势。

国家电网有限公司先后建成了张北风光储示范工程、河南100MW电池储能示范工程以及江苏镇江 1000MW 储能电站，为储能系统接入电网应用及调控运营提供了实践依据。此外，国家电网有限公司深化互联网服务特征，面向储能用户和运营商建设用户侧储能云网，实现了数字化、智能化、互动化的储能项目，建成了储能一站式运营服务体系。

### 2.3.4 大电网安全技术

我国能源资源和负荷中心呈现逆向分布特征，随着大规模清洁能源跨区远距离输送，实现电网安全运行的首要难题就是如何保障超大规模电网的实时平衡。因此，如何保障电网调度控制系统的连续不间断可靠运行，是保障大电网安全运行的关键。

（1）超大规模省级电网运行控制关键技术，使用多级调度协同的控制方法，实现省级和地市两级控制策略的优化计算、自动下发和并发控制，将百万千瓦级负荷控制时间从以往的数十分钟及以上缩短至 1min 内，解决了大功率失去后电网运行状态快速恢复的难题，降低了发生相继故障甚至大面积停电的风险。

（2）特高压交直流电网仿真平台技术，基于电网规划方案及运行特性、交直流混合电网控制规律，结合电网控制装置的校核与优化，包含新能源并网情况下的电网安全稳定性及协调控制技术、新型电力技术等关键子技术。平台由数模仿真系统、数字仿真系统、数据管理与新型模型研发四个部分组成，解决了特高压交直流混联大电网“仿不准、仿不快”的问题。

（3）风光集群控制技术，将风电场、光伏电站进行一体化整合、集中协调控制，对外响应上级调度中心的调控指令，配合大电网完成风-光-火-水协调调度、紧急控制；对内协调控制各风电场、光伏电站、无功补偿设备等，实现风光基地内部的在线有功控制、无功电压调整、运行优化和本地安全策略，从而保障电力系统安全稳定运行。

### 2.3.5 多能互补协同技术

多能互补协同技术，是按照不同资源条件和用能对象，采取多种能源互相补充，以缓解能源供需矛盾，合理保护和利用自然资源，同时获得较好的环境效益的用能技术。多能互补有两种模式：一是面向终端用户电、热、冷、气等多种用能需求，优化布局建设终端一体化集成供能系统，通过天然气热电冷三联供、分布式可再生能源和能源智能微网等方式，实现多能协同供应和能源综合梯级利用，主要应用在工业园区或大型居民区；二是利用大型综合能源基地的风能、太阳能、水能、煤炭、天然气等资源组合，开展风光水火储多能互补系统一体化运行，提高电力输出功率的稳定性，提升电力系统消纳风电、光电等间歇性清洁能源的能力和综合效益。

2017 年 2 月，国家能源局公布首批多能互补集成优化示范工程名单。首批示范工程包含23个，其中终端一体化集成供能系统17个，风光水火储多能互补系统6个。首批风光水火储多能互补系统，包括张家口张北风光热储输多能互补集成优化示范工程、海西州多能互补集成优化示范工程、海南州水光风多能互补集成优化示范工程等。

### 2.3.6 新能源大数据应用技术

新能源大数据应用技术基于“互联网+”的开放共享理念，通过集中监控，提升新能源电站智能调控能力和运行管理水平，通过大数据技术在规划设计、设备健康诊断、功率预测等业务上的应用，以及共享储能、共享运维等机制的创新，提升新能源电力的接纳能力，减少“弃风弃光”现象。国家电网有限公司2018年1月在青海建立了新能源大数据创新平台，平台接入了5个不同团队的功率预测服务，同时还接入了负荷侧大用户，形成了贯通“电源-电网-负荷”新能源全产业链的新生态，构建了能源互联网的雏形。平台具备功率预测、设备健康管理、电站运营托管、金融服务等多项内容，提供自动报表功能。平台的大数据分析诊断模块能定位损失电量的具体原因，为电站改进提供决策依据。

光伏云网技术是集光伏建设、运维、监控于一体，基于“互联网+光伏”理念，构建形成的开放共享分布式光伏能源互联网生态体系，提供信息发布、咨询评估、方案推荐、设备采购、安装调试、并网接电、电费结算、补贴代发、金融服务及运行维护等全流程一站式服务，实现分布式光伏线上线下全业务全流程贯通，满足分布式光伏业主、投资商、生产商、运营服务商、金融机构以及各级政府和国家电网有限公司服务需要。光伏云网自2017年4月上线运行以来，累计接入分布式光伏用户100.17万户，装机容量3998.94万kW，实现国家电网有限公司经营区分布式光伏用户100%接入，成为国内最大的“科技+服务+金融”分布式光伏服务云平台。

## 2.4 政策和市场机制设计

精准的政策和完善的市场机制是促进能源清洁转型的重要保障。能源转型涉及规划、布局、技术、投资、环保等方方面面和众多利益主体，需要国家层面予以统筹考虑，在加强顶层设计的基础上，通过精准的政策和完善的市场机制，实现科学有效的引导。

### 2.4.1 政策引导机制

精准制定投资和消费激励政策，通过补贴、财税优惠、配额制等措施，吸引更多资金投向新能源发展，鼓励用户积极消费新能源所发电量。世界各国为了开发利用可再生能源，都出台了相关政策并给予财政支持，我国也不例外。自“十五”规划以来，我国可再生能源法规建设取得了重大进展，支持政策逐步完善，为可再生能源的发展创造了良好的法制和政策环境。

**2.4.1.1　我国政策引导机制**

1. 可再生能源法规建设

2005 年 2 月 28 日，全国人民代表大会常务委员会第十四次会议制定了《中华人民共和国可再生能源法》，这是我国可再生能源的专门法律、基干法律，并于 2006 年 1 月 1 日开始实施。为了实施《中华人民共和国可再生能源法》，我国在 2006—2014 年制定了一系列有关可再生能源的专门规章和其他规范性文件。随着国家发展改革委《可再生能源发电有关管理规定》（发改能源〔2006〕13 号）和《可再生能源发电价格和费用分摊管理试行办法》（发改价格〔2006〕7 号）等实施细则的颁布，政府支持可再生能源发展的政策框架已初步形成。

（1）国家制定可再生能源发展总量目标，并通过国家和省级的可再生能源发展规划来体现和具体实施。

（2）国家制定可再生能源发电上网电价，电网公司必须以此价格和招标项目的中标电价，全额收购经过行政许可或备案的可再生能源发电企业的上网电量。

（3）因可再生能源发电上网电价高出常规能源平均上网电价产生的高出费用，由全国电网的终端用户分摊。

2. 财税优惠政策

国家逐步加大对可再生能源的财政资金投入和税收优惠支持力度。制定了支持风电、垃圾发电的税收减免政策和发展生物质液体燃料的财政补贴与税收优惠政策。

但由于可再生能源发电装机规模超出预期等原因，可再生能源发电补贴资金缺口较大，以致部分企业补贴资金不能及时到位。为解决补贴缺口问题，财政部会同有关部门积极研究提出了相关方案，并正逐步调整补贴政策。财政部、国家发展改革委、国家能源局在《关于促进非水可再生能源发电健康发展的若干意见》以及《可再生能源电价附加补助资金管理办法》征求意见座谈会上就曾明确，到 2021 年，陆上风电、光伏电站、工商业分布式光伏将全面取消国家补贴。一系列政策表明对于新增非水可再生能源发电装机要采用推进平价上网和调控优化发展速度等方法来有效降低新增规模项目所需补贴资金，缓解补贴缺口扩大的趋势。

3. 科技专项和产业化专项支持

国家通过科技攻关计划、863 计划和 973 计划安排了大量的资金，支持可再生能源计划研究，为产业化发展做前期准备。2005 年，国家启动了高技术产业化发展专项，其中安排一定数量的资金支持光伏发电、并网风电、太阳能热水器等领域先进技术的产业化。

2015 年，我国西北部分地区出现了较为严重的弃风弃光现象，为解决弃风限电问题，国家在 2016 年初出台了相应政策。随着法律法规的完善，近年来国家政策主要关注可再生能源的开发利用指导。在《中华人民共和国可再生能源法》以及有关政策支持下，我国可再生能源产业快速发展，技术水平显著提高，制造产业能力快速提升，市场应用规模不断扩大，为推动能源结构调整、保护生态环境和培育经济发展新动能发挥了重要作用。为深入贯彻能源生产和消费革命战略，有效解决可再生能源发展中出现的弃水弃风弃光等问题，实现可再生能源产业持续健康有序发展，国家能源局印发的《关于可再生能源发展“十三五”规划实施的指导意见》（国能发新能〔2017〕31 号）明确指出，到 2030 年，非化石能源占一次能源消费总量的比重达到 20%左右。

2019 年以来，国家能源主管部门密集颁布了多项鼓励新能源平价上网的政策措施。随着这些政策措施的陆续出台，我国新能源高质量发展的目标引导、消纳保障、建设管理和上网电价等方面的政策机制逐步完善，风电和光伏发电发展开始从标杆电价阶段过渡到平价和竞价阶段，同时，市场在资源配置中也将发挥越来越重要的作用。

(1) 2019 年 1 月 7 日，国家发展改革委、国家能源局发布《关于积极推进风电、光伏发电无补贴平价上网有关工作的通知》(发改能源〔2019〕19 号)，明确了优化平价上网项目和低价上网项目投资环境，保障优先发电和全额保障性收购，鼓励平价上网项目和低价上网项目通过绿证交易获得合理收益补偿，降低就近直接交易的输配电价及收费，创新金融支持方式，做好预警管理衔接，动态完善能源消费总量考核机制等八项鼓励政策措施。同时，通知要求，电网企业认真落实接网工程建设责任，扎实推进本地消纳平价上网项目和低价上网项目建设，结合跨省跨区输电通道建设推进无补贴风电、光伏发电项目建设。

(2) 2019 年 5 月 10 日，国家发展改革委、国家能源局发布《关于建立健全可再生能源电力消纳保障机制的通知》(发改能源〔2019〕807 号)，明确按省级行政区域对电力消费规定应达到的可再生能源消纳责任权重，各省级人民政府能源主管部门牵头负责本省级行政区域的消纳责任权重落实，电网企业承担经营区消纳责任权重实施的组织责任，售电企业和电力用户协同承担消纳责任，国务院能源主管部门对各省级行政区域消纳责任权重完成情况进行监测评价，将可再生能源消纳量与全国能源消耗总量和强度“双控”考核挂钩。

根据《中华人民共和国可再生能源法》规定，我国实行可再生能源发电全额保障性收购制度。至此，经过十余年酝酿、博弈和征求意见，“配额制”终于以“可再生能源电力消纳责任权重”形式落地，初步建立起我国保障可再生能源电力消纳的长效机制。但是比起政策出台，更重要的是政策执行。在 2019 年模拟运行后，2020 年 1

月 1 日起全面进行监测评价和正式考核。

#### 2.4.1.2 国外政策引导机制

表 2-1 为主要国家或地区可再生能源支持政策采用状况。例如，德国为适应新能源发展形势的变化，在 20 世纪 90 年代就确立了将核能作为过渡能源，太阳能、风能等清洁能源作为未来主力能源的发展目标，曾先后五次修订《可再生能源法》，同时提出在 2020 年、2030 年、2040 年、2050 年，可再生能源在德国电力供应中的份额分别要达到 35%、50%、65%和 80%，明确了可再生能源在未来能源结构中的主导地位。另外，德国在 2000 年开始采用固定上网电价制（FIT），2014 年起逐步引入奖励+市场价格制（FIP），由政府设定补助基准作为奖励，要求发电业者参与市场竞争。

表 2-1　　主要国家（地区）可再生能源支持政策采用状况

| 国家 | 采用政策 | | | | | | | | | 2020 年可再生能源电力占比/% |
|---|---|---|---|---|---|---|---|---|---|---|
| | 1999 年 | 2000 年 | 2001 年 | 2002 年 | 2003—2011 年 | 2012 年 | 2013 年 | 2014 年 | 2015 年 | |
| 西班牙 | FIT/奖励+FIP | | | | | | | | | 40 |
| 德国 | | FIT | | | | | | FIP | | 80 |
| 意大利 | | | | RPS | | FIP | | | | 30 |
| 英国 | | | | RO | | | | 差额支付合同 | | 31 |
| 美国 | | | | RPS | | | | | | 33 |
| 日本 | | | | | RPS | FIT | | | | 24 |
| 韩国 | | | | FIT | | RPS | | | | 10 |
| 澳大利亚 | | RPS | | | | | | | | 20 |

注　FIT 指固定上网电价制；FIP 指市场价格制；RO 指可再生能源义务制；RPS 指可再生能源配额制。

丹麦采取了包括碳税、碳排放配额、环保税、上网电价补贴、研发补贴、基础设施建设、相关政策支持推动风电发展。早期丹麦采取了装机基金和电价补助，后来则以固定上网电价与差价补贴为主要支持手段。除了各种补贴，丹麦政府还采取了包括风电在内的新能源优先上网政策，使风电优先被市场接纳。

美国为风电发展提供了多样化补贴，包括联邦层面的生产税收抵免（PTC）、投资税收抵免（ITC），加速折旧政策以降低项目初期需缴纳的所得税。美国也是第一个推行可再生能源配额制（RPS）的国家，保障了新能源的健康有序发展。2013 年美国总统奥巴马宣布《总统气候行动计划》，明确到 2020 年可再生能源发电量翻番，2015 年 6 月又正式出台了《清洁电力计划》，以确保燃煤电厂退役后为低碳能源留出发展空间，美国能源信息署（EIA）发布报告显示，2020 年美国可再生能源发电装机容量占总装机容量的 21.56%，而到 2030 年可再生能源发电装机占比将超过 50%。欧盟

2015年公布的《能源联盟框架战略及前瞻性气候变化政策》中提出，到2030年，争取将跨界电网运营的发电装机容量占成员国总装机容量的15%。

### 2.4.2 协调发展机制

精准制定产业规范和引导政策，通过加强电源、电网统一规划，完善新能源技术标准及规范，促进新能源合理布局、协调健康发展。

1. 电源、电网统一规划

我国为加快建立清洁低碳、安全高效的现代能源体系，促进可再生能源产业持续健康发展，每五年进行一次可再生能源发展规划。而丹麦每两年对电网规划进行一次调整，基于对未来电力需求滚动预测、电源规划和周边国家联络线的容量变动情况，及时调整电网规划。

2. 完善技术标准及规范

欧美各国针对大规模风电、光伏并网制定了一系列技术标准和规范，部分高于国际电工委员会的标准，以此保证清洁能源发电满足电力系统安全稳定运行的要求。德国针对大规模风电并网制定了一系列技术标准和规范，而且部分德国技术规范高于国际电工委员会的标准要求，并建立了完善的风电发电并网检测认证制度，以此保证风电机组性能和风电场运行特性满足系统安全稳定运行要求。风电机组电压及频率耐受能力比较见表2-2。

表2-2　风电机组电压及频率耐受能力比较

| 标准项目 | 我国风电并网技术规定① | 国外并网技术要求 | 常规火电机组并网技术要求 |
|---|---|---|---|
| 高电压 | 1.1p.u.，正常运行 | 美国WECC：1.2p.u.<br>澳大利亚AEMC：1.3p.u.，60ms | 1.3p.u.，0.5s |
| 低电压 | 0.2p.u.，625ms | 德国：E.ON：0p.u.，150ms<br>美国FERC：0.15p.u.，625ms | 短时间内电压允许低至0 |
| 高频率 | 高于50.2Hz时至少运行5min | 丹麦：52Hz<br>德国：51.5Hz，30min | 51.0～51.5Hz，至少运行30s |
| 低频率 | 48～49.5Hz，至少运行30min | 丹麦：47Hz<br>英国：47Hz，20s | 46.5～47.0Hz，至少运行5s |

① 我国风电并网技术规定指《风电场接入电力系统技术规定》(GB/T 19963—2011)。

国外风电/光伏技术发达的国家的并网导则逐步对新能源机组的调频能力做出了规定，要求其具备一定的调频能力。而我国因为相关强制标准对风电机组的调频性能没有明确要求，大部分风电场基本不具备调频能力。部分国家或地区对新能源发电调频技术的规定见表2-3。

表 2-3　　部分国家或地区对新能源发电调频技术的规定

| 国家/地区 | 新能源调频技术规定 |
| --- | --- |
| 西班牙 | 提供新能源装机容量1.5%的备用容量用于调频 |
| 德国 | 100MW以上风电场/光伏电站应具备2%的一次频率调节能力 |
| 加拿大魁北克 | 新能源电站提供装机容量5%的备用容量，持续10s |
| 英国大不列颠 | 风电场/光伏电站满足一次调频、二次调频和频率过高响应的能力 |
| 英国北爱尔兰 | 给出了风电场/光伏电站频率响应的有功—频率曲线 |
| 丹麦 | 新能源电站安装频率控制系统以控制风电机组参与电网调频 |

### 2.4.3 市场建设机制

精准设计电力市场机制，包括跨区跨省消纳机制、辅助服务补偿机制等。我国能源供需逆向分布、地区间发展水平差异显著、清洁能源局部消纳困难等特点，决定了必须打破省间壁垒，在全国范围统筹能源配置。坚持市场化改革方向，使市场在资源配置中起决定性作用，是我国统一市场体系的重要组成部分和资源大范围配置的内在要求。需尽快研究明确全国统一电力市场模式和建设路径，为我国建立科学的电力市场体系、促进经济高效发展提供技术支撑。

目前我国已开展的较为成功的促进新能源消纳市场机制包括：东北辅助服务市场、省间互济交易、新能源与火电/自备电厂发电权置换交易、跨区新能源与大用户直接交易、跨区风火替代交易等，取得了一定成效。如国网青海省电力公司和国网陕西省电力有限公司通过开展联络线调峰互济，2015年12月共多消纳光伏电量0.32亿kW·h；甘肃新能源与兰州铝业有限公司自备电厂置换电量7.2亿kW·h，与酒钢集团龙泰工程公司酒钢自备电厂置换电量6.5亿kW·h，共计多消纳13.7亿kW·h新能源电量。但除东北形成了统一的交易机制外，其他大多为省间交易机制，从全国看效果仍极其有限。我国能源供需逆向分布的资源禀赋特点以及新能源集约开发和大范围消纳利用的需求，客观上决定了要加快设计全国统一的市场机制，推动建立统一开放、竞争有序的全国电力市场体系，才能更大规模地促进新能源消纳。

### 2.4.4 价格形成机制

精准设计能源价格形成机制，通过经济政策或价格信号，有效引导电力用户实现主动负荷需求响应。葡萄牙在新能源发展初期，采取固定上网电价加全额收购模式，政府提供补贴，促进新能源发展。随着新能源规模增大，政府调整策略，新能源继续享受补贴，但必须参加市场竞争、竞价上网。由于新能源没有燃料费用，边际成本几乎为0，新能源大发期间价格大幅低于常规电源，市场化价格机制保障了新能源的最大化利用。

目前，我国能源价格改革不断向纵深推进并取得成效，但各政策之间缺乏顶层设计，不同品种能源价格政策相对独立，价格信号引导作用不强。需针对我国大规模可再生能源消纳的现实需求和能源转型的长远要求，构建包括价格、配额、辅助服务等在内的能源政策体系，促进各类能源有序发展。

## 2.5 需求侧资源管理方式

在能源清洁、低碳转型的过程中，需求侧资源管理的方式是全社会共同参与。全社会共同参与和齐力推动既是转型的客观需要，也是参与方的主观要求。新能源的发展给电力系统运行控制带来极大的挑战，需要电力需求侧与发电侧积极互动，大幅度提高电力系统运行的灵活性。分布式能源在需求侧的“双向”利用将深刻改变人类社会的用能方式，需求侧由“被动”用能向“主动”用能转变，这种对自身能源电力需求的可调节和可管理的新特性也催生了需求侧通过能量交易降低用能成本的需求。另外，能源技术的持续进步也为共同参与提供了实现的可能，通过先进技术手段逐渐形成全社会共同参与能源电力运行调节的新格局。

### 2.5.1 需求侧资源潜力

传统的需求侧包括居民用户、工业用户和商业用户等，近些年，新型负荷也在逐渐发展，广义的需求侧还包括了电动汽车、微网、分布式能源系统等。按照用能设备的不同特点，可以将需求侧资源分为空调负荷、电动汽车、用户侧储能、工业生产、自备电厂、冷热电三联供、电蓄热、冰蓄冷等八类。结合典型设备的物理特性、运行约束，确定需求侧资源的可利用潜力。各类型需求侧资源可利用潜力见表2-4。

表2-4 各类型需求侧资源可利用潜力 %

| 途　径 | 空调负荷 | 电动汽车 | 用户侧储能 | 工业生产 | 自备电厂 | 冷热电三联供 | 电蓄热 | 冰蓄冷 |
|---|---|---|---|---|---|---|---|---|
| 削峰 | 15 | 14 | 90 | 25 | — | — | — | — |
| 填谷 | — | 20 | 90 | 10 | 10 | 20 | 75 | 8 |
| 精准实时切负荷 | 15 | — | 30 | 25 | — | — | 15 | 15 |

用户侧储能和工业生产能够参与电力削峰、电力填谷、精准实时切负荷，是综合利用价值高的需求侧资源。其中，用户侧储能可利用潜力最高，参与削峰填谷比例高达90%，参与精准实时切负荷比例为30%；工业生产参与填谷比例为10%，参与削峰和精准实时切负荷的比例为25%。

### 2.5.2 需求侧资源管理全社会参与方式

需求侧资源管理主要包括有序用电、能效管理、负荷管理、需求响应、精准实时切负荷五种。

(1) 有序用电是指按照先错峰、后避峰、再限电、最后拉闸等行政措施控制部分用电需求的需求侧资源参与方式，在电力供应不足、突发事件等情况下实施。

(2) 能效管理是指采取技术和管理措施，在用能环节制止浪费、降低电耗、实现电力电量节约的需求侧资源参与方式，一般通过政府、电网企业、电能服务机构等组织开展能效电厂项目示范、推广使用节能先进技术、提供合同能源管理、综合节能和用电咨询等服务开展能效管理。

(3) 负荷管理是指直接切除负荷或间接用户响应来解决系统运行困难问题，改善电力负荷曲线，提高发、供、用电设备的利用率的资源利用方式。

(4) 需求响应是指电力用户根据价格信号或激励措施，改变用电行为的需求侧资源参与方式。

(5) 精准实时切负荷是指由电网运行机构精准实时控制可快速响应的柔性负荷的需求侧资源参与方式，其建立在大电网安稳控制系统框架之上，可快速响应电网需求，解决电网故障状态下的安全运行问题。

用户参与需求侧管理方式示意如图 2-5 所示。

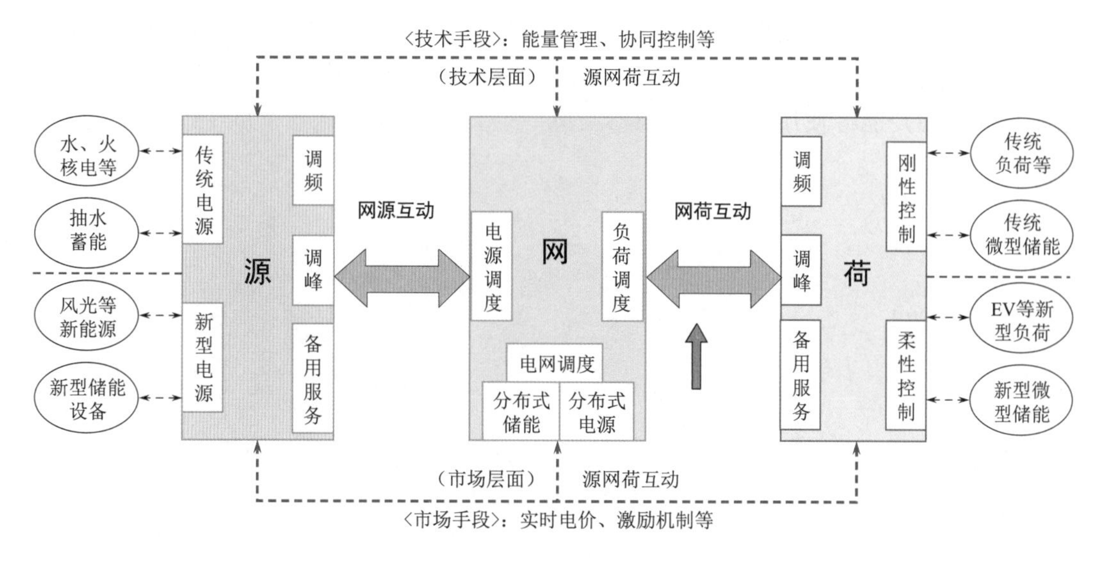


图 2-5 用户参与需求侧管理方式示意图

当前，需求响应是最主要的参与方式，先进国家建立了市场化的基于价格引导的需求响应体系，国内需求响应处于试点阶段，初步探索了精准实时切负荷的利用方式，正逐步向市场化的友好互动方向发展。2016 年 6 月，在江苏建成源网荷友好互动一期试点工程，共有1370户企业接入，具备350万kW可中断负荷秒级控制能力，通过快速精准控制用户的可中断负荷，提升了大电网快速平衡能力。未来，用户参与需求侧管理将以能效管理、需求响应为基础，以精准实时切负荷作为紧急保障，以有序用电作为保底，更加注重需求响应和精准实时切负荷的友好互动性。

### 2.5.3 需求侧资源管理全社会参与价值

整体来看，全社会共同参与有利于保障供电安全、促进节能减排。在电力供需紧张或电网紧急故障下，通过调用小部分的需求侧资源，可以保障整个电力系统的可靠供应。另外，全社会参与还有助于清洁能源大规模发展、提高常规机组的运行效率，促进全社会节能减排。

对电力系统来讲，需求侧资源参与源-网-荷互动有利于调峰调频、提供事故支撑、消纳清洁能源、延缓电源投资、减少电网投资、提高服务质量。通过充分调动电力需求侧参与源网荷互动，可以降低电网调峰调频压力；电力系统发生严重事故情况下通过精准切负荷，更可以为系统提供备用容量，保障系统的安全稳定。另外，充分调动源-网-荷互动，有利于应对新能源并网的波动性、间歇性、随机性及反调节特性，在一定程度上解决新能源消纳问题。

对需求侧资源来讲，参与源-网-荷互动可以降低自身用能成本，提升智能互动体验。通过鼓励电力用户积极参与需求侧管理，可以提高终端能源的利用效率；并且，用户通过参与需求响应等可以获得一定的经济补偿，降低能源使用成本，间接提高整个市场经济的内在活力。另外，智能互动终端和App的使用，为用户提供了互动通道，提高了用户能源使用的体验感与参与感。

# 第3章

# 清洁能源资源禀赋和发电特性

我国水力资源丰富，开发条件优越，调节性能优良，并有建设抽水蓄能电站的良好资源；太阳能资源得天独厚，土地广阔，光伏、光热开发条件好，目前已成为世界上大规模并网光伏电站最集中的地区之一；局部地区风能资源优势明显，已经形成以清洁能源为主要电源的供电系统，具备开展多能互补协调运行探索的基础和条件。其中青海省清洁能源资源占比较高，下面以青海省为例介绍全清洁能源供电的天然条件以及清洁能源发电特性。

## 3.1 青海清洁能源资源禀赋

### 3.1.1 水资源

#### 3.1.1.1 水资源分布情况

青海省地处青藏高原东北部，地势高峻，河道狭窄，水流落差集中，水资源丰富，有“三江源”和“中华水塔”之称。全省流域面积在500$km^2$以上的河流有293条，总理论蕴藏量24086.76MW，水资源理论蕴藏量居西北各省（自治区、直辖市）第一位。

省内按流域可划分为黄河流域、长江流域、澜沧江流域和内陆河流域四大流域。黄河流域、长江流域、澜沧江流域总面积为348629$km^2$，占全省面积的48.3%，主要分布在青海省的南部和东部，其主要特点是河网密度大、流程长、流量大。青海省内陆河流域主要分布在青海省北部和西部，东起日月山，南至鄂拉山、昆仑山，西至可可西里盆地，北至阿尔金山、祁连山，流域面积374094$km^2$，占全省面积的51.8%，其主要特点是水流分散，流程短、流量小，年内年际变化大，多为季节性河流。

青海省理论蕴藏量在10MW以上的干支流共计179条，总理论蕴藏量23474.49MW，其中黄河流域理论蕴藏量14824.97MW，占全省总量的63.15%，长江流域4587.09MW，占全省总量的19.04%，澜沧江流域2196.85MW，占全省的

9.12%，内陆河流域1865.58MW，占全省的7.75%。青海省水力资源理论蕴藏量详见表3-1。

表3-1　青海省水力资源理论蕴藏量

| 流域、水系 | 河流 | 理论蕴藏量/MW | 年电量/(亿kW·h) |
|---|---|---|---|
| 全省 | 342 | 24086.76 | 2110.00 |
| 黄河流域 | 109 | 15000.92 | 1314.08 |
| 长江流域 | 105 | 4779.42 | 418.68 |
| 澜沧江流域 | 27 | 2212.62 | 193.82 |
| 内陆河流域 | 101 | 2093.80 | 183.42 |

1. 黄河流域

黄河发源于青海省中南部，支流众多，青海省境内流域面积大于500km$^2$的支流达72条，理论蕴藏量大于10MW的支流有76条。按从上游到下游的顺序，左岸一级支流有优尔曲、西科河、东科河、得科河、尕科河、西哈垄、切木曲、中铁沟、曲什安河、大河坝河、巴燕河、湟水等；右岸一级支流有多曲、热曲、柯曲、达日曲、吉迈曲、章额河、清水河、大夏河、洮河等；二级支流有格曲、药水河、西纳川、北川河、沙塘川、引胜沟、大通河等；三级支流是湟水支流北川河的支流，分别是黑林河和东峡河。

黄河干流在青海境内全长1663km，天然落差2932.5m，河道平均比降1.556%，省境内黄河流域水能资源理论蕴藏量是15000.92MW，其中干流11310.3MW，占全流域的75.4%，单位河流长度蕴藏量多尔根至积石峡之间达到了17.9MW/km，其中龙羊峡到拉西瓦区间高达71.7MW/km。支流理论蕴藏量为3690.62MW，占全流域的24.6%，单位河长蕴藏量在切木曲、曲什安河、隆务河、湟水河、大通河等河的中、下游河段较大。

2. 长江流域

长江为中国第一大河，发源于青海省南部。省境内流域面积大于500km$^2$的支流达92条，理论蕴藏量大于10MW的支流有32条。省内除长江干流（青海省境内称通天河）外，还有一级支流雅砻江（青海省境内称扎曲）及其支流曲科河（下游称泥曲河），二级支流大渡河（青海省境内称玛柯河）及其支流多柯河（又称杜柯河）与克柯河（下游称阿柯河），单独流出省境后在四川省境内汇入金沙江。

长江干流在青海省境内全长1205.7km，河道天然落差2145m。省境内长江流域水能资源理论蕴藏量4779.42MW，其中干流2497.04MW，占全流域的52.25%，支流理论蕴藏量为2282.38MW，占全流域的47.75%。

3. 澜沧江流域

澜沧江为国际河流，发源于青海省西南部，流域内河流水系发达，支流密布，流域面积大于 500km$^2$ 的支流共 21 条，理论蕴藏量大于 10MW 的支流 23 条，干流在省境内称为扎曲，主要支流有子曲、解曲等。

澜沧江干流在青海省境内河道长 448km，共界河段长 4.5km，出青海省界处流域面积 18581km$^2$，河道高程 3500m，落差 1560m，河道平均比降 3.5‰。省境内澜沧江流域水能资源总理论蕴藏量 2212.62MW，其中干流流域理论蕴藏量是 785.5MW，占全流域的 35.5%，支流理论蕴藏量为 1427.12MW，占全流域的 64.5%。

4. 内陆河流域

内陆河水系分布在青海省的北部和西部。西北部有柴达木水系、哈拉湖（黑海）水系、茶卡水系、青海湖水系、祁连山水系；西部有可可西里水系。理论蕴藏量在 10MW 以上的河流仅分布在柴达木、青海湖、祁连山和可可西里 4 个水系中，共有 45 条河流，理论蕴藏量为 1865.58MW。

5. 抽水蓄能资源

青海省抽水蓄能站址资源较为丰富。按照抽水蓄能电站建设对地形、成库条件、水头、距高比等各方面的基本要求，并通过现场查勘和环境调查，了解地质、水源、水库淹没、环境影响、工程布置、工程施工等条件，青海具备条件的站址共计 20 个，总装机容量 2125 万 kW，分布在西宁市、海东市、海南州、海西州及黄南州等区域，站址依次位于西宁百草湾、湟源泉尔湾、乐都南泥沟、乐都盛家峡、化隆上佳、格尔木南山口、格尔木敖努额郭勒、大柴旦鱼卡河、德令哈雅马图、格尔木小灶河、贵南拉项塘、贵南野狐峡、贵南哇让、共和岗香、共和多隆、贵南龙羊峡、贵德西沟河、贵德东沟河、尖扎古浪笛、尖扎麦油。

**3.1.1.2 开发现状及规划**

青海的水资源利用始于 1948 年西宁水力发电厂建成发电，装机容量 198kW；至 1975 年，青海省已建成小水电站 161 座，装机容量 26MW。

青海省境内的长江和澜沧江流域地处高原腹地，人口稀少、经济落后，虽然有很多自然条件优越的站址，但开发难度大，仅沿流域建设了一些小型电站，以满足当地部分工农业生产及人民生活的用电需要。黄河干支流水量稳定，落差集中，距离负荷中心近，开发条件优越，青海省已开发的大型水电站主要集中在黄河上游。1976 年，以龙羊峡水电站建设为标志，黄河上游水力资源大规模开发拉开序幕，1989 年，历经 13 年，单机容量 320MW、总装机容量 1280MW 的龙羊峡水电站全部并网发电，该电站主坝高 178m，在当时位居亚洲第一，被誉为“万里黄河第一坝”。作为黄河上游“龙头”电站，水电站水库容量 247 亿 m$^3$，可以将黄河上游 13 万 km$^2$ 的年流量全部截流，形成一座面积达 383km$^2$ 的高原湖泊，是黄河干流上最大的多年调节型水库。

1987—2010年，李家峡、公伯峡、积石峡等水电站相继投产发电。2010年8月，拉西瓦水电站单机容量为700MW的5台水电机组正式并网，该电站是黄河流域单机容量最大、总装机容量最大、发电量最多、单位千瓦造价最低的水电站。截至2019年年底，青海省已建成水电装机容量达11920MW，其中黄河上游已建成班多、龙羊峡、拉西瓦、尼那、李家峡、直岗拉卡、康扬、公伯峡、苏只、黄丰、积石峡、清水湾共12座梯级电站，总装机容量约10487MW，占水电总装机容量的88%，详见表3-2。

表3-2　　黄河干流青海境内已建各梯级水电站技术指标表

| 序号 | 电站名称 | 调节库容/亿 $m^3$ | 调节性能 | 装机容量/MW | 年发电量/(亿kW·h) |
| --- | --- | --- | --- | --- | --- |
| 1 | 班多 | 0.04 | 日调节 | 360 | 14.12 |
| 2 | 龙羊峡 | 193.5 | 多年 | 1280 | 59.4 |
| 3 | 拉西瓦 | 1.5 | 日 | 3500 | 102.2 |
| 4 | 尼那 | 0.083 | 日 | 160 | 7.63 |
| 5 | 李家峡 | 0.6 | 日/周 | 1600 | 60.6 |
| 6 | 直岗拉卡 | 0.03 | 日 | 190 | 7.6 |
| 7 | 康扬 | 0.05 | 日 | 285.25 | 9.9 |
| 8 | 公伯峡 | 0.75 | 日 | 1500 | 51.4 |
| 9 | 苏只 | 0.1 | 日 | 225 | 8.79 |
| 10 | 黄丰 | 0.14 | 日 | 225 | 8.7 |
| 11 | 积石峡 | 0.45 | 日 | 1020 | 33.63 |
| 12 | 清水湾 | 0.0087 | 日 | 142 | 5.6 |

青海省统筹考虑生态环境保护、移民安置等情况，后期开发重点仍集中在黄河上游。到“十三五”末，建成投运1200MW羊曲水电站，青海水电装机容量达13110MW。“十四五”期间，规划建成拉西瓦扩机、李家峡扩机、玛尔挡水电站、茨哈峡水电站、尔多水电站，青海水电装机规模预计达19970MW。

随着新能源的大规模发展，青海电网调峰及外送断面能力不足，造成新能源弃电问题凸显。抽水蓄能电站作为调峰电源和较好的储能电源，可以平抑光伏、风力发电出力的波动性，改善其并网条件，减少弃电。同时，为满足青海清洁能源基地外送需要，保障特高压直流安全稳定运行，需规划建设抽水蓄能电站。

2017年，青海省已完成《抽水蓄能电站选点规划》，近期优先开发条件较为优越的贵南哇让抽水蓄能电站和格尔木南山口抽水蓄能电站。贵南哇让抽水蓄能电站上水库位于拉西瓦水库右岸，下水库利用已建拉西瓦水库，规划装机容量2400MW，初选8台300MW立轴单级混流可逆式水泵水轮机，按日抽水10h计算，年发电量55亿

kW·h，综合效率约为75%，该电站将成为国内第一座配套新能源发展且与已建水电站联合开发的抽水蓄能电站。格尔木南山口抽水蓄能电站上水库位于小干沟右岸，下水库位于格尔木河右岸，规划装机容量2400MW，初选8台300MW立轴单级混流可逆式水泵水轮机，按日抽水8h计算，年发电量40亿kW·h，综合效率约为75%。贵南哇让抽水蓄能电站和格尔木南山口抽水蓄能电站将成为配合青海省海西州、海南州两个千万千瓦级新能源基地开发的重要调峰储能电源。

### 3.1.2 太阳能资源

#### 3.1.2.1 太阳能资源分布情况

青海省幅员辽阔，地处中纬度，海拔3000m以上的地区占全省总面积的90%以上。因海拔高、大气稀薄、气压低、大气透明度好、辐射强度大、日照时间长，加之气候干燥、降雨量小、云层遮蔽率低，太阳能资源十分丰富。年日照平均时数为2314～3550h，日照百分率53%～80%，年均太阳辐射量可达5800～7400MJ/m$^2$，资源储量仅次于西藏，位居全国第二。

青海省太阳能资源空间分布呈西北部多、东南部少的特点，是全国太阳能资源最丰富地区之一；但资源的地区分布是不均匀的，其趋势是西北部多，东南部少，从太阳能利用的角度看，青海省是高寒地区，低温（日平均气温在0℃以下）期长，且多大风，气候因素对太阳能的利用不利。全省共分成10个不同类型的太阳能资源区。

（1）资源特别丰富区，利用佳期长：主要在柴达木盆地中部，年均太阳辐射量在7000MJ/m$^2$以上，是青海省太阳能资源利用前景最好的地区。

（2）资源特别丰富区，利用佳期较长：主要包括柴达木盆地的西北部及大柴旦地区至都兰县、乌兰县一带，年均太阳辐射量在6827～7420MJ/m$^2$之间，资源量同属特别丰富地区，具有广阔的开发利用前景。

（3）资源特别丰富区，利用佳期短：主要在唐古拉山地区南部（如沱沱河），年均太阳辐射量在6800MJ/m$^2$以上。尽管本区太阳能资源储量特别丰富，但由于海拔高，气候寒冷，只在夏季利用最佳，利用价值明显降低。

（4）资源丰富区，利用佳期长：范围很小，主要在玉树州南部的囊谦县，年均太阳辐射量在6600MJ/m$^2$以上，具有很好的利用开发价值。

（5）资源丰富区，利用佳期较长：包括海北州的祁连县、青海湖地区、海南州（除同德县）、海西州的茶卡镇、黄南州的河南县、果洛州的玛沁县、玉树州的玉树市、杂多县及柴达木盆地的布尔汗布达山区。年均太阳辐射量在6200～6800MJ/m$^2$之间，具有很好的利用开发价值。

（6）资源丰富区，利用佳期较短：包括祁连山西段、托勒山区及天峻县、玉树州西北部、昆仑山脉南部、果洛州的东经99°以西地区，年均太阳辐射量在6200～6800MJ/m² 之间。本区年太阳总辐射量多，利用佳期较短，但仍有较高的开发价值。

（7）资源丰富区，利用佳期短：范围很小，主要分布在青南高原（清水河）、唐古拉山（五道梁）海拔4400m以上高寒地区。太阳辐射强，年均太阳辐射量在6400MJ/m² 左右，但由于低温寒冷期长，是青海省利用佳期最短的地区，同时也是多大风天气的地区之一，太阳能开发利用的经济效益是全省比较差的地区。

（8）资源较丰富区，利用佳期长：主要分布在黄河、湟水等河谷之中，年均太阳辐射量在6200MJ/m² 以下。海拔低气温高，气候较温暖，是全省低温寒冷最短的地区，也是青海省全年风速最小的地区之一。虽然太阳能资源略低于省内其他地区，但从资源利用角度分析，是全省利用佳期最长，经济效益和社会效益最好的地区，应该积极开发使用。

（9）资源较丰富区，利用佳期较长：包括海东市西部/海北州的门源县、海南州南部、黄南州的泽库县，果洛州南部地区，年均太阳辐射量在6200MJ/m² 以下。从能源利用角度来看，除海东市各县有很好的利用价值外，区内的其他地方，由于海拔高、寒冷期较长，实际利用期短、效益较低，但作为补充能源仍有较好的开发利用价值。

（10）资源较丰富区，利用佳期较短：主要在果洛州中部地区（达日县、甘德县等），年均太阳辐射量在6200MJ/m² 以下，资源和最佳利用期等条件均较差。

经面积权重法计算，青海省年均太阳辐射量为6632MJ/m²，按照青海省面积72.23万km² 估算，青海省年太阳能资源总储量为$4.79\times10^{15}$MJ，同时，青海省拥有约10万km² 戈壁荒滩，具备大规模开发光伏的土地资源条件。

青海省太阳能法向直接辐射资源丰富，直接辐射量占总辐射量的60%以上，年法向直接辐射从西北到东南呈带状递减，其中海西州的年法向直接辐射最大，果洛州东南部、黄南州东南部及海东地区东部年法向直接辐射较小，见表3-3。以太阳能资源量和可利用土地资源估算，青海省光热电站理论装机容量可达17亿kW。

**表3-3　青海省各地州光热资源平均状况**

| 地区 | 日照时数/h | 法向直接辐射/(kW·h/m²) | 地区 | 日照时数/h | 法向直接辐射/(kW·h/m²) |
|---|---|---|---|---|---|
| 海北州 | 2834 | 1613 | 西宁市 | 2634 | 1411 |
| 海南州 | 2787 | 1576 | 黄南州 | 2581 | 1351 |
| 玉树州 | 2713 | 1571 | 海东市 | 2593 | 1323 |
| 果洛州 | 2566 | 1463 | | | |

#### 3.1.2.2 开发现状及规划

“十二五”期间，我国出台了多项支持新能源发展的政策，推动了青海光伏发电跨越式发展。青海省打造了柴达木盆地和海南共和两个光伏发电基地，光伏并网以规模化、集中式接入为主。2011年，并网光伏电站42座，装机容量100.3万kW。2012—2016年，光伏发电以每年超过100万kW的规模稳步发展。“十三五”期间，青海将继续推进光伏规模化发展，结合资源禀赋和电网条件，重点发展海西州、海南州两个千万千瓦级新能源基地，到2020年，光伏发电总装机容量达1601万kW，光伏超过水电成为省内第一大电源。“十四五”规划到2025年，光伏总装机规模3800万kW，其中海西州1996万kW，海南州1652万kW。

光热发电技术是唯一可同时实现友好并网与有效调峰的可再生能源发电技术。我国从20世纪80年代开始对光热发电技术进行研究，天津大学制造了最早的塔式太阳能装置，并于2006年在南京建立了70kW塔式太阳能热发电试验系统。2012年，我国首座1MW塔式太阳能热发电站——八达岭太阳能热发电实验电站成功发电。2013年7月，浙江中控太阳能技术有限公司1万kW塔式光热发电项目一期水工质系统在青海海西州建成并网，并于2016年完成熔盐储能系统技术改造。该电站是我国目前唯一一个商业化运营的光热发电项目，也是世界第三座实现熔盐储热功能的商业化光热运营电站。

根据光热资源条件，青海省规划优先开发海西州和海南州太阳法向直接辐射资源较高的区域。规划到2025年，海西州和海南州光热发电容量分别达到1028万kW和275万kW。

### 3.1.3 风能资源

#### 3.1.3.1 风能资源分布情况

根据国内外风能开发利用经验，年平均风速达到3.0m/s以上地区的风能就有开发价值。风速的分布与地形和海拔有关，青海省除东北部、东南部少数山川和河谷地区外，青南高原、柴达木盆地、青海湖环湖地区年平均风速均在3.0m/s以上。柴达木盆地西部和唐古拉山区年平均风速超过5.0m/s，前者由于地形的狭管效应，致使全年风速较大，后者海拔高，冬半年处于西风急流下方，因而风速较大。此外，青海省风速不小于17.0m/s大风日出现频繁，大部分地区年大风日数在50天以上，其中，柴达木盆地西部、青南高原西部和疏勒山区超过100天，特别是唐古拉山区达150天以上，为我国同纬度之冠。

青海省各地的主导风向主要为：海西州大部分地方为偏西风，但冷湖地区为东北风、德令哈市为偏东风，香日德镇、都兰县为东南风，唐古拉山和玉树州以西风为主。果洛州境内主导风向较为凌乱，玛多县、久治县多东北风，大武镇、班玛县多偏北风，达日县多为西风。海北州的托勒地区西北风多，刚察县北风为主，祁连县多东南风，门源县多东风。海东市东南风为主，湟中县多偏南风，湟源县多为东风。黄南州东北风多，泽库县多西北风。海南州南部西北风多，北部的共和县以北风为主，江西沟乡受青海湖水体和山脉影响（山谷风与湖陆风叠加）以南风为主。

根据1979—2008年青海省长期数值模拟结果，柴达木盆地西北部、中部，青海湖南部、唐古拉山区及海西州的哈拉湖周边地区，为青海省风能资源丰富区，70m高度年平均风功率密度一般在350W/m$^2$以上。青海湖东部和北部、柴达木盆地西南部和东北部、玉树州西部、果洛州北部、海南州的西部为青海省风能资源较丰富区，70m高度年平均风功率密度一般在200～350W/m$^2$。日月山以东地区，包括海东市、西宁市、海北州、海南州东部、果洛州、玉树州的西南部为风能资源贫乏区，70m高度年平均风功率密度多在150W/m$^2$以下，风能资源基本无利用价值。省内其余地区风能资源一般，多为季节可利用区。

在考虑限制风能资源开发利用的自然地理和环境保护等因素后，70m高度年平均风功率密度不小于200W/m$^2$的风能资源技术开发量约为7500万kW，技术开发面积达19480km$^2$。年平均风功率密度不小400W/m$^2$的技术开发量约1112万kW，技术开发面积约为3148km$^2$。青海湖以南及柴达木盆地东部技术开发量相对较大，装机密度系数达4～5MW/km$^2$，茫崖地区以北的阿尔金山一带装机密度系数为2～3MW/km$^2$。

青海风能资源具有以下特征：

（1）风向稳定，最大风向频率与最大风能方向频率一致性好，有利于风电机组稳定运行。风能资源丰富区的茫崖行委、青海中部主导风向以WN、WNW为主，且高层、低层最大风向频率方向大致相同，风能主方向与主导风向具有很好的一致性。从最大风速和主导风向的角度考虑，风能资源比较好。

（2）有效风力持续时间长。在风能利用上，一般以10m高度处3～25m/s的风速作为有效风速，该标准基本上适合于目前运行的风电机组的工作范围。青海各测风点70m高度3～25m/s风速的时数在5400～7500h，占年总小时数的65%～85%，风速的有效风力持续时间较长。

（3）湍流强度小。湍流强度大时会减少输出功率，还可能引起极端荷载，最终破坏风电机组。湍流强度值不大于0.10表示湍流相对较小；湍流强度值在0.10～0.25之间表示中等程度湍流；湍流强度值大于0.25表示湍流过大。对风电场而言，要求湍流强度值不超过0.25。青海各测风塔各高度全风速段测风塔的值为0.18～0.30，各高度大于15m/s的值为0.07～0.17，湍流强度属中等偏小。

（4）影响风电机组运行的气象灾害较少。青海省影响风能利用的气象灾害主要有低温、沙尘暴、雷电、大风等。统计青海省日最低气温不大于－30℃的极端最低气温出现情况，其中诺木洪地区、共和县、贵南县从未出现过不大于－30℃的极端最低气温，五道梁镇出现最多，每3年中有2年出现，天峻县每2年中有1年出现，冷湖地区每4年中有1年出现。其余茫崖地区、小灶火、刚察县在近50年里零星出现过不大于－30℃的极端最低气温。统计青海大风天气情况，大风日数最多的是五道梁镇，年平均出现大风122次，茫崖行委、天峻县、冷湖行委年大风日数为65～75次，而贵南县、德令哈市年平均大风日数不到20次。统计青海沙尘暴情况，五道梁镇、茫崖行委、刚察县沙尘暴日数最多，年平均在11天左右，冷湖行委、德令哈市、共和县年平均不到4次。统计青海雷暴情况，天峻县、刚察县、共和县、五道梁镇、贵南县的雷暴出现日数较多，年平均出现39次以上，而茫崖行委、冷湖行委、小灶火、诺木洪等地出现较少，年平均出现日数少于5次。随着全球气候变化，青海省的低温、沙尘暴、大风日数在明显减少，雷电日数略有增加，要加强雷电灾害的防治工作。

#### 3.1.3.2 开发现状及规划

青海省从20世纪70年代开始推广风力发电，主要是户用微型风机，满足偏远农牧区生活供电需求。从“十二五”开始，在海西州、海南州、海北州建设大规模风电场。2011年，青海首座风电场——沙珠玉风电场并网发电，装机容量14MW（4×1.5MW＋4×2MW），该风电场为高原风电开发、建设、运营积累了宝贵经验，为高原风机技术和产品适应性提供了相应数据，推动了青海风电的规模化发展。

“十三五”期间，青海省将加快推进海西州、海南州等风能资源富集区的风电开发建设，继续加强风能资源评价，进一步推动风能资源的利用。根据青海电源发展规划，截至2019年年底，青海电网风电装机容量487万kW。“十四五”规划至2025年年底，青海电网风电总装机容量将达到1100万kW。

## 3.2 青海清洁能源发电特性

### 3.2.1 水力发电特性

通过收集水电站实时调度、来水径流等相关资料，分析已建水电站发电特性。在全清洁能源供电实践中，龙羊峡水电站是最为关键的一环，在保证用电需求的前提下，同时承担蓄水的目的，来有效调节下游各水电站的运行。

1. 年际变化特性

龙羊峡水电站具有多年调节性能，将丰水年多余的水量蓄至水库，增加枯水年的可用水量，达到年际间的蓄丰补枯。龙羊峡2005—2016年入库年际不均衡系数为0.205，出库年际不均衡系数为0.141，出库较入库均匀，表明多年调节的龙羊峡水库为年际间水量的分配发挥了作用，如图3－1所示。

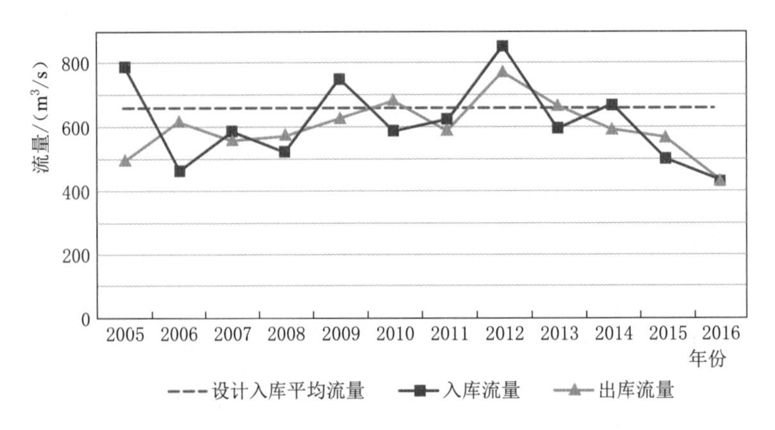


图3-1 龙羊峡水电站2005—2016年入库及出库流量

通过对龙羊峡、拉西瓦、李家峡、公伯峡四座水电站2005—2016年年际发电量变化分析，各水电站年发电量最大值均出现在2012年，最小值均出现在2016年。年发电量最大值相对平均值的变幅在15%～27%之间，年发电量最小值相对平均值的变幅在−35%～25%之间，如图3-2所示。

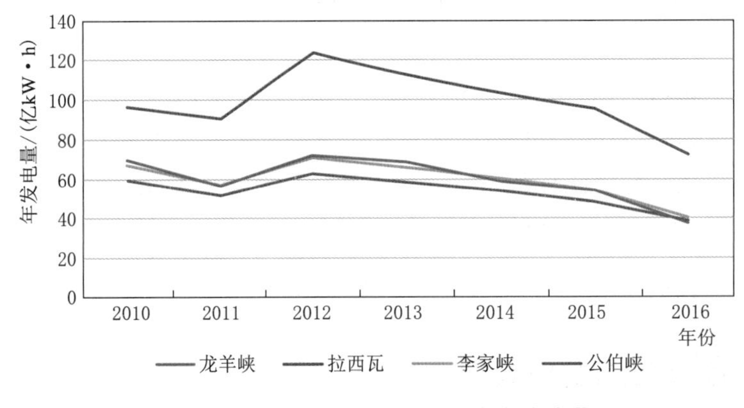


图3-2 各水电站2010—2016年年发电量

2. 年变化特性

通过对龙羊峡水电站2005年和2016年入库和出库流量数据分析，该水电站天然入库流量年不均衡系数为0.662，入库流量月间变化较大，出库流量年不均衡系数为0.237，表明通过龙羊峡水库的调蓄，出库流量月间变化趋于均匀，如图3-3、图3-4所示。

通过对龙羊峡、拉西瓦、李家峡、公伯峡、积石峡五座水电站各月实际运行特性分析，各水电站月发电量最小值出现在2月，最大值出现在8月；月最小发电量较月平均发电量小30%～35%；除拉西瓦水电站月最大发电量较平均发电量大40%以外，其他水电站月最大发电量较平均发电量大23%～30%，如图3-5所示。

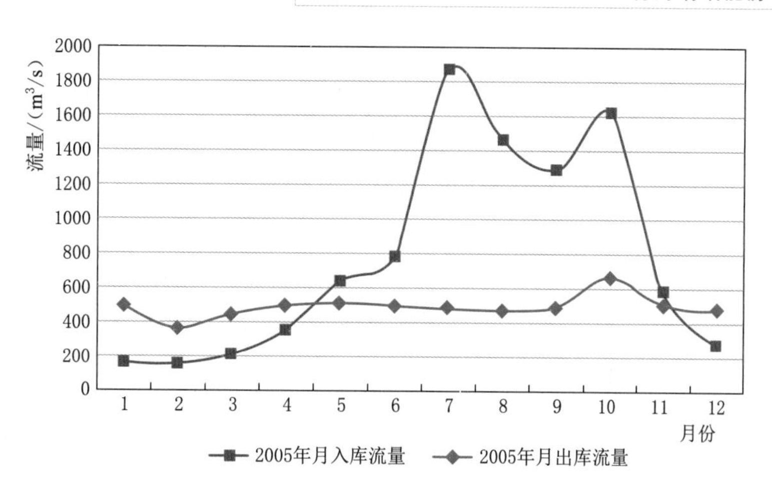


图 3-3 龙羊峡水电站 2005 年各月入库及出库流量

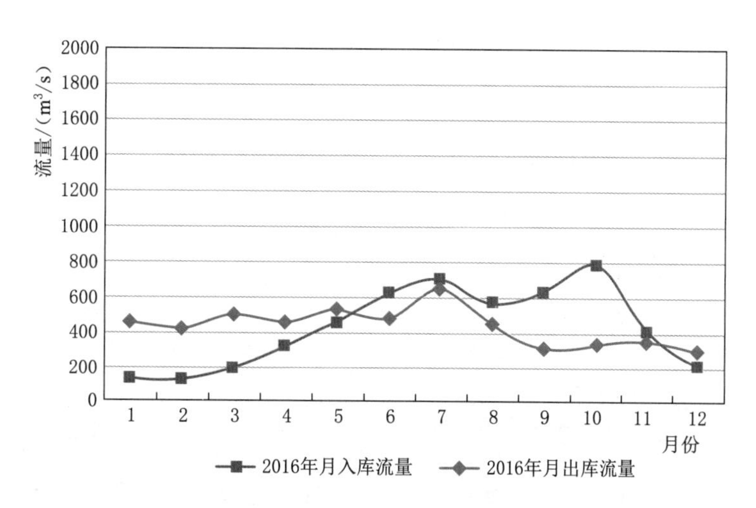


图 3-4 龙羊峡水电站 2016 年各月入库及出库流量

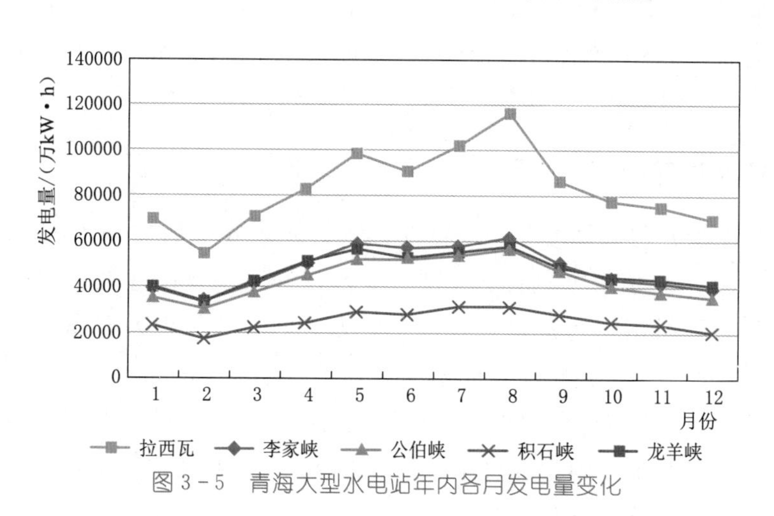


图 3-5 青海大型水电站年内各月发电量变化

3. 日变化特性

2010 年前，青海新能源并网装机较少，龙羊峡水电站按电力系统需求发电运行，并基本保证各月出库水量计划。拉西瓦、李家峡、公伯峡、积石峡四座水电站日内运行方式，根据龙羊峡出库流量及各日电力系统需求发电运行。

随着新能源规模的逐步扩大，水电站日内运行方式较常态运行方式发生了变化，在光伏电站发电出力较大的 11：00—16：00，龙羊峡水电站出力明显降低，水库蓄水，由光伏出力替代水电出力，且负荷需求略大的其他时段，加大龙羊峡水电站出力，将光伏电量以水库蓄水量的形式进行转化，并在时间上重新分配。随着风电并网容量增加，省内风光互补，龙羊峡水电站配合新能源调峰容量相应减小。龙羊峡水电站配合新能源调峰的日内运行过程如图 3 - 6 所示。

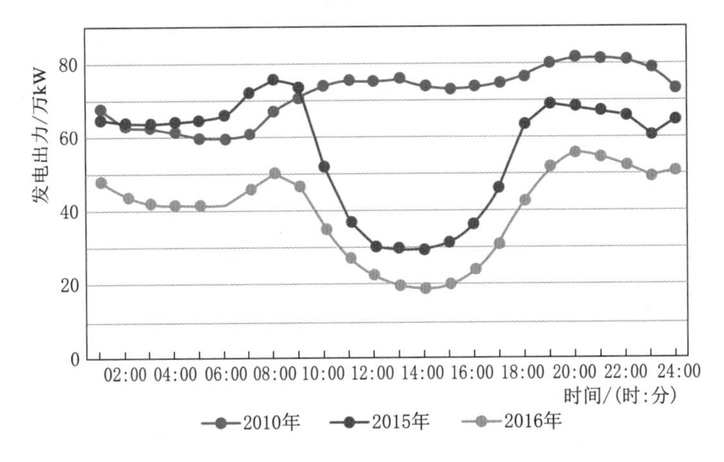


图 3 - 6　龙羊峡水电站配合新能源调峰的日内运行出力过程

从日内运行过程分析，在丰水期，光伏发电出力较大时，五个水电站在午间时段均降低出力运行。在枯水期，由于龙羊峡水电站出库较小，出力相对较小，水电与光伏合计出力仍然小于系统的需求，在遇光伏大发时，仅部分水电站在午间时段降低出力运行，且出力降幅远低于丰水期，如图 3 - 7、图 3 - 8 所示。

### 3.2.2　光伏发电特性

青海电网光伏并网以规模化、集中式接入为主，截至 2019 年年底，青海光伏发电装机容量已达 1121 万 kW，主要分布在海西州和海南州。通过收集已建光伏电站 2013—2016 年逐 15min 出力资料，按照已建光伏电站的规模及分布情况，从光伏电站位置、年出力正常性、完整性、可靠性等方面考虑，在格尔木、德令哈、共和三个光伏园区中分别选择代表光伏电站，采用数理统计方法对光伏电站的发电特性进行分析，见表 3 - 4。代表电站因设备故障等原因造成的个别出力异常时段参照邻近电站进行修正，无法修正时剔除出力异常时段。

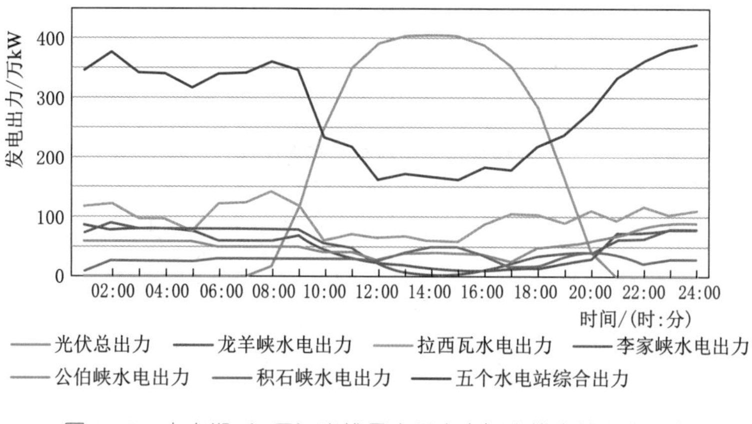


图 3-7 丰水期（7 月）光伏最大日水电与光伏电站日内出力

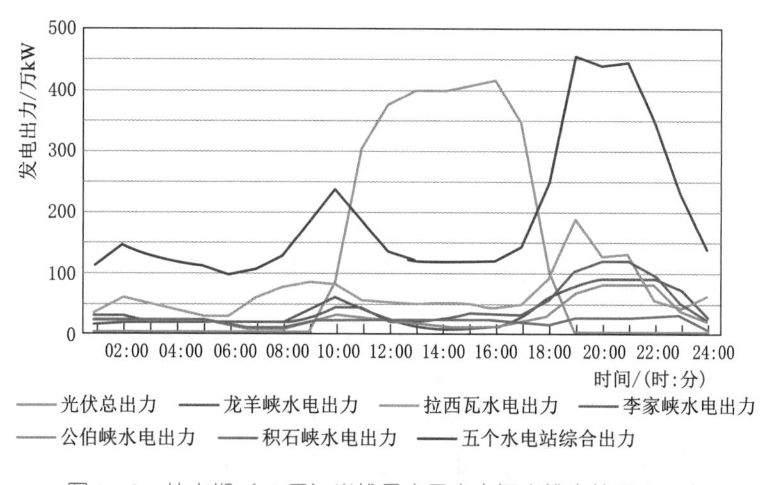


图 3-8 枯水期（12 月）光伏最大日水电与光伏电站日内出力

表 3-4 青海省代表光伏电站概况

| 地　区 | 电站名称 | 装机容量/万 kW | 投产时间 | 发电出力记录时间 |
|---|---|---|---|---|
| 格尔木东出口光伏园区 | 龙源格尔木 | 7 | 2013 年 12 月 | 2014 年 1 月—2016 年 12 月 |
| | 山一中氚格尔木 | 5 | 2013 年 12 月 | 2014 年 1 月—2016 年 12 月 |
| 德令哈西出口光伏园区 | 力诺齐德令哈 | 5 | 2011 年 12 月 | 2013 年 9 月—2016 年 12 月 |
| | 中型蓄积德令哈 | 5 | 2013 年 11 月 | 2013 年 12 月—2016 年 12 月 |
| 共和光伏园区 | 世能共和 | 3 | 2013 年 6 月 | 2013 年 9 月—2016 年 12 月 |
| | 聚卓共和 | 2 | 2013 年 7 月 | 2013 年 9 月—2016 年 12 月 |

1. 年际变化特性

通过统计分析代表光伏电站 2014—2016 年逐 15min 出力，除受弃光限电影响外，光伏发电量年际变化较设计多年平均发电量偏差基本在±10%以内，考虑已建光伏电站投产时间多数在 2013 年及以前，5 年发电量相比运营期多年平均发电量高 7%～

8%的实际因素，光伏年际发电量实际偏差在3%左右，变化较小，见表3-5。代表光伏电站2014—2016年年累积电量占比95%时，出力系数分别约为0.72、0.67、0.57，见表3-6。

**表3-5　　代表光伏电站年发电量变化**

| 地　区 | 电站名称 | 年份 | 年发电量/(万kW·h) | 年装机利用小时数/h | 较设计光伏电站多年平均发电量偏差/% |
|---|---|---|---|---|---|
| 格尔木东出口光伏园区 | 龙源格尔木 | 2014 | 12451 | 1779 | 9 |
| | | 2015 | 11999 | 1714 | 5 |
| | | 2016 | 10717 | 1531 | −6 |
| | 山一中氚格尔木 | 2014 | 8866 | 1773 | 9 |
| | | 2015 | 8496 | 1699 | 4 |
| | | 2016 | 7343 | 1469 | −10 |
| 德令哈西出口光伏园区 | 力诺齐德令哈 | 2014 | 8589 | 1718 | 9 |
| | | 2015 | 8211 | 1642 | 5 |
| | | 2016 | 6808 | 1362 | −13 |
| | 中型蓄积德令哈 | 2014 | 9102 | 1820 | 16 |
| | | 2015 | 8355 | 1671 | 6 |
| | | 2016 | 7055 | 1411 | −10 |
| 共和光伏园区 | 世能共和 | 2014 | 5149 | 1716 | 7 |
| | | 2015 | 4894 | 1631 | 2 |
| | | 2016 | 4577 | 1526 | −5 |
| | 聚卓共和 | 2014 | 3365 | 1683 | 5 |
| | | 2015 | 3354 | 1677 | 5 |
| | | 2016 | 3074 | 1537 | −4 |

**表3-6　　代表光伏电站年累积电量占比95%时出力系数**

| 地　区 | 电站名称 | 年累积电量占比95%时出力系数 | | |
|---|---|---|---|---|
| | | 2014年 | 2015年 | 2016年 |
| 格尔木东出口光伏园区 | 龙源格尔木 | 0.73 | 0.67 | 0.58 |
| | 山一中氚格尔木 | 0.71 | 0.67 | 0.54 |
| 德令哈西出口光伏园区 | 力诺齐德令哈 | 0.70 | 0.67 | 0.54 |
| | 中型蓄积德令哈 | 0.73 | 0.66 | 0.53 |
| 共和光伏园区 | 世能共和 | 0.72 | 0.67 | 0.62 |
| | 聚卓共和 | 0.72 | 0.68 | 0.63 |

2. 年变化特性

青海省已建光伏电站平均年利用小时数约1640h，月发电量相对年内月平均发电量变化基本在20%以内，发电量最大月主要集中在春季，季节性明显，3—10月出力较大，1—2月、11—12月出力较小，如图3-9所示。

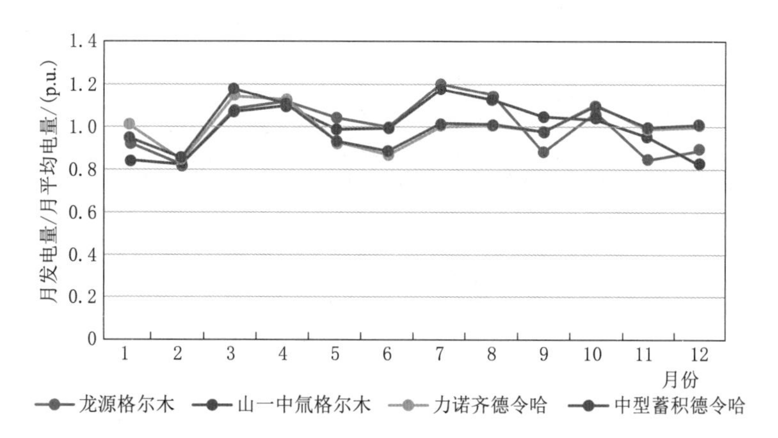


图3-9　代表光伏电站年内月发电量标幺值变化

3. 日变化特性

光伏电站年内正常日最短发电时段为09:00—18:00，日发电约9h，日最长发电时段为06:30—20:30，日发电约14h。晴天光伏出力曲线呈“馒头状”变化，出力比较规律，阴雨天光伏出力曲线呈锯齿波动，出力随机性大，如图3-10所示。

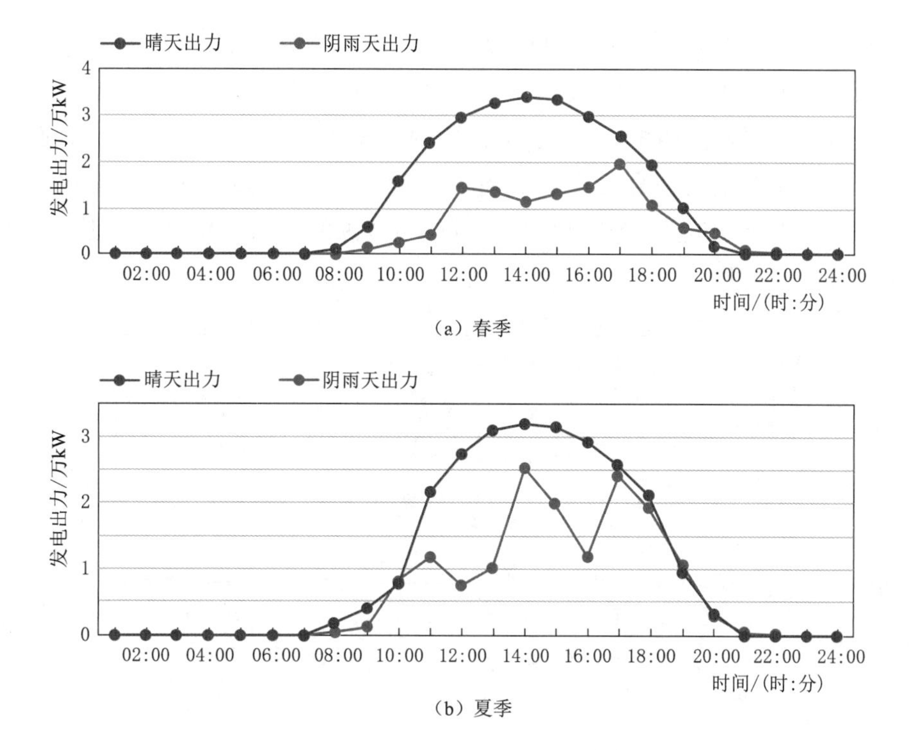


图3-10（一）　代表光伏电站典型日（晴、阴雨天）出力曲线

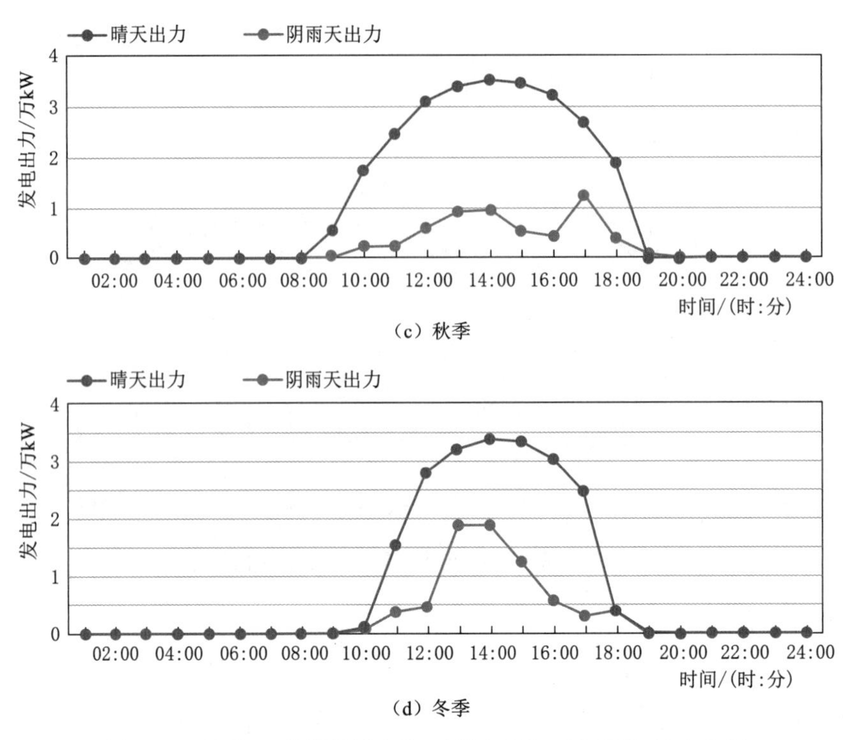


图3-10(二) 代表光伏电站典型日(晴、阴雨天)出力曲线

据统计分析，青海省单个光伏电站逐15min出力变幅在±5%、±10%装机容量范围内的概率约为62%、83%。海南州光伏电站集中分布在共和县，多个光伏电站综合后出力变幅在±5%、±10%装机容量范围内的概率约为63%、87%。海西州光伏电站分布分散，多个电站综合后出力变幅在±5%、±10%装机容量范围内的概率约为67%、91%。因此，随着光伏电站规模及分布范围的增加，光伏出力更加平稳。如图3-11、图3-12所示。

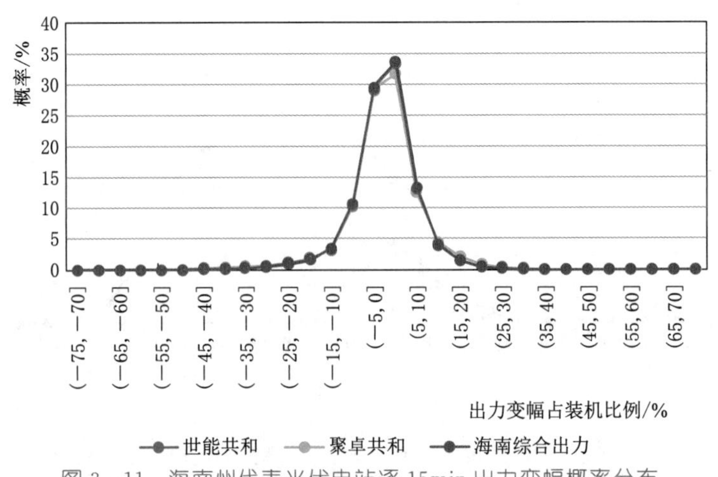


图3-11 海南州代表光伏电站逐15min出力变幅概率分布

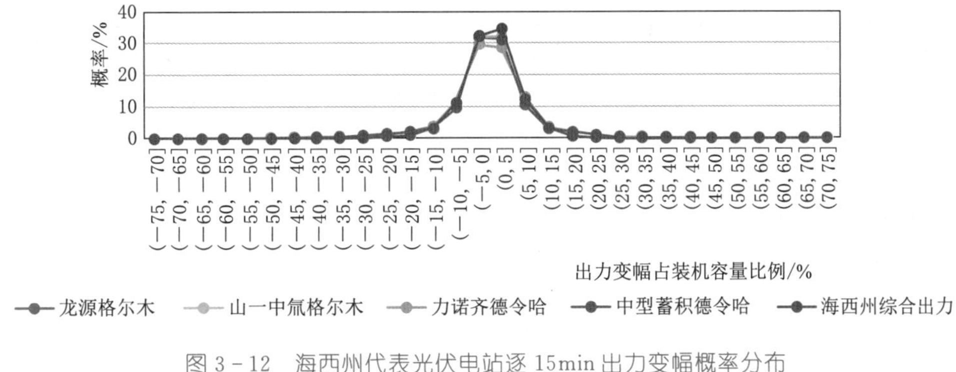


图 3-12 海西州代表光伏电站逐 15min 出力变幅概率分布

### 3.2.3 风力发电特性

青海省重点开发风能资源优势地区，截至 2019 年年底，风电装机容量 487 万 kW。通过收集已建风电场 2014—2016 年逐 15min 出力资料，按照已建风电场规模及分布情况，从风电场位置、年出力正常性、完整性、可靠性等方面，选择海西州、海南州代表风电场，用数理统计方法对青海省风电场的发电特性进行分析。其中茶卡哇玉风电场虽然地理位置属于海西州，但其在海南州风电基地附近，所以将其作为海南州已建代表风电场，见表 3-7。

表 3-7 青海省代表风电场概况

| 地区 | 风电场名称 | 装机容量/万 kW | 投产时间 | 发电出力记录时间 |
|---|---|---|---|---|
| 海西州 | 贝壳梁诺木洪 | 4.95 | 2013 年 11 月 | 2013 年 12 月—2016 年 12 月 |
| | 三峡锡铁山 | 4.95 | 2013 年 12 月 | 2014 年 1 月—2016 年 12 月 |
| | 努尔德令哈 | 4.95 | 2014 年 12 月 | 2015 年 1 月—2016 年 12 月 |
| | 宝丰 | 2 | 2015 年 10 月 | 2016 年 1 月—2016 年 12 月 |
| 海南州 | 茶卡哇玉 | 9.9 | 2013 年 1 月 | 2015 年 1 月—2016 年 12 月 |

1. 年际变化特性

以海西州投产时间较长的风电场为例，统计分析代表风电场 2014—2016 年逐 15min 出力，海西州风电年际变化相对较大，最大变化达 20%，且州内各个地区变化幅度存在差异，见表 3-8。2014—2016 年年累积电量占比 95%的出力系数约为 0.8，见表 3-9。

2. 年变化特性

青海已建风电场平均年利用小时数约 2100h，月电量变化较大，月发电量相对年内月平均发电量变化系数基本在 0.6～1.6，出力具有一定间歇性、随机性。3—5 月发电量达到年内月发电量峰值，冬季发电量较小，季节性明显，如图 3-13 所示。

表3-8　代表风电场年发电量变化

| 风电场名称 | 年份 | 年发电量/(万kW·h) | 年装机利用小时数/h | 较推荐机型风电多年平均发电量偏差/% |
| --- | --- | --- | --- | --- |
| 贝壳梁诺木洪 | 2014 | 10787 | 2179 | -1 |
|  | 2015 | 12068 | 2438 | 11 |
|  | 2016 | 11644 | 2352 | 7 |
| 三峡锡铁山 | 2014 | 10306 | 2082 | 4 |
|  | 2015 | 11836 | 2391 | 20 |
|  | 2016 | 10317 | 2084 | 4 |

表3-9　代表风电场年累积电量占比95%时出力系数

| 风电场名称 | 年累积电量占比95%时出力系数 | | |
| --- | --- | --- | --- |
|  | 2014年 | 2015年 | 2016年 |
| 贝壳梁诺木洪 | 0.80 | 0.84 | 0.84 |
| 三峡锡铁山 | 0.78 | 0.80 | 0.77 |

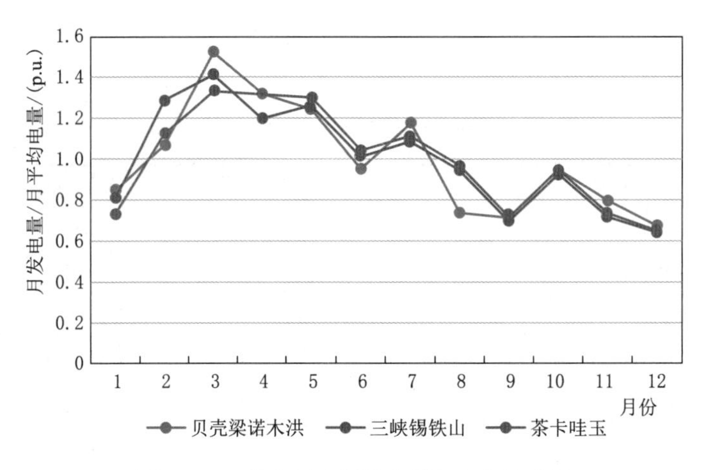


图3-13　代表风电场发电量年变化特性图

3. 日变化特性

青海省风电出力随机性强，相邻两日出力曲线差异较大，如图3-14所示。在日发电量近似情况下，风电出力曲线也差异巨大，如图3-15所示。

单一风电场逐5min出力变幅在±5%、±10%装机容量范围内的概率分别约为75%、88%，多个风电场逐5min综合出力变幅在±5%、±10%装机容量范围内的概率可分别提高到83%、95%，随着装机容量的增加，出力变幅减小，出力相对稳定，如图3-16所示。

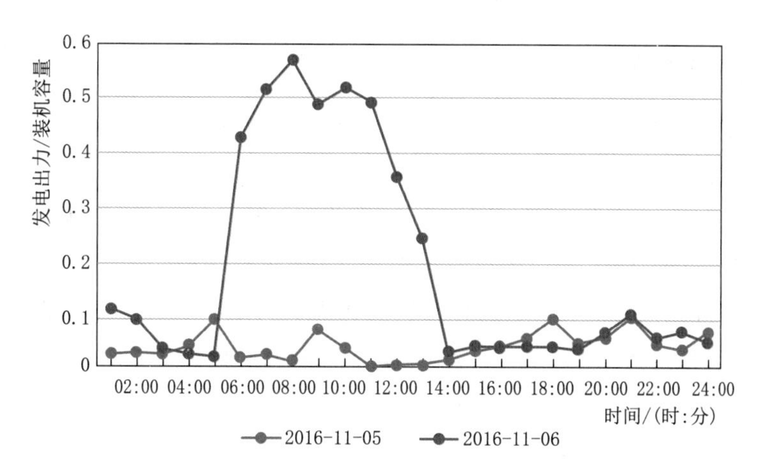


图 3-14　代表风电场相邻两日出力曲线

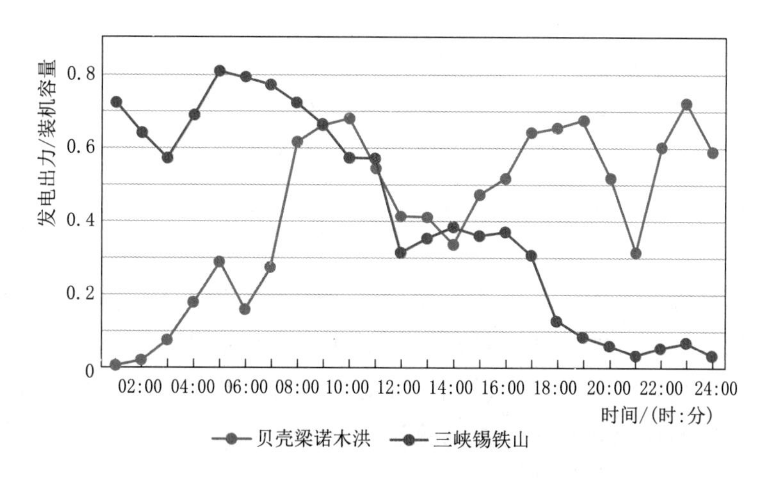


图 3-15　日发电量近似情况下代表风电场出力曲线

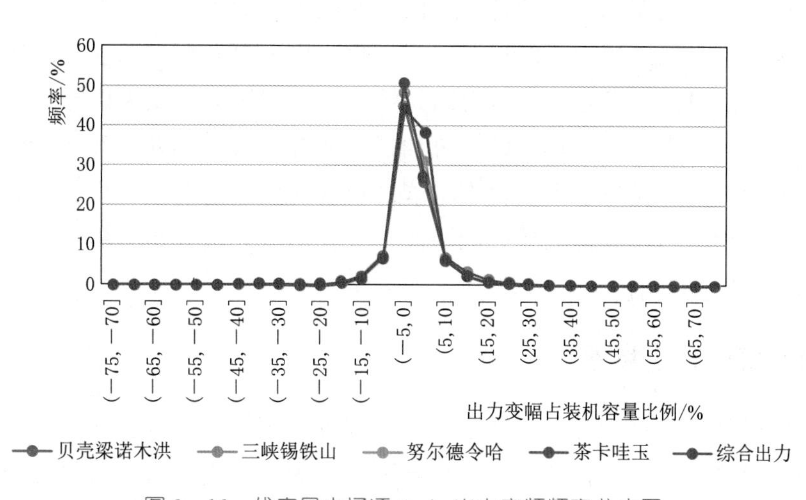


图 3-16　代表风电场逐 5min 出力变频频率分布图

### 3.2.4 光热发电特性

青海省光热资源较好的地区主要集中在海西州德令哈市、格尔木市及海南州。

1. 年变化特性

根据《青海电网光热发电特性研究》相关结论，德令哈地区光热电站理论年利用小时数约3800h，全年日等效利用小时数低于2h天数为104天，占比28%；高于10h天数为193天，占比53%。格尔木地区光热电站年利用小时数约3880h，全年日等效利用小时数低于2h天数为87天，占比24%；高于10h天数为212天，占比58%。海南地区光热电站年利用小时数约3650h，全年日等效利用小时数低于2h天数为108天，占比约30%；高于10h天数为179天，占比49%。德令哈地区光热电站年不均衡系数为0.16，3月发电量最多，为月平均电量的1.33倍；6月发电量最少，为月平均电量的77%。格尔木地区光热电站年不均衡系数为0.14，5月发电量最多，为月平均电量的1.18倍；12月发电量最少，为月平均电量的75%。海南地区光热电站年不均衡系数为0.13，3月发电量最多，为月平均电量的1.34倍；6月、7月发电量最少，为月平均电量的87%。总体来看，三个地区光热电站各月发电量都比较平均，年不均衡系数德令哈地区光热电站最大，海南地区光热电站最小。

2. 日变化特性

光热电站配有储能系统，其输出的电力不受天气影响，在太阳辐射发生变化时，具有连续、稳定、可调度的特性，具备承担基础负荷的能力。

光热机组可进行日内调节，在风光大发的时候，降低出力，减少风光弃电，在风光资源不好的时候利用储热系统储存的热量发电。

负荷高峰时段，太阳能光热电站对电网负荷曲线进行削峰。不同于光伏夜间不能发电以及发电量受天气变化影响的特性，配有储能系统的太阳能光热发电具有连续稳定发电的优势。在日照资源较好的情况下，光热可以发电并储存热量，在晚上负荷高峰时利用储存的热量进行发电，维持电站持续运行，从而提供较为稳定的电能。

负荷低谷时段，太阳能光热电站对叠加了新能源出力的负荷曲线进行填谷。光资源较好时，光伏大发，光热也大发，有可能导致电网无法消纳，发生弃电现象。光热电站可以在光伏大发、日照资源较好的情况下储存热量，减少出力或者不出力，来促进光伏的消纳，减少弃电。

### 3.2.5 抽水蓄能发电特性

目前国内已建抽水蓄能电站主要承担电网削峰、填谷、事故备用任务，同时具有调频、调相、黑启动等功能，尚未有以配合风光电为主的电站。针对高比例新能源渗透率的特点，青海电网抽水蓄能电站除了承担常规的削峰填谷任务外，将更多地承担电网的调频及为减小新能源弃电的储能任务。

根据青海省能源发展规划，新能源尤其是光伏发电占比逐年增大，并在2018年前后超过水电成为青海电网第一大电源。因此，青海省抽水蓄能电站的调节性能主要取决于光伏发电特性，同时兼顾风力发电特性。

光伏发电呈现昼夜更替的日发电规律，可能遇到连续几日大发或小发的情况，风电出力随机性比较大。因此，青海省抽水蓄能电站主要进行日内调节，但同时应具备跨日调节的能力，以适应风光电出力极端情况。

1. 调峰特性

国内目前已建抽水蓄能电站主要是配合火电进行调峰填谷，填谷通常是后半夜负荷低谷时段（如00：00—6：00），调峰主要是在早晚负荷高峰时段（如09：00—11：00、18：00—22：00），总体呈现一抽一发或多发的典型运行方式。

青海省抽水蓄能电站的调峰填谷时段不同于其他电网，填谷通常是中午光伏大发时段（如11：00—16：00），调峰除了青海电网晚高峰时段（如18：00—22：00），还应考虑外送曲线特性及其他需要调峰的时段。因此，抽水蓄能电站抽发运行方式应更加灵活，抽水和发电运行方式需根据多种能源互补运行情况进行调整。

2. 调频特性

当系统内光伏出力快速增加时，抽水蓄能机组跟踪光伏出力变化，抽水运行吸收多余的有功功率。受云层遮挡等因素的影响，当系统内光伏出力快速下降时，抽水蓄能机组发电运行，增加有功出力，发电特性类似常规水电机组。

常规恒速抽水蓄能机组在水泵工况下不能调节输入功率，而变速变频抽水蓄能机组响应速度可达几十毫秒级，水泵工况输入功率可在一定范围内调整。因此，为适应光伏（风电）出力变化引起的电网频率波动，青海省抽水蓄能电站宜安装部分变速变频机组，以解决抽水时段的调频问题。

3. 储能特性

为充分利用光伏发电出力，青海省抽水蓄能电站应常态化地作为储能电源运行，储存光伏弃电量，并在系统需要时发电。在光伏日内发电高峰时段、电网送出受到限制时，抽水蓄能电站抽水运行，在光伏日内发电低谷时段、电网送出能力有富余时，抽水蓄能电站发电运行，削减光伏发电的不均衡性，提高光伏发电利用小时数。

## 3.3 多能互补协调运行探索

研究表明，青海太阳能、风能具有天然的互补特性，进一步利用黄河上游水电、光热、抽水蓄能等可调节清洁电源的能量存储和调节特性，在满足合理的发电经济性前提下，通过优化调度，与光伏、风电互补运行，能够平抑其在年、月、日中长时间尺度上的电量不均衡性以及小时级以内短时间尺度上的出力波动性，实现风光水储多种能源互补协调运行，满足负荷供电需求。

## 3.3.1 光伏风电自然互补特性

### 3.3.1.1 光伏互补特性

青海省地域面积大，光伏电站主要集中在海西州和海南州，两地相距600km，光伏出力存在一定的互补性。

（1）光伏资源互补性。根据青海省及海西州、海南州光伏日电量分布情况，海西州、海南州区域光伏叠加后，青海省光伏日发电量大的天数较单一地区减少62天，全省光伏日发电量小的天数较单一地区减少40天，全省光伏日发电量平稳的天数较单一地区增加55天，如图3-17所示。光伏的空间互补性能够减少光伏极大或极小出力情况，平稳光伏日发电量波动。

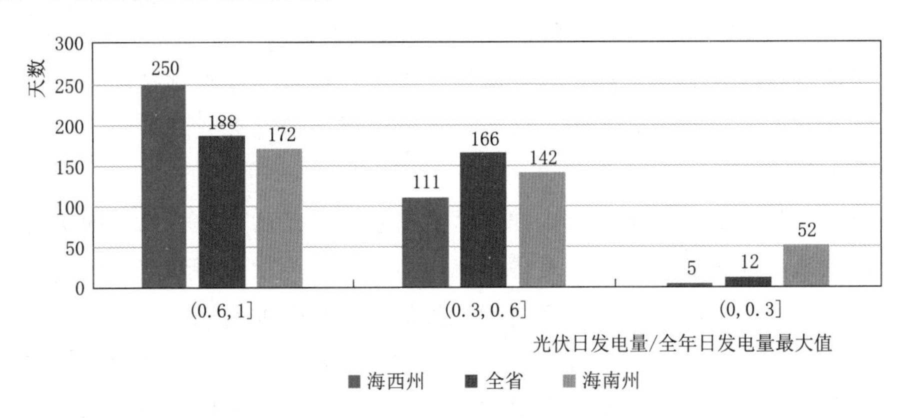


图3-17 青海省分地区光伏年内日发电量分布统计

（2）分散接入带来的“平滑效应”。根据青海光伏电站历史出力过程，计算地区内单个光伏电站之间和地区间单个光伏电站之间的相关系数。由图3-18可知，光伏

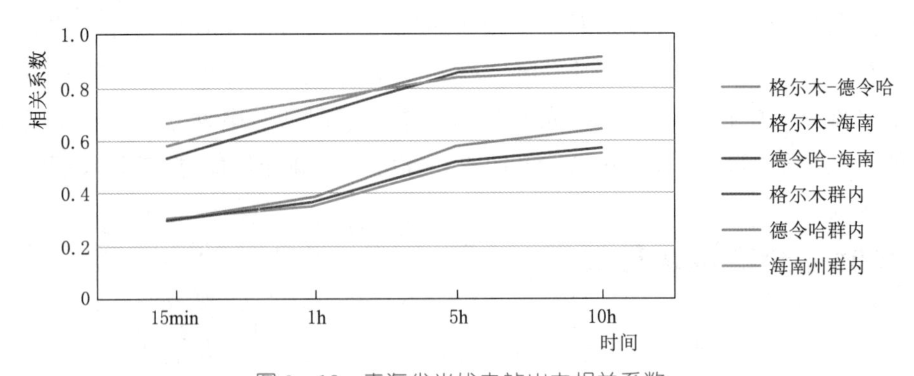


图3-18 青海省光伏电站出力相关系数

注：相关系数大于0.8为强相关，小于0.3为弱相关，其余为中度相关。

出力相关性随着地理位置的分散而减小。地区内光伏电站相距较近，单个电站之间相关系数较大；地区间光伏电站分散程度较高，单个电站之间相关系数较小。进而表明，仅从相关性方面来说，分散开发的光伏电站出力的相关性小，呈现一定的互补性；同时，互补特性主要体现在小时级时间尺度内，且随时间尺度的降低呈现出更弱的相关性和更强的互补性。

#### 3.3.1.2 风电互补特性

风电受地理分布影响，呈现出一定的互补特性。

分析青海全省及海西州、海南州风电月电量波动情况，全省风电年不均衡系数为0.18，较海南州风电的年不均衡系数下降0.11，月电量波动减小，平滑季节性出力，如图3-19所示。分析青海省及海西州、海南州风电日电量分布情况，全省风电场日发电量大的天数较单一地区减少9天，全省风电场日发电量小的天数较单一地区减少80天，全省风电场日发电量平稳的天数较单一地区增加40天，如图3-20所示。风电的空间互补性能够减少风电极大或极小出力情况，平稳风电场日发电量波动。

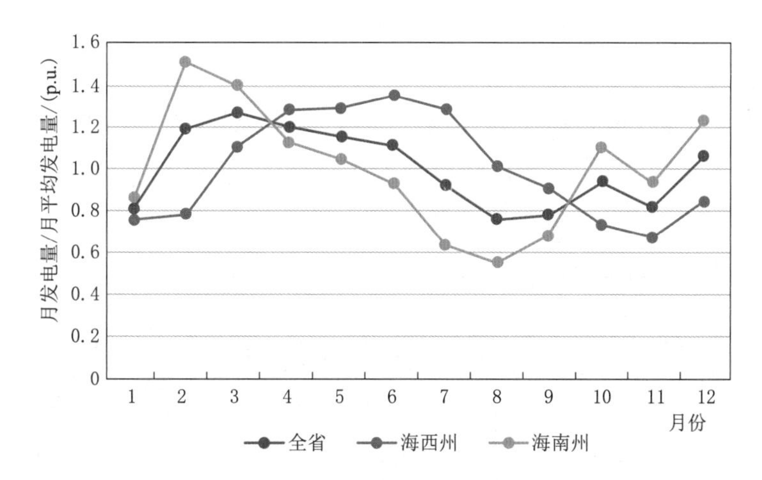


图3-19 青海省分地区风电月发电量变化趋势

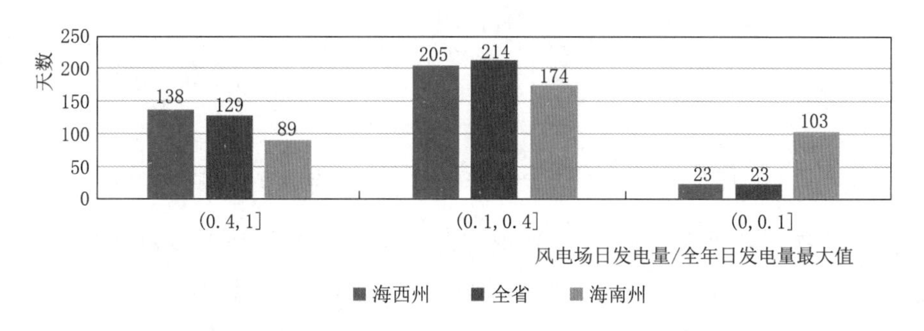


图3-20 青海省分地区风电年内日发电量分布统计

由于风电受地形影响较大，不同风电场出力相关系数均小于0.15，相关性极弱，整体呈现出强互补特性；同时，随着时间尺度的减小，互补特性更加凸显，如图3-21所示。

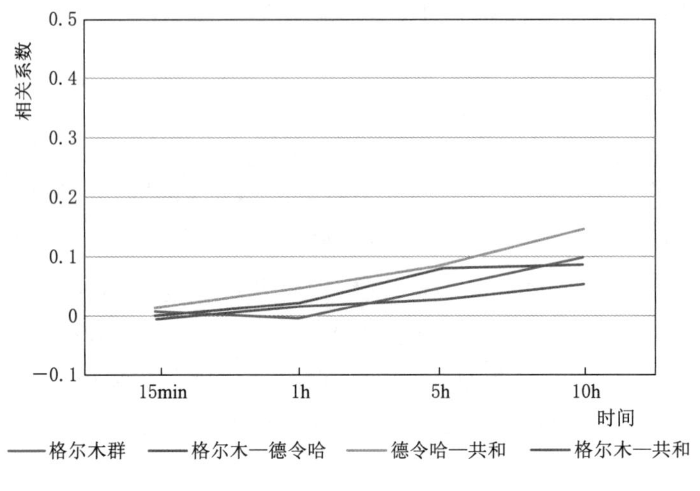


图3-21　青海省风电场出力相关系数

#### 3.3.1.3　光伏与风电互补特性

风光互补月电量“平滑效应”。风电与光伏互补后，年不均衡系数为0.1，较风电自身的年不均衡系数下降0.08，月电量波动减小，平滑季节性出力，如图3-22所示。

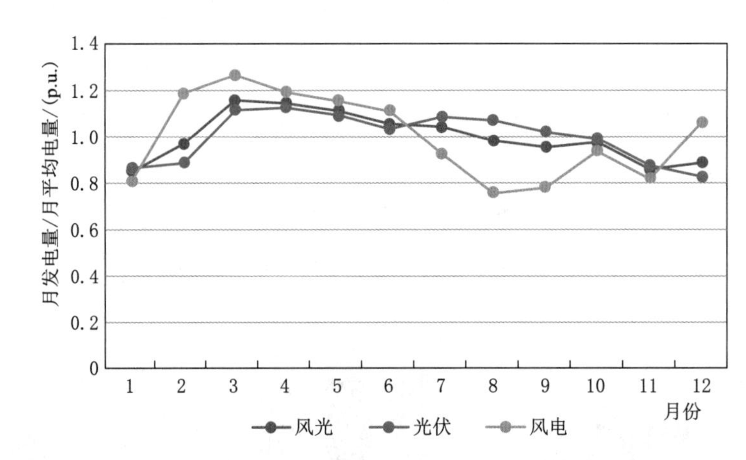


图3-22　青海省风电和光伏年内逐月发电量变化趋势

风光互补日电量“平滑效应”。根据青海历史气象及新能源发电运行数据，光伏小发的天数中，92%以上风电为大发或中发；风电小发的天数中，96%以上光伏为大发或中发；全年出现风光同时小发仅有1天。表明青海省的风能资源和太阳能资源在气象上具有互补特性，呈现出“风起云涌”和“风和日丽”的特点，如图3-23、图

3－24 所示。

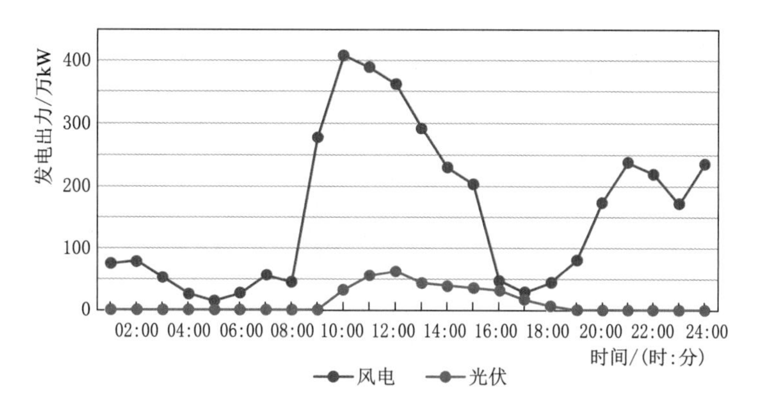


图 3－23 “风起云涌”时的典型出力曲线

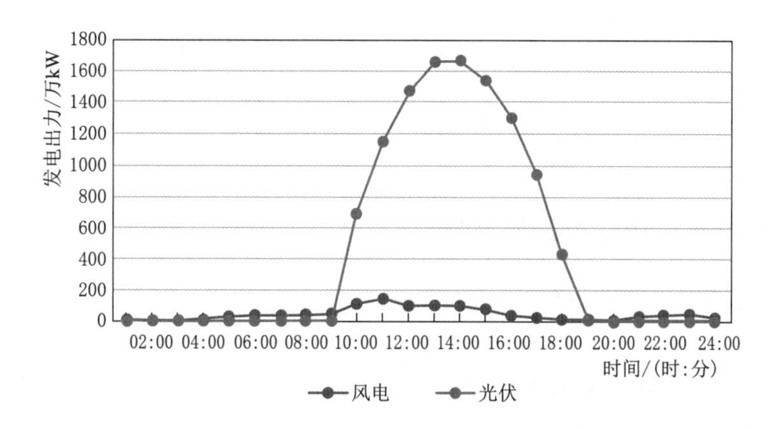


图 3－24 “风和日丽”时的典型出力曲线

风光互补后日调峰需求降低，光伏夜间不出力，昼夜峰谷差大，青海风光互补电源最大日峰谷差率由单一光伏的 0.96 降低至 0.82，如图 3－25 所示。

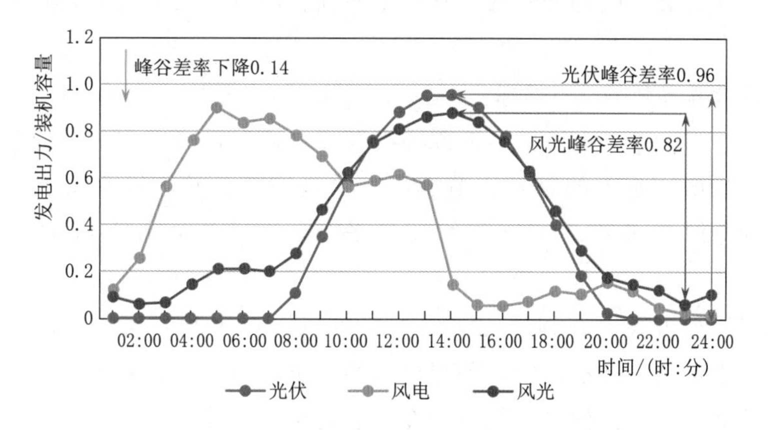


图 3－25 青海省日最大峰谷差率需求

风光互补后逐小时波动性降低，青海风光互补电源逐小时出力变幅在装机容量±20%内概率为98%，相较光伏概率上升8%，出力更加集中，波动性减小，呈现互补特性，如图3-26所示。

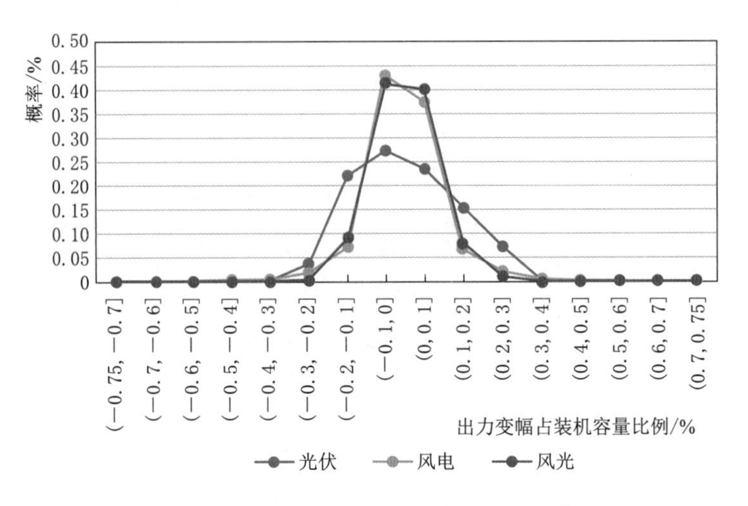


图3-26 日内逐小时出力变幅概率分布

### 3.3.2 多能互补协调运行探索实践

在对资源的互补特性进行充分研究的基础上，多能互补协调运行主要研究如何发挥水电、光热、抽水蓄能等电站的调节特性，在日以上的尺度弱化甚至消除电量不平衡，在小时尺度满足日内调峰需要。

#### 3.3.2.1 主要思路

对青海清洁能源的资源特性进行统计分析，得到各类资源发电的技术特点，研究可为多能互补运行提供的调节能力，借鉴当前的理论研究成果，结合青海多能互补运行的实际需求，提出适应青海省内、省间多能互补协调运行的全时段仿真模拟模型及评价指标体系。

1. 省内多能互补协调运行研究

（1）建立计算平台。青海清洁能源种类较多，需对已有的电力系统生产模拟程序进行完善，一是增加水电的跨日调节模型，二是增加光热、抽水蓄能电站的发电模型，建立多种电源与多种调节方式的计算平台，使多能互补系统的生产模拟成为可能。

（2）拟定运行方案。在程序完善之后，可以进行多时间尺度、多场景的生产模拟。统筹考虑水电站的强迫出力、预想出力约束下的水量调度，光热电站在储热系统热量约束下的能量调节，抽水蓄能电站在库容约束下的水量调度，利用最优化问题的思路，求解以经济、环保等最优为目标的机组组合问题，继而得到全年的逐小时运行模拟过程，包括考虑检修和备用后所有火电机组逐小时的开机与出力，逐个水电站与抽水蓄能电站的出力，光热电站出力以及风电、光伏接纳能力。综合各种电源在给定负荷下的出力，按小时、日、周、月、年等尺度统计出该多能互补系统的可靠性、经济性等指标，作为评价该方案的依据，并绘制典型场景电源工作位置图，进行日内调峰分析，最终拟定多能互补协调运行方案。

（3）互补形式研究。青海省内多能互补的形式包括多种电源在全网范围内的互补及更小范围内的局部互补。全网范围内的互补可以得到全系统经济性最优的解，省内绝大多数电源均按照全网互补运行，但是由于牵涉多种电源的优化调度，导致电源运行方式较为复杂。局部互补是根据相对固定的运行曲线来指导局部电源的运行，例如青海海西州 70 万 kW 风光热储多能互补项目中，风电、光伏、光热、储能作为一个电站整体，以响应固定曲线的局部互补的方式运行，运行的复杂性得到降低，但是由于不是全局优化，因此有可能不是全系统经济性最优。

（4）互补方案优化。多能互补系统的运行指标还受到电源装机容量、负荷结构等因素的影响，对影响多能互补运行指标的因素展开逐项优化，最终计算得到技术经济指标，对比选择对系统运行有利的方案组合，得到综合优化方案。

2. 省间协调运行研究

青海电源类型主要包括是风电、光伏、光热、水电，这些电源具有波动性、季节性的特点，需要考虑青海电网与周边电网互补协调运行。

分析青海电网及周边电网互补运行后的全年缺电特点和盈余特点，充分发挥西北地区各省电源互济特点，研究青海省与甘肃、新疆乃至西北其他各省区协调运行方式，思路如下：

（1）分析西北各省区新能源发电特性，提炼典型全时段的 8760h 的风电、光伏等新能源发电出力特性曲线。

（2）对西北各省区分别进行全时段的生产模拟计算，统计各省区的生产模拟计算结果，分析各省区的电量盈余或缺额特点，计算各省区可提供的互补能力。

（3）分别计算青海—甘肃、青海—新疆、青海—甘肃—新疆、青海—甘肃—新疆—宁夏等多省协调运行情况下的全时段生产模拟，统计计算结果，分析各种联合协调运行方式的效益，分析联络线功率交换需求，确定协调运行方式。

（4）提出青海电网与周边电网协调运行方案，联络线功率交换需求等，给出协调运行后的各种指标。

#### 3.3.2.2 数学模型及评价指标体系

1. 省内多能互补协调运行模型

多能互补的目的是充分利用青海省内可调电源（水电、光热、抽水蓄能等），满足青海电力负荷需求，尽量减少新能源弃电量和电量不平衡，目标函数可以描述为

$$\min\left\{\begin{aligned}&\sum_{m=1}^{12}\sum_{d=1}^{T_d}\sum_{t=1}^{24}\sum_{j=1}^{G_c}[f(P_{mdtj}^{C})+Q_{mdtj}^{\text{on}}u_{mdtj}+Q_{mdtj}^{\text{off}}v_{mdtj}]+\rho_L\sum_{m=1}^{12}\sum_{d=1}^{T_d}\sum_{t=1}^{24}P_{mdt}\\&+\lambda_1\sum_{m=1}^{12}\sum_{d=1}^{T_d}\sum_{t=1}^{24}\sum_{j=1}^{W}(P_{mdtj}^{W(0)}-P_{mdtj}^{W})+\lambda_2\sum_{m=1}^{12}\sum_{d=1}^{T_d}\sum_{t=1}^{24}\sum_{j=1}^{S}[P_{mdtj}^{S(0)}-P_{mdtj}^{S}]\\&+\lambda_3\sum_{m=1}^{12}\sum_{d=1}^{T_d}\sum_{j=1}^{H}E_{Hmdj}^{Q}+\sum_{m=1}^{12}\sum_{d=1}^{T_d}\sum_{t=1}^{24}\sum_{j=1}^{CSP}[g(P_{mdtj}^{CSP})+c_1x_{mdtj}+c_2y_{mdtj}]\end{aligned}\right\} \tag{3-1}$$

式中：$\sum_{m=1}^{12}\sum_{d=1}^{T_d}\sum_{t=1}^{24}\sum_{j=1}^{G_c}[f(P_{mdtj}^{C})+Q_{mdtj}^{\text{on}}u_{mdtj}+Q_{mdtj}^{\text{off}}v_{mdtj}]$ 为火电厂运行费用；$f_j(\cdot)$ 为火电厂 $j$ 的燃料费用成本函数；$P_{mdtj}^{C}$ 为火电厂 $j$ 的 $m$ 月 $d$ 日 $t$ 时刻有功出力；$Q_{mdtj}^{\text{off}}$ 为 $m$ 月 $d$ 日 $t$ 时刻火电厂 $j$ 的停机费用；$Q_{mdtj}^{\text{on}}$ 为 $m$ 月 $d$ 日 $t$ 时刻火电厂 $j$ 的启动费用；$u_{mdtj}$ 和 $v_{mdtj}$ 为电站厂 $j$ 的 $m$ 月 $d$ 日 $t$ 时刻的启停 0/1 整数变量；$\rho_L\sum_{m=1}^{12}\sum_{d=1}^{T_d}\sum_{t=1}^{24}P_{mdt}$ 为失负荷（或失备用）费用或惩罚，$P_{mdt}$ 为系统 $m$ 月 $d$ 日 $t$ 时刻的失负荷（或失备用）；$\rho_L$ 为失负荷（或失备用）的成本或惩罚；$\lambda_1\sum_{m=1}^{12}\sum_{d=1}^{T_d}\sum_{t=1}^{24}\sum_{j=1}^{W}(P_{mdtj}^{W(0)}-P_{mdtj}^{W})$ 为弃风惩罚；$P_{mdtj}^{W(0)}$ 为风电场 $j$ 的 $m$ 月 $d$ 日 $t$ 时刻的预想出力；$P_{mdtj}^{W}$ 为风电场 $j$ 的 $m$ 月 $d$ 日 $t$ 时刻的实际出力；$\lambda_1$ 为弃风惩罚系数；$\lambda_2\sum_{m=1}^{12}\sum_{d=1}^{T_d}\sum_{t=1}^{24}\sum_{j=1}^{S}(P_{mdtj}^{S(0)}-P_{mdtj}^{S})$ 为弃光惩罚；$P_{mdtj}^{S(0)}$ 为光伏电站 $j$ 的 $m$ 月 $d$ 日 $t$ 时刻的预想出力；$P_{mdtj}^{S}$ 为光伏电站 $j$ 的 $m$ 月 $d$ 日 $t$ 时刻的实际出力；$\lambda_2$ 为弃光惩罚系数；$\lambda_3\sum_{m=1}^{12}\sum_{d=1}^{T_d}\sum_{j=1}^{H}E_{Hmdj}^{Q}$ 为弃水惩罚；$E_{Hmdj}^{Q}$ 为水电站 $j$ 的 $m$ 月 $d$ 日的弃水量；$\lambda_3$ 为弃水惩罚系数；$\sum_{m=1}^{12}\sum_{d=1}^{T_d}\sum_{t=1}^{24}\sum_{j=1}^{CSP}[g(P_{mdtj}^{CSP})+c_1x_{mdtj}+c_2y_{mdtj}]$ 为光热电站运行费用；$P_{mdtj}^{CSP}$ 为光热电站 $j$ 的 $m$ 月 $d$ 日 $t$ 时刻的出力；$g_j(\cdot)$ 为光热电站 $j$ 的效率函数；$x_{mdtj}$ 和 $y_{mdtj}$ 分别为光热电站 $j$ 的 $m$ 月 $d$ 日 $t$ 时刻的启停 0/1 整数变量；$c_1$ 和 $c_2$ 为启停费用；$T_d$ 为第 $d$ 月的天数；$G_c$、$W$、$S$、$H$、$CSP$ 分别为火电厂、风电场、光伏电站、水电站和光热电站的数目。

约束条件包括系统电力平衡约束、负荷备用约束、调峰平衡约束、保安开机约束、清洁能源电站发电出力上下限约束、承担系统备用容量上下限约束、水电站电量平衡约束、抽水蓄能电站日电量平衡约束、清洁能源电站启停调峰运行时最短开机停机时间约束、地区间联络线功率约束等。

2. 省间协调运行模型

电网与周边电网协调运行理论上可以将多个省区合并为一个省区进行统一优化，

采用多能互补协调运行模型求解方法进行求解。这种方法在理论上存在最优解，但不符合我国以省为实体的电网调度运行模式，为此提出一种新的省间协调运行数学模型。

该模型既保证各省区独立性，又保证各省区电力电量互济性，避免了联络线功率频繁波动、开机规模不定等问题，在求解方法上则大大简化，物理意义明确、操作简单。主要计算步骤如下：

（1）各省区独立运行特性全时段仿真模拟。计算各省区单独运行的功率交换需求，确定独立运行时的常规电源开机规模、新能源接纳规模、新能源弃电量、电力电量功率交换需求等信息。

（2）确定各省区独立运行时的互补能力。计算各省区可为周边省区提供的电量互补能力。计算方法以各省区独立运行时的开机方式为基础，迭加上各省区电源可调节的出力（在不影响各省区机组检修安排的情况下，也可增开部分机组）。

（3）与周边省区进行协调互补优化运行。各省区的互补能力能否为省内电网所利用，取决于三个因素：①省内需要从其他省区获得的互补能力；②和周边省区的联络线交换功率极限；③省内需要周边省区支援的时刻与周边省区可提供的支持的时刻是否对应。

周边省区实际可提供的互补电力电量的计算步骤如下：

（1）记Q省时刻 $i$ 的功率交换需求为 $q_i$。$q_i$ 为Q省进行全时段生产模拟后的功率交换需求。$q_i>0$ 表示时刻 $i$，Q省有弃风或弃光（即需要送出电力）；$q_i<0$ 表示时刻 $i$，Q省存在电力不足。

（2）计算A省时刻 $i$ 的功率交换需求 $a_i$，其含义与 $q_i$ 相同。

（3）计算经A省互补后Q省的功率交换需求，记为

$$q_i^{\mathrm{A}}=\begin{cases}q_i-\min(|a_i|,\ |q_i|) & (q_i>0,\ a_i<0)\\ q_i & (q_ia_i\geqslant 0)\\ q_i+\min(|a_i|,\ |q_i|) & (q_i<0,\ a_i>0)\end{cases} \tag{3-2}$$

式（3-2）表示，当Q省和A省的功率交换需求方向相反时，Q省和A省具有互补性；当A省和Q省功率交换需求方向相同时，则A省和Q省不具有互补性。即Q省有功率送出需求，且A省有功率受入需求（A省电力不足），A省和Q省具有互补性；反之，Q省电力不足，且A省有功率送出需求时，A省和Q省也具有互补性；其他情况下，A省和Q省没有互补性。

（4）分析Q省经过A省互补后是否可以满足需求，若不满足，则计算A省和B省联合对Q省进行互补后的功率交换需求。

(5) 重复以上步骤，直至满足Q省功率交换需求。

(6) 统计计算结果，分析对联络线输电能力的要求，确定联络线功率交换方式。

3. 多能互补评价指标体系

多能互补评价指标体系能够衡量多种能源互补成效，包括发电可靠性指标、系统弃电量指标、省间互补率指标、联络线交易指标、运行经济性指标等，见表3-10。

**表3-10　多能互补评价指标体系**

| 评价指标 | 评价内容 | 评价指标 | 评价内容 |
|---|---|---|---|
| 发电可靠性指标 | 电力不足小时数 | 联络线交易指标 | 长期购电量 |
| | 电量不足期望 | | 长期售电小时数 |
| 系统弃电量指标 | 水电弃电量 | | 长期售电量 |
| | 光热弃电量 | 运行经济性指标 | 水电利用小时数 |
| | 光伏弃电量 | | 火电利用小时数 |
| | 风电弃电量 | | 风电利用小时数 |
| | 调峰不足小时数 | | 光伏利用小时数 |
| 省间互补率指标 | 电量受入互补率 | | 光热利用小时数 |
| | 电量送出互补率 | | 抽蓄损失 |
| 联络线交易指标 | 短期购电小时数 | | 火电煤耗 |
| | 短期购电电量 | | 火电调峰损失 |
| | 短期可售电小时数 | | 广义弃电量 |
| | 短期可售电电量 | | 新能源占比 |
| | 长期购电小时数 | | 新能源弃电率 |

#### 3.3.2.3　多能互补模拟案例

以青海电网规划水平年2020年电源规模、负荷水平为例，进行多能互补协调运行模拟分析。

1. 基本电源方案的多能互补研究

(1) 电源规模：根据2016年年底国家能源局发布的《可再生能源发展“十三五”规划》、青海省制定的《海南州千万千瓦级清洁能源基地规划》和《海西州千万千瓦级清洁能源基地规划》，2020年青海电网电源装机容量5460万kW，电源装机容量见表3-11，其中水电装机容量1636万kW，火电装机容量510万kW，新能源装机容量3314万kW。装机容量中火电占比约9%，水电占比约30%，新能源占比约61%(其中光伏占比约44%，风电占比约13%，光热占比约4%)。

表 3-11　**2020 年青海省电源装机容量**　单位：万 kW

| 装机容量 | | 内用电源 | 外送电源 | 全省电源 |
|---|---|---|---|---|
| 新能源 | 总计 | 1228.5 | 2085.5 | 3314 |
| | 光伏 | 1000 | 1400 | 2400 |
| | 风电 | 200 | 511 | 711 |
| | 光热 | 28.5 | 174.5 | 203 |
| 水电 | | 1150 | 486 | 1636 |
| 火电 | | 510 | 0 | 510 |
| 合计 | | 2888.5 | 2571.5 | 5460 |

(2) 负荷水平：根据国家能源局《可再生能源发展“十三五”规划》中青海省负荷预测结果，青海电网 2020 年用电量为 840 亿 kW・h，全网最高用电负荷为 11800MW；“十三五”期间，青海电网规划建设青海海南—河南驻马店±800kV 特高压直流工程，直流外送电量 560 亿 kW・h，利用小时数为 5603h。

(3) 多能互补结果：由于新能源日发电量的间歇性和波动性，全清洁能源特高压直流无法独立运行，需通过全省优化送出。表 3-12 给出 2020 年基础互补方案指标，青海电网需西北网间互济交易电量 41.2 亿 kW・h，新能源弃电率为 14%，全年存在 59h 电力不足，该基础互补方案新能源弃电率较高，供电可靠性低，需进行方案优化。

表 3-12　**2020 年基础互补方案指标**

| 弃电量指标 | |
|---|---|
| 水电/(亿 kW・h) | 0.0 |
| 光热/(亿 kW・h) | 0.0 |
| 光伏/(亿 kW・h) | 67.1 |
| 风电/(亿 kW・h) | 12.1 |
| **运行经济性指标** | |
| 火电利用小时/h | 6081.4 |
| 火电电量/(亿 kW・h) | 310.0 |
| 光热损失/(亿 kW・h) | 9.1 |
| 火电调峰损失/(亿 kW・h) | 12.0 |
| 广义弃电量/(亿 kW・h) | 100.2 |
| 新能源占比/% | 39 |
| 新能源弃电率/% | 14 |
| **联络线交易指标** | |
| 长期购电电量/(亿 kW・h) | 41.2 |
| **发电可靠性指标** | |
| 电力不足概率/% | 0.674 |
| 电量不足/(亿 kW・h) | 0.2 |
| 电力不足小时/h | 59 |

*2. 互补方案优化研究*

通过对不同的电源装机容量、直流送电模式进行逐项优化比选，以降低新能源弃电率和电量不足为目标制定以下综合优化方案：电源方案中光伏装机容量下调 400 万 kW（调整后全省装机容量 2000 万 kW），光热装机容量增加 150 万 kW（调整后全省装机容量 353 万 kW），直流曲线采取提高 10h 送电功率的非阶跃曲线。

综合优化方案与基础互补方案的生产模拟指标对比见表 3-13。根据发电可靠性指标，综合优化方案电力不足小时数为 6h，较基础互补方案减少 53h。

由弃电量指标可知，综合优化方案全年新能源弃电率为5%，较基础互补方案减少9%，弃电率改善明显。

表3-13　　综合优化方案与基础互补方案指标对比

| 优化指标 | 综合优化方案 | 基础互补方案 |
| --- | --- | --- |
| 弃电量指标 | | |
| 水电/(亿kW·h) | 0.0 | 0.0 |
| 光热/(亿kW·h) | 0.0 | 0.0 |
| 光伏/(亿kW·h) | 19.7 | 67.1 |
| 风电/(亿kW·h) | 3.8 | 12.1 |
| 运行经济性指标 | | |
| 火电利用小时/h | 5377.7 | 6081.4 |
| 火电电量/(亿kW·h) | 274.1 | 310.0 |
| 光热损失/(亿kW·h) | 6.9 | 9.1 |
| 火电调峰损失/(亿kW·h) | 8.8 | 12.0 |
| 广义弃电量/(亿kW·h) | 39.2 | 100.2 |
| 新能源占比/% | 42 | 39 |
| 新能源弃电率/% | 5 | 14 |
| 联络线交易指标 | | |
| 长期购电电量/(亿kW·h) | 41.2 | 41.2 |
| 发电可靠性指标 | | |
| 电力不足概率/% | 0.068 | 0.674 |
| 电量不足/(亿kW·h) | 0.0 | 0.2 |
| 电力不足小时/h | 6 | 59 |

按此方案运行，青海电网需西北网间互济交易电量41.2亿kW·h，甘肃和新疆可以满足青海长期交易需求的购电量，以解决青海的季节性缺电量，全年基本无电力电量不足情况，能够在满足省内自用的基础上，为河南送出平稳可靠的清洁电力。

# 第4章

# 青海电网及负荷特点

经过多年的发展，青海电网已形成以750kV为骨干网架、以330kV为主网架的电网结构，从单一的交流电网发展成为交直流混合电网，由西北电网的末端发展为东接甘肃、南联西藏、西引新疆的多端枢纽电网，是西北电网骨干网架的重要组成部分。网架结构具备资源优化配置、多种能源协调互补运行的条件，可以满足新能源大规模接入、远距离输送的需求。

青海电网南起玉树州囊谦县，北至海北州祁连县，南北跨距800km；东起海东市民和县，西至海西州茫崖市，东西跨距1200km，总体分布特点为“东集西散、南弱北虚”。“十二五”建成青藏联网、玉树联网、新疆联网二通道、果洛联网等重点工程，2016年12月国家电网实现青海县域全覆盖。到2020年，青海电网通过6回750kV交流线路与西北主网相连，1回±400kV直流线路与西藏电网相连，1回±800kV直流线路与河南电网相连，6回750kV联络线与甘肃电网相连，分别为官亭—兰州东双回、郭隆—武胜双回以及鱼卡—沙洲双回。省内750kV东部、南部形成两个三角环网，西部形成链式结构，330kV东部双环网、中西部单环网和南部辐射式结构。

在进行多能协调互补运行探索的基础上，青海积极开展需方响应机制探索，在电力市场中引入了竞争机制，让电力用户直接根据市场激励信号主动调整用电行为，匹配新能源发电特性，提高电力系统新能源消纳水平、节约用户电价成本并推动电力市场更加公平，这对经济和社会的发展都具有重大的意义。

## 4.1 青海电网发展

### 4.1.1 电网发展历程

青海电网发展至今，遵循电压等级逐步提高、互联规模逐步扩大的技术路线，经历了从省内局部电网向跨省互联电网，单一交流电网向交直流混合电网，低压、高压电网向超高压电网的发展历程。

1941年西宁电厂第1台29kW柴油发电机组投运，开启了青海有电的历史。西宁电厂建成投产后，经0.4kV低压线路向用户直接供电。1945年西宁水力发电厂并网发电，用两路6.6kV高压配电线路向西宁市区供电。1949年9月西宁解放时，青海电网共有6.6kV高压输电线路22km。1954年、1958年，分别建成西宁、桥头两座火力发电厂，通过35kV线路并网。1960年，为配合桥头发电厂扩建，青海建成了第一条110kV输电线路和第一座110kV变电站。截至1960年年底，共建成35kV输电线路9条，总长204km，35kV变电站9座，总容量18300kVA；110kV输电线路1条，总长39km，110kV变电站1座，总容量7500kVA，初步形成了以西宁地区为中心的青海电网。

最初的青海电网规模小，电网抗扰动能力差，系统事故频发，供电可靠性低，电能质量差。随着国民经济的不断发展，社会生产和人民生活对电力供应的需求越来越大，对供电质量也提出了更高要求，亟须通过加大联网规模来解决严重的供电“瓶颈”问题。1971年，为了解决青海电网电力不足和甘肃省刘家峡水电站电力富余的问题，建设了青海西宁至甘肃刘家峡水电站的220kV输变电工程，青海、甘肃省间联网格局初步形成，青海电网与西北电网正式建立联络通道，电网供电可靠性大幅提高。

1987年龙羊峡水电站第一台机组投产发电，青海省第一条330kV线路（龙羊峡水电站—花园变电站输电线路）和第一座330kV变电站（花园变电站）同步建成投运。2005年9月，全国首个750kV输变电示范工程——青海官亭—甘肃兰州东750kV输变电工程建成投运，这是我国当时电压等级最高的输变电工程，填补了500kV以上电压等级的空白。青海电网跨入超高压时期。

“十一五”期间，青海电网相继建成了750kV西宁变电站、日月山变电站和一系列750kV输电线路，省内东部地区750kV骨干电网初步形成。西宁—格尔木330kV双回输变电工程等一批工程项目投入运行，330kV电网在东部地区实现了双环网，在西部地区实现了双回路供电，电网的输送和抵御事故等能力显著增强。

“十二五”期间，青海电网规划建设指导思想发生了重大转变，由单一满足负荷发展和常规电源送出需求向大规模新能源并网消纳转变。围绕海西州、海南州新能源发展，建成750kV西宁—柴达木、日月山—塔拉等输变电工程，实现了750kV电网向青海西部、南部延伸。同步建成多项新能源汇集送出工程，保障了海西州、海南州大规模新能源的可靠接入和消纳。加强青海电网与西北主网联系，建成750kV新疆与西北电网联网第二通道工程及青藏联网输变电工程。截至2016年年底，青海电网建成750kV线路18条，总长度为2866.6km，750kV变电站7座（含1座开关站），总容量21600MVA；330kV线路130条，总长度6360.4km，330kV变电站33座（含3座开关站），总容量18420MVA；110kV线路611条，总长度13965.8km，110kV变电站143座，总容量10402MVA；±400kV直流线路1条，青海省境内长度608km。

青海电网通过 6 回 750kV 线路与甘肃电网相连，通过 1 回±400kV 直流线路与西藏电网相连。青海省东部 750kV 电网形成了拉西瓦—西宁—官亭三角环网，南部 750kV 电网形成了塔拉—日月山—西宁环网，西部以 750kV 双回长链式结构与东部电网联络，基本建成了以 750kV 电网为骨干网架、各级电网协调发展的坚强智能青海电网，能够满足资源互济的要求，保障省内电力安全稳定供应，实现了大规模新能源消纳。

### 4.1.2 电网发展规划

为全力支持青海清洁能源示范省建设，实现清洁能源在更大范围的优化配置，配合海南州和海西州两个千万千瓦级新能源基地建设，规划将青海清洁能源通过两条特高压直流通道外送至中东部电网。“十三五”期间建成青海海南—河南驻马店±800kV 特高压直流工程，线路全长 1600km，最大外送电力 1000 万 kW，年送电量可达 580 亿 kW·h，2018 年开工，2020 年建成；“十四五”期间规划建成青海海西—华东±1100kV 特高压直流工程，线路全长超过 2000km，最大外送电力 1200 万 kW，年送电量可达 700 亿 kW·h，计划 2025 年建成。

为确保两条特高压直流外送通道电力汇集及安全稳定送出，同步加强省间及省内 750kV 骨干网架建设，提升省间电力交换能力和省内电力输送能力，规划建设青海花土沟—新疆若羌双回、海西—塔拉双回、塔拉—海南 3 回、海南—西宁 3 回等 750kV 线路工程及塘格木、中灶火等 750kV 新能源汇集站工程。预计到“十四五”时期末，青海 750kV 电网将形成 6 个双环网和 1 个三角单环网结构，省间通过 8 回 750kV 交流线路与甘肃电网、新疆电网相连，与西藏、河南及华东电网则分别通过±400kV、±800kV、±1100kV 直流线路连接。

## 4.2 电力负荷特点

### 4.2.1 国民经济发展概况

青海省抓住国家实施西部大开发战略和支持藏区发展的历史机遇，努力推进欠发达地区经济社会发展。全省国内生产总值（GDP）从 2005 年的 543.3 亿元增长至 2020 年的 3005.92 亿元，“十一五”期间年均增长达到 19.97%，“十二五”期间年均增长达到 12.35%，“十三五”期间年均增长达到 5.9%，如图 4-1 所示；全省人口从 2005 年的 543.2 万人增加到 2020 年的 592.8 万人，人均 GDP 从 2005 年的 1.00 万元增长到 2020 年的 5.08 万元/人。

“十三五”期间产业结构不断优化，呈现“一产稳、二产优、三产增”的新态势，

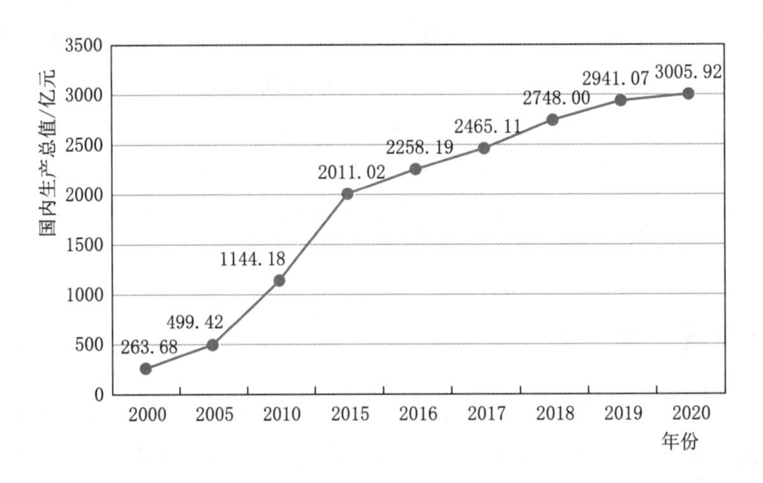


图 4-1 青海省国内生产总值增长情况

到 2020 年，第一产业生产总值 334.3 亿元，第二产业生产总值 1143.55 亿元，第三产业生产总值 1528.07 亿元。相比 2015 年，第一产业增加值 125.37 亿元，第二产业增加值 382.42 亿元，第三产业增加值 487.11 亿元。青海省国民经济产业构成图如图 4-2 所示，可知重工业化的特征依然明显，高耗能行业去产能压力依然存在。

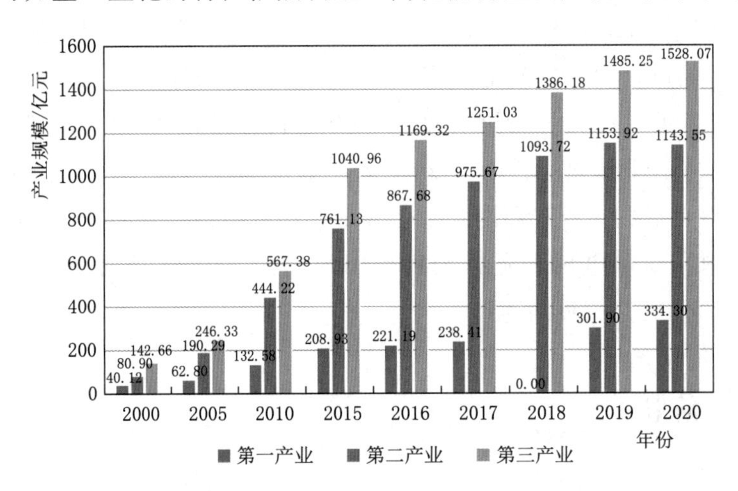


图 4-2 青海省国民经济产业构成图

### 4.2.2 用电负荷特性

2010 年以来，青海省电解铝、铁合金等高耗能负荷快速增长，全社会用电量呈现高速增长态势，“十一五”期间平均年增长率 17.62%。“十二五”期间，受产业结构调整影响，经济增速放缓，平均年增长率 7.5%，“十三五”期间，青海能源消费仍处于低速增长的状态。在全社会用电量中，第二产业用电量比重远远大于其他行业，占全社会用电量的 90%以上，见表 4-1。

表 4-1　　全社会用电量组成　　单位：亿 kW·h

| 项　目 | 2005 年 | 2010 年 | 2015 年 | 2020 年 |
|---|---|---|---|---|
| 全社会用电量 | 207 | 465 | 658 | 742.01 |
| 居民生活用电 | 9.1 | 14.0 | 22.9 | 36.53 |
| 第一产业 | 0.7 | 0.8 | 2.4 | 1.14 |
| 第二产业 | 189.7 | 437.2 | 605.7 | 657.02 |
| 第三产业 | 7.5 | 13.0 | 27.0 | 47.33 |

2020 年，全社会用电量 742.01 亿 kW·h，同比增长 3.57%。其中：第一产业用电量 1.14 亿 kW·h，同比增长 1.61%；第二产业用电量 657.02 亿 kW·h，同比增长 2.93%；第三产业用电量 47.33 亿 kW·h，同比增长 7.61%；居民生活用电量 36.53 亿 kW·h，同比增长 10.52%。第二产业中，工业用电量 651.82 亿 kW·h，同比增长 2.88%。

从 2005—2016 年动态负荷数据统计分析可知，青海电网年最小负荷多出现在 2 月、6 月和 7 月，年最大负荷多出现在 12 月，如图 4-3 所示。

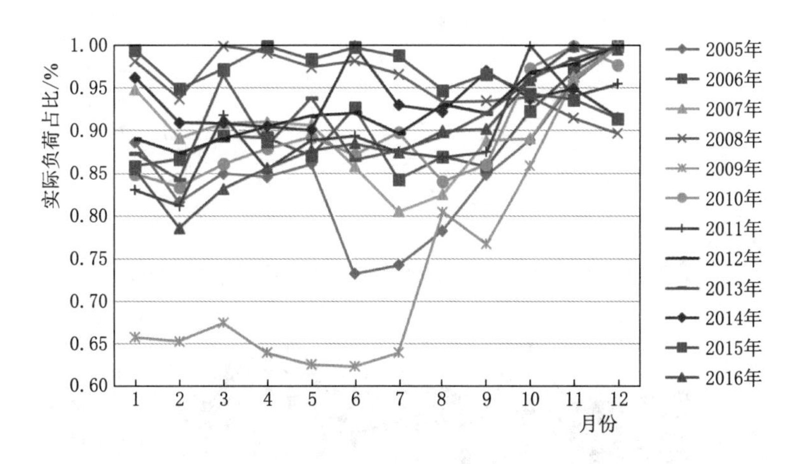


图 4-3　青海电网年动态负荷曲线

综合考虑《青海省国民经济和社会发展第十三个五年规划纲要》中经济增速预测相关结论，“十三五”期间青海省推荐负荷增速为 5%。青海电网典型年负荷曲线如图 4-4 所示，可知最大负荷出现在冬季 12 月，最低负荷出现在夏季 7 月，并且 3—11 月的月最大负荷逐渐降低后又渐渐上升，呈“凹”字形。

从 2005—2016 年实际负荷数据统计分析可知，青海电网日负荷特性曲线也较平缓。夏季典型日负荷曲线有一个早高峰、一个午高峰和两个晚高峰，如图 4-5 所示。冬季典型日负荷曲线有一个早高峰和一个晚高峰，如图 4-6 所示。

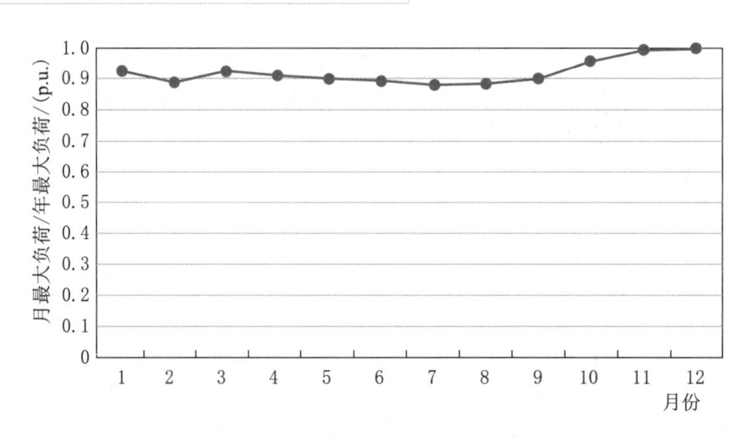


图 4-4　青海电网典型年负荷曲线

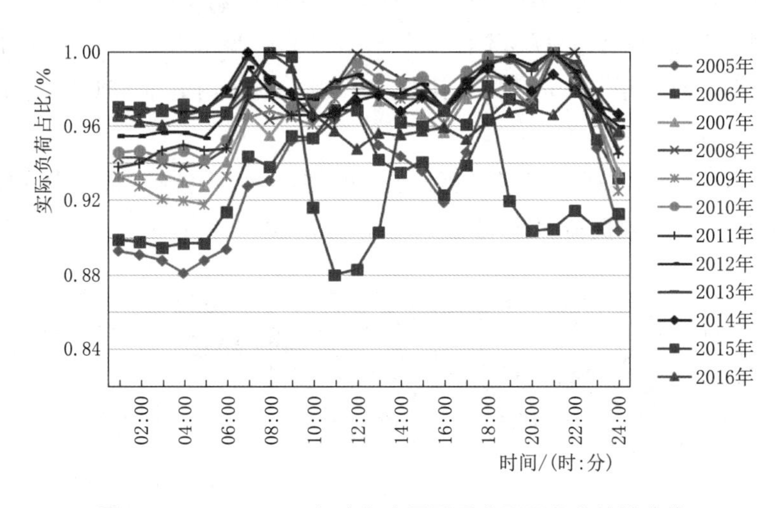


图 4-5　2005—2016 年青海电网夏季典型日负荷特性曲线

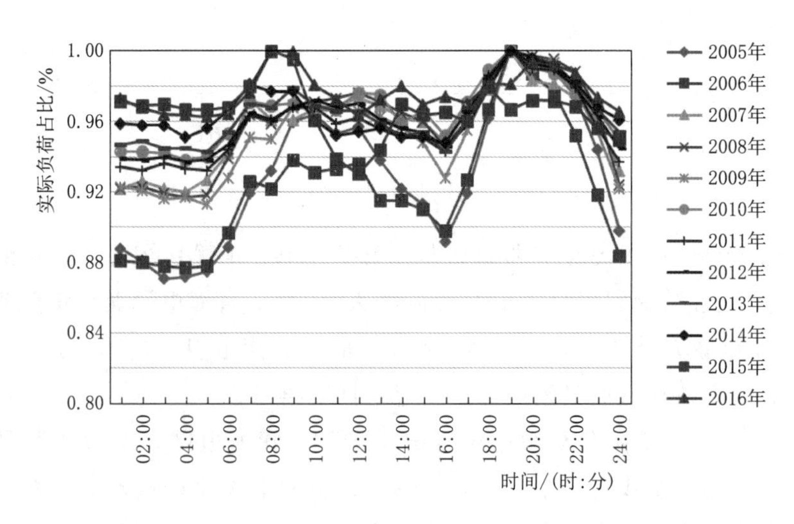


图 4-6　2005—2016 年青海电网冬季典型日负荷特性曲线

青海电网典型日负荷特性预测结果如图 4-7 所示。冬季、夏季典型日均有两个高峰，即早高峰和晚高峰，夏季典型日最大负荷在 21：00，冬季典型日最大负荷在 19：00，夏季和冬季日最小负荷均发生在凌晨 04：00。

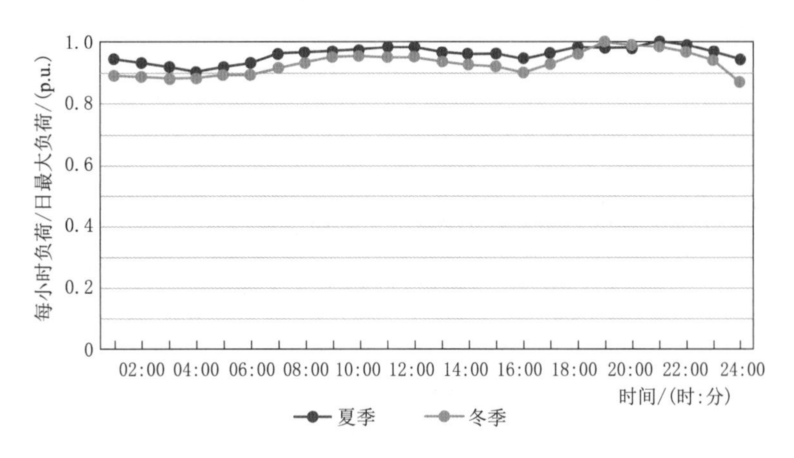


图 4-7　青海电网典型日负荷特性预测

## 4.3　需方响应

需方响应是多能互补协调运行的重要手段，在“绿电 9 日”期间，青海省根据省内负荷特性，开展基于价格的需方响应探索，引导用户积极参与电网调峰，扩大了省内新能源消纳空间。

### 4.3.1　需方响应潜力分析

#### 4.3.1.1　青海典型行业负荷特性

青海电网负荷结构主要以大工业为主，大工业电量占总电量的 89.4%，青海工业用电负荷集中度很高，主要以电解铝、铁合金、电石、钢铁四大行业用电为主，占总电量的 71.4%，占大工业电量的 79%。

1. 电解铝行业

青海省电解铝厂共 10 户，3821 台电解槽，总负荷 467 万 kW，均为大槽型电解槽，槽电流大于 180kA，其中 4 家槽电流达到 300kA 以上。当时，1 家由于环保全部停产，还有 1 家由于亏损停产 25 万 t 产能，共停运负荷 67 万 kW，运行负荷 400 万 kW，电量占总售电量的 50%。

在正常情况下，电解铝行业由于工艺要求，必须 24h 持续生产，不能间断，停运、恢复成本非常高。图 4-8 为某电解铝厂典型日负荷曲线。正常情况下，电解铝的用电设备大多属于连续运行工作制，负荷功率变化较小，日负荷曲线几乎为一条直线，日负荷率为0.99，日最小负荷率为0.98。

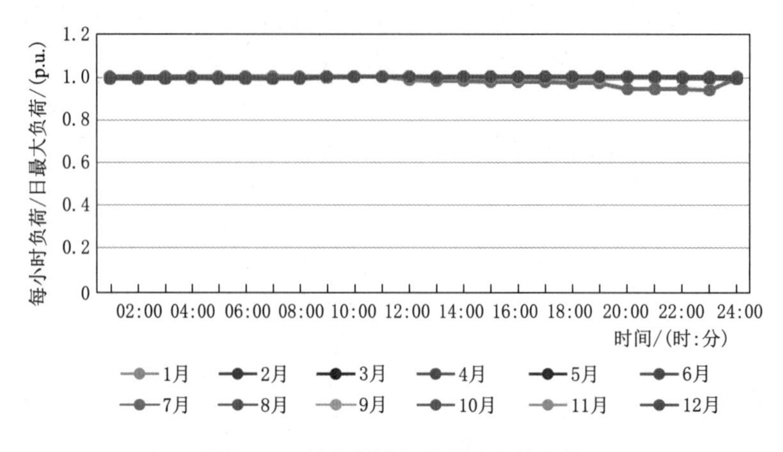


图4-8 某电解铝厂典型日负荷曲线

2. 铁合金行业

青海省铁合金厂共36户，152台矿热炉，总负荷211万kW，运行负荷166万kW，电量占总售电量的16.8%。当时炉型均在1.25万kVA及以上，其中硅铁共24户，103台矿热炉，总负荷169.3万kW，运行负荷133万kW，电量占总售电量的15.5%；铬铁共7户，33台矿热炉，总负荷41.7万kW，运行负荷16万kW，电量占总售电量的1.3%。

铁合金生产调整方式较灵活，可持续生产，也可短时间断生产（避峰），可停产。图4-9为某铁合金厂典型日负荷曲线，由于铁合金生产的灵活性，为降低生产成本，青海铁合金企业均主动避峰生产（目前青海大工业采取峰、平、谷电价体系，其中峰段为09：00—12：00和18：00—23：00）。

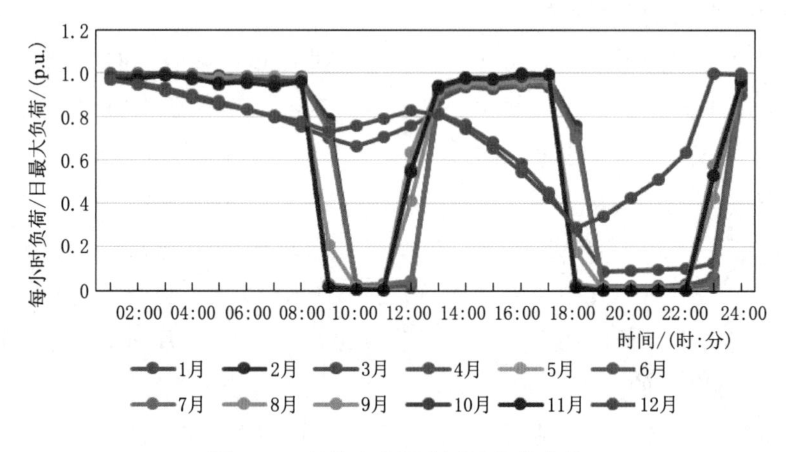


图4-9 某铁合金厂典型日负荷曲线

3. 电石行业

青海省电石厂共 3 户，12 台电石炉，总负荷 60 万 kW，运行负荷 19.6 万 kW，电量占总售电量的 2%，炉型均在 2.5 万 kVA 以上。

在正常情况下，电石必须 24h 持续生产，不能间断，故障情况下可停产。图 4－10 为某电石厂典型日负荷曲线，电石生产日负荷变化较为平稳，日负荷率一般为 0.96。

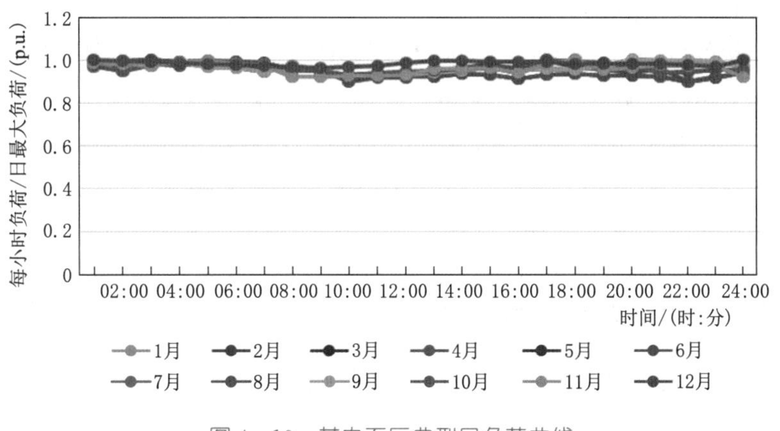


图 4－10　某电石厂典型日负荷曲线

4. 钢铁行业

西宁钢铁厂只有 1 户，负荷 18 万 kW，电量占总售电量的 1.6%。

正常情况下，钢铁行业必须 24h 持续生产，不能间断，故障情况下可停产。图 4－11 为某钢铁厂典型日负荷曲线，钢铁企业由于轧钢过程中冲击负荷较大，全天负荷曲线呈现出一定的波动性，波动范围在 20%以内，日负荷率较高，一般情况保持在 0.93 左右。

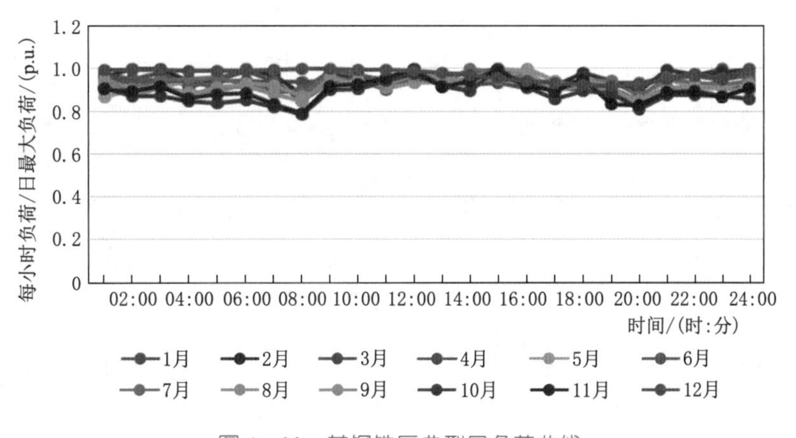


图 4－11　某钢铁厂典型日负荷曲线

#### 4.3.1.2　需方响应潜力

对上述各类型工业负荷的负荷特性分析，青海主要大工业负荷的日负荷一般波动不大，峰谷差率小，负荷率高。用电特点主要为：设备供电可靠性要求高，大部分设备为一级或二级负荷；除检修时间外，设备一般采用 24h 连续运行工作制，或短时停电长期运行工作制。因此，青海大工业负荷需方响应潜力如下：

（1）错峰生产潜力。对能够间断生产及日负荷存在一定波动性的企业，如铁合金及钢铁企业，可自发调整生产，改变用电模式，将用电量尽可能转移至平电价和低谷电价时段，从而改变负荷特性。

（2）可中断负荷潜力。企业中一般存在部分二类负荷，具有可中断的潜力。电解铝行业主要环节包括电解和型材的深加工等环节，电解属一类负荷，不具备移峰填谷的潜力；其他工艺环节中部分负荷属于二类负荷，具有一定可中断负荷的比例。如果必须停电，电网公司通过提前通知，在供电紧张时段中断负荷，并通过制定可中断电价，对可中断负荷进行经济补偿。

### 4.3.2 青海需方响应机制探索

青海省现行的电价政策为：大工业采取峰、平、谷电价体系，其中峰段为 09：00—12：00 和 18：00—23：00，电价 0.5391 元/(kW·h)（110kV 及以上）；谷段为 00：00—08：00，电价 0.1405 元/(kW·h)；剩余时间为平段，电价 0.3398 元/(kW·h)，青海省现行大工业电价政策如图 4－12 所示，只针对 110kV 及以上电压等级工业用户。

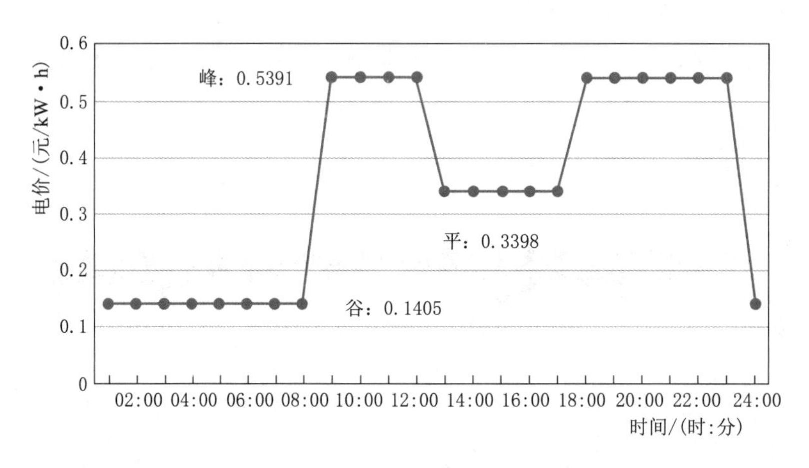


图 4－12　青海省现行大工业电价政策

部分可中断生产的工业企业，例如铁合金企业，采取避峰措施降低用电成本，即在峰段 09：00—12：00 和 18：00—23：00 以外时间段生产，生产用电时间段与省内光伏发电时间段不匹配，如图 4－13 所示，09：00—12：00 期间光伏大发，企业降低负荷生产，不利于光伏消纳，同时企业夜间生产，存在安全隐患大、人力成本高等问题。

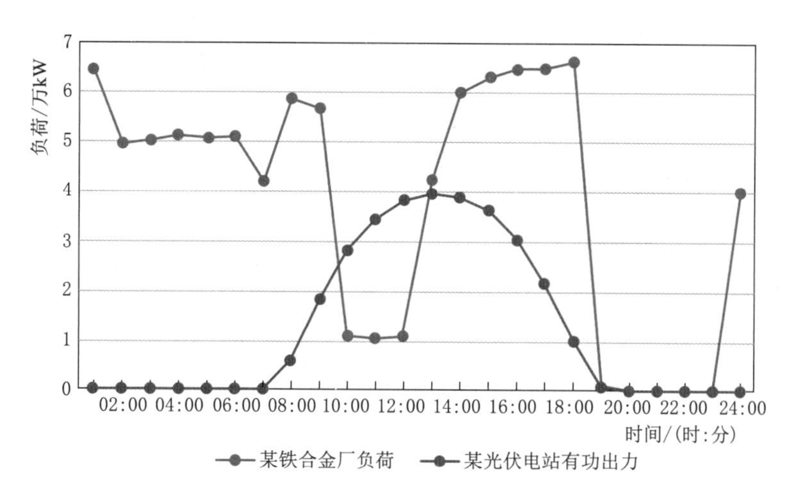


图 4-13　某铁合金厂典型日负荷及光伏电站日内有功出力情况

为消纳光伏并且减缓高峰时期供电压力，根据光伏昼发夜停的特点，青海电网试点在“绿电 9 日”中实施负荷参与调峰机制，采用调整负荷峰谷时段的方式，引导负荷积极参与调峰。通过对全省 24 家硅铁企业遴选，选出 22 家具有余热发电、单耗低的硅铁企业，与其签订用电峰谷时段调整协议，将电量计量峰段时间调整为 00：00—08：00，执行青海省电网销售电价表中的峰电价标准，谷段时间调整为 09：00—12：00 和 18：00—23：00，执行青海省电网销售电价表中的谷电价标准。

图 4-14 为某硅铁厂在峰谷时段互换前后的负荷曲线对比图，峰谷时段互换后，用户负荷曲线与光伏发电曲线对应，能够更好地消纳光伏。图 4-15 为 22 家硅铁厂在峰谷时段互换前后的负荷曲线对比图，蓝色曲线为原峰谷电价政策下硅铁厂负荷平均值，正常生产负荷为 100 万 kW 左右，每天 09：00—21：00、18：00—23：00 避峰生

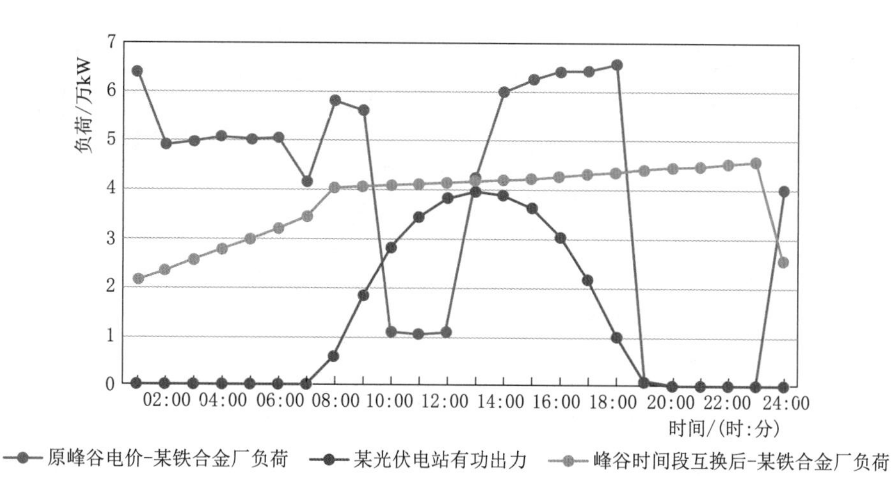


图 4-14　某硅铁厂在峰谷时段互换前后的负荷曲线对比图

产负荷降至 80 万 kW 以下。红色曲线为实行峰谷时间段互换后硅铁厂负荷平均值，通过对 22 家硅铁厂用电峰谷时段进行调整，避峰生产负荷恢复，全天总负荷电量基本不变，每日 09：00—12：00 增加用电负荷 30 万 kW，每日促进光伏消纳 90 万 kW·h，同时避峰企业由晚上生产改为白天生产，降低企业安全隐患及运行成本。

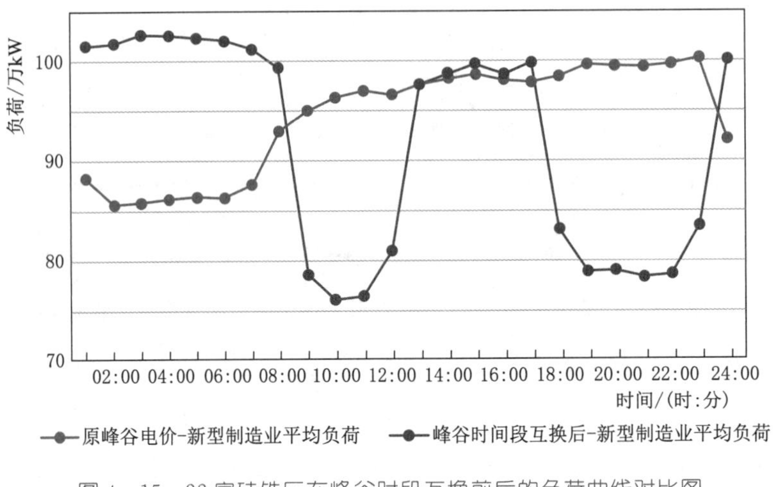


图 4-15 22 家硅铁厂在峰谷时段互换前后的负荷曲线对比图

# 第5章

# 青海电力调度交易技术

## 5.1 调度系统建设

随着新能源电站大规模接入，其运行的间歇性、随机性、不可控性给电网安全稳定运行带来影响，原有调度模式已无法适应大规模新能源并网安全和发展的需要，亟须由单一的安全生产调度，向电力市场、绿色、经济、安全等多元素的综合调度转变。调度技术支持系统也须不断创新、完善，建设清洁能源发电预测系统、调度计划及校核系统、电网自动控制系统，保证清洁能源大规模并网与消纳，为多能源互补协调运行提供重要的自动化技术手段，为青海电网高比例清洁能源的协调运行打下坚实基础。

### 5.1.1 调度模式转变

2010年之前，青海电网没有大型并网光伏电站和风电场，主要是以水电为主、火电为辅的电源格局。750kV电网初具规模，330kV电网作为骨干网架。电源类型单一，电网特性稳定，调度模式以安全为主，业务开展较为简单。

#### 5.1.1.1 传统调度模式

1. 相对简单的电网运行特性

大电网耦合特征不明显，电网以设备热稳定、负荷中心稳态电压和边远地区长线路、轻负荷引起的机组功角稳定问题为主，掌握运行特性主要根据离线计算分析，并据此得出电网安全稳定运行的控制措施和范围。机网协调管理方面仅关注常规发电机组涉网安全的相关指标，对机组调节深度、调节速度等方面的特性要求不高。

2. 政府指导下的发电计划安排

火电发电计划以政府主管部门下达的年度计划电量为指导，结合电网运行需要，按月分解后执行。由于青海电网负荷曲线平稳，火电机组基本按照日前计划曲线执行，不需进行日内调整。水力发电遵循“以水定电”的原则，由黄河水利委员会制订水库运用计划，每日跟踪完成计划值，水电机组承担着为西北电网调峰、调频的作用，省间联络线未执行联络线电力考核。

3. 生产运行指导下的电力监控

电网运行监视的重点是与电网安全稳定运行及“三公（公开、公平、公正）”调度相关的设备及状态，包括直调设备（断面）运行状态、各中枢点母线电压水平、火力发电厂计划曲线执行情况等。

4. 关注电网安全稳定运行的调度技术支持系统

调度技术支持系统主要为运行控制与安全防御系统，仅包括能量管理、自动发电控制、广域相量测量、调度人员仿真培训、数据应用平台、相量测量装置、环境监控等系统。

#### 5.1.1.2 适应大规模清洁能源并网运行的调度模式

1. 及时把握电网特性

（1）掌握清洁能源并网后与电网交互影响的特性。2009年，青海电网启动了光伏电站数学建模及实测研究工作，为后续大规模光伏电站并网后电网安全稳定分析打下了坚实的基础。从2010年开始，有针对性地逐年开展了规模化光伏电站接入对海西电网与青藏直流影响分析、光伏电站接入后电网安全稳定控制策略等先导性研究，为地区光伏大规模并网及运行提供了理论支持。从2015年起，由于网架的约束，负荷发展滞后于光伏电站并网速度，青海电网出现了断面受阻、调峰和市场消纳能力不足等问题，对电网特性的把握，迅速由光伏并网安全稳定研究向电网安全和光伏接纳能力双向研究转变。

（2）构筑区域电网第二道安全防线。2013年，新疆与西北联网第二通道工程投产，青海750kV电网与西北主网环网运行，青海电网从末端电网转变为枢纽电网。同时，新疆、青海、甘肃三省（自治区）清洁能源发展也步入了一个全新的阶段，省级电网间耦合性加剧。西北电网将西北五省（自治区）负荷、清洁能源资源进行整合优化，建成适应清洁能源大规模并网的西北区域安全稳定控制系统，具备故障后自动、快速、有序切除光伏电站的能力，以应对光伏长距离经弱电网输电的电压稳定问题。2016—2017年，各省（自治区）清洁能源基地间电网稳定耦合关系逐渐增大。西北电网持续对安全稳定控制系统进行滚动优化，实现了清洁能源基地间及全网所有清洁能源电站在统一策略下的协调控制。

（3）建成世界首个大型清洁能源电站全覆盖的自动电压控制（automatic voltage control，AVC）系统。2014年，青海电网光伏并网基地与主网潮流的昼夜反转变化增大，电网出现电压稳定与控制问题。为此，及时启动AVC系统建设项目，各清洁能源电站按照装机容量配置一定的无功补偿装置，并接收AVC系统下发的电压值和控制命令，实现了清洁能源电站的AVC系统全接入和全网无功电压自动调节。目前青海电网已建成世界最大的清洁能源AVC系统，通过网省协调功能实现了快速、精确无功控制，显著提高了调节效率。

2. 强化清洁能源专业管理

（1）建立大规模光伏并网和运行标准体系。结合大规模清洁能源电站并网发展和调度运行的需要，2010年开始，青海电网以“标准先行”为原则，先后制定《光伏发电站并网验收规范》（Q/GDW 1999—2013）等13项规程制度，逐步形成较为完整的光伏并网调度运行制度体系，实现了光伏调度工作全过程管控、标准化管理。

（2）提升对清洁能源电站的专业管理水平。2012年，青海电网对调度体系功能结构和业务进行调整，新增水电及新能源管理机构，主要负责水电站、新能源电站并网管理及出力预测、计划编制，配合开展水库调度管理工作和相关系统建设及应用，组织开展清洁能源入网检测、清洁能源并网调度管理、水火互济等专题研究，清洁能源专业管理能力不断提高。

（3）光伏电站涉网性能大幅提升。2012年，吸取其他电网大规模风电脱网教训，青海电网对所有并网大型光伏电站开展分批次并网性能检测，考验光伏逆变器低电压穿越能力，并对不满足国标要求的电站限时整改。2013年6月，组织进行了国内首次330kV、750kV交流线路现场短路试验，实测光伏电站脱网情况，涉及光伏电站总容量达100万kW。经实证，光伏电站逆变器脱网率由检测、整改前的15.2%降低到2.66%。

3. 调整调度计划工作思路

（1）多能源协调互补思路融入计划编制。随着大规模光伏、风电集中并网，青海电网水电站原有单一的“以水定电”模式已不能满足电网实际运行需要。国家电网有限公司西北分部与黄河水利委员会沟通协调，开展黄河上游水力发电研究，挖掘水电站群的调峰能力，电站优化目标逐步由单纯的水电效益最大化向基于清洁能源消纳的梯级水电站联合优化模式进行转变。黄河水利委员会水资源调度与管理局对龙羊峡水电站出库水量限制模式由控制日出库水量改为控制月出库水量，水量可在日间调节，以提高黄河上游梯级水电站的调峰灵活性，在新能源大发期间水电最大限度进行调节，促进电网消纳清洁能源。火电发电计划的编制由政府计划电量指导向保证电网安全基础下的清洁能源最大化消纳转变。

（2）降低电网设备计划停电对清洁能源消纳的影响。电网安排计划停电时，增加停电期间对清洁能源消纳影响的分析，明确停电设备对电网运行方式的改变，是否会造成局部输电通道能力下降，限制清洁能源发电出力。对影响清洁能源消纳的检修工作，合理安排检修工序，尽可能优化检修工期，缩短检修时间，及时告知相关清洁能源电站，以便电站提前做好配合检修的工作策划，最大程度降低对清洁能源消纳的影响。

（3）破解清洁能源消纳瓶颈。2014年，西北地区实施控制区联络线电力电量管理，开展短期、实时交易，加强各省间电力电量交互，根据各省（自治区）电网负荷、清洁能源波动的特点，充分发挥西北全网机组调节能力，更好地满足各方用电和清洁能源发电需求。

4. 优化调度管理

（1）做好清洁能源调度运行管理。为集中优势力量做好调度运行管理工作，青海电网从大规模清洁能源电站并网伊始，确定由省级调度全面负责清洁能源电站发电管理。2015年结合清洁能源发展实际，清洁能源电站调管范围调整为以电压等级为分界点，省级调度负责330kV清洁能源电站设备及所有清洁能源电站功率预测系统、发电计划编制和无功补偿装置管理，地市调度负责110kV及以下清洁能源电站设备和所辖清洁能源电站的现场验收。纵向一体清洁能源管理模式逐步形成，实现了网内清洁能源电站分层管理、统一运作的目标。

（2）调度模式由传统经验型向智能决策型转变。为降低大规模清洁能源并网对电网安全稳定运行的影响，电网调控运行模式由传统经验型向智能决策型转变。工作模式从以设备倒闸操作、运行监视等基础工作向电网协调控制、促进清洁能源消纳转变。除对本电网运行情况进行实时监视外，还要及时掌握全网安全稳定水平、主要通道的输电能力、各地区清洁能源发电和用电需求等全局性、深层次电网状态，在清洁能源出力和负荷与日前计划发生较大偏差时，有针对性地开展电网运行方式调整和电力电量交易，有效促进清洁能源消纳。

（3）挖掘电网调峰能力。按照多能互补优化运行策略，午间光伏大发时段，安排火电和大型水电机组按最小方式出力运行，中小型水电机组轮流错峰，供暖期供热机组按照最低供热负荷要求进行调峰，优先保障清洁能源消纳，利用青海电网与陕西电网负荷互补特性，开展调峰互济工作。午间青海电网将富余清洁能源电力电量送至陕西电网，夜间陕西电网将等量电量送回青海电网，缓解青海电网午间调峰压力的同时减少陕西电网火电机组频繁启停调峰。

5. 创新自动化系统支持

（1）提高光伏功率预测准确性。2011年，青海电网结合地区气候特点和光伏功率预测的具体应用，以数值天气预报为基础，根据各类气象因素对光伏电站出力的影响，开发全国首套新能源短期预测系统，实现光伏电站未来0～72h的出力预测，构建新能源功率预测、监测、气象资源等一体化的技术支持系统。开发新能源超短期预测软件，实现光伏电站未来0～4h的出力预测，并完成十余座试点电站功率预测子站系统部署，功率预测信息接入调度主站，实现光伏电站功率的多元预测。2012年青海电网并网光伏电站功率预测子站系统覆盖率达100%，并将功率预测子系统作为光伏电站并网必备条件之一。

（2）光伏电站电力电量全额纳入发电计划安排。2012年，青海电网在光伏功率预测系统全面建成的基础上，开展光伏调度计划系统研究，从不同时间尺度进行分析，提出基于短期功率预测的日前光伏调度计划和基于超短期功率预测的日内滚动计划。2012 年 8 月，青海光伏调度计划系统上线试运行，实现了对网内全部 40 余座光伏电站发电功率预测及计划编制工作。系统的建成投运，减少了常规机组备用容量，优化了常规机组的开机方式，为最大程度接纳光伏，实施节能调度发挥了重要作用。

(3) 实现光伏电站发电出力的可控、在控、能控。为实现清洁能源发电闭环管理，2012 年青海电网积极推动清洁能源电站侧的自动发电控制（automatic generation control，AGC）系统建设。至 2014 年，完成了青海地区清洁能源电站的 AGC 系统全接入，实现了清洁能源发电的实时控制。2015 年，青海电网开展了基于多能互补集成优化研究的水火风光联合调度，并对 AGC 策略进行升级优化，建成了基于市场化的多能源发电协调控制系统，实现清洁能源发电计划的智能分配和断面潮流的精益化控制，提高了断面利用效率和清洁能源消纳水平。

### 5.1.2 调度技术支持系统完善

为实现青海电网大规模清洁能源并网后的安全运行和实时管控，青海智能电网调度控制系统不断升级完善，创新建设了定制化功能的模块，有力支撑了清洁能源大规模并网与消纳，为实践多能源互补协调运行提供了重要的自动化技术手段。

#### 5.1.2.1 创新和完善清洁能源发电预测系统

精准的发电预测对安排发电计划、保证电力系统安全稳定运行、降低备用容量和运行成本、有效管理电力市场等都有重要意义。青海电网清洁能源占比高，实现高质量的预测尤为重要。清洁能源发电预测主要包括新能源功率预测和水库来水预测。

##### 5.1.2.1.1 率先建成清洁能源功率预测系统

2011 年，青海建成世界上首个百万千瓦级光伏发电基地，由于没有成熟的发电出力预测系统，与常规电源协调运行困难，给年最大负荷仅为 900 万 kW 的青海电网安全稳定运行带来巨大挑战。为适应大规模光伏发电并网运行的技术要求，在国家电网有限公司的部署和相关科研单位的配合下，青海电网在国内率先开展了光伏功率预测技术研究，完成了包含短期和超短期预测在内的多时间尺度光伏功率预测系统研发及部署，对促进光伏发电健康发展具有重要的实践意义，在全国范围内具有典型示范作用。新能源功率预测系统的特点主要有以下方面：

(1) 根据新能源预测的出力曲线优化常规机组的出力，达到降低运行成本的目的。

(2) 准确掌握新能源的出力变化规律相当于减少了系统运行的不确定性，从而增强了系统的安全性和可靠性。

(3) 在电力市场环境下，准确预测新能源的功率可保证系统安全经济运行。

(4) 新能源功率预测可以为光伏电站和风电场的运行维护提供有益的参考。

1. 系统结构

青海新能源功率预测系统主要由部署在电网侧的功率预测主站系统、新能源电站侧的功率预测子站系统以及数据通信链路三部分组成。

功率预测主站系统主要作用是对调管范围内的新能源电站发电功率进行预测，并对各个新能源电站功率预测的准确性进行考核评价。功率预测子站系统则用于对单个新能源电站进行功率预测，并向主站系统上传功率预测信息，提供实时辐照度、风速等气象数据。考虑到数据和网络安全，子站系统与主站通信全部采用调度数据网通信。青海新能源功率预测系统总体拓扑结构如图5-1所示。

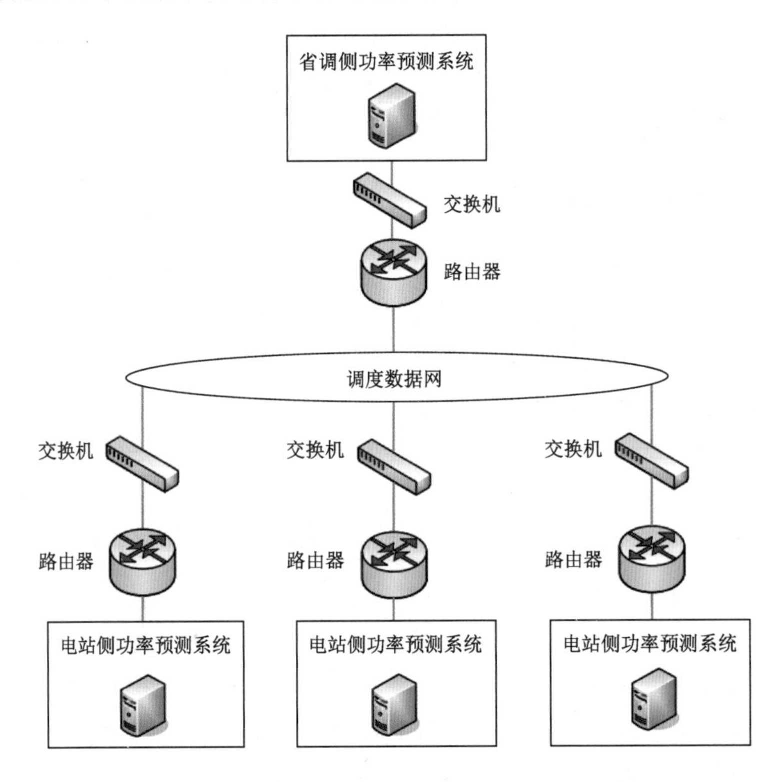


图5-1 青海新能源功率预测系统总体拓扑结构

功率预测主站系统配置1套数据采集服务器、2套冗余配置的预测系统服务器、1套数值天气预报服务器和1套Web服务器等硬件设备。功率预测主站系统总体结构如图5-2所示。

功率预测主站系统从调度端前置数据采集系统获得所有风电场、光伏电站的运行信息，从数值天气预报系统中获取气象机构提供的电站所在区域气象数据。同时，结合各新能源电站上传的实时辐照度、温度、风速、风向等数据，计算出各新能源电站

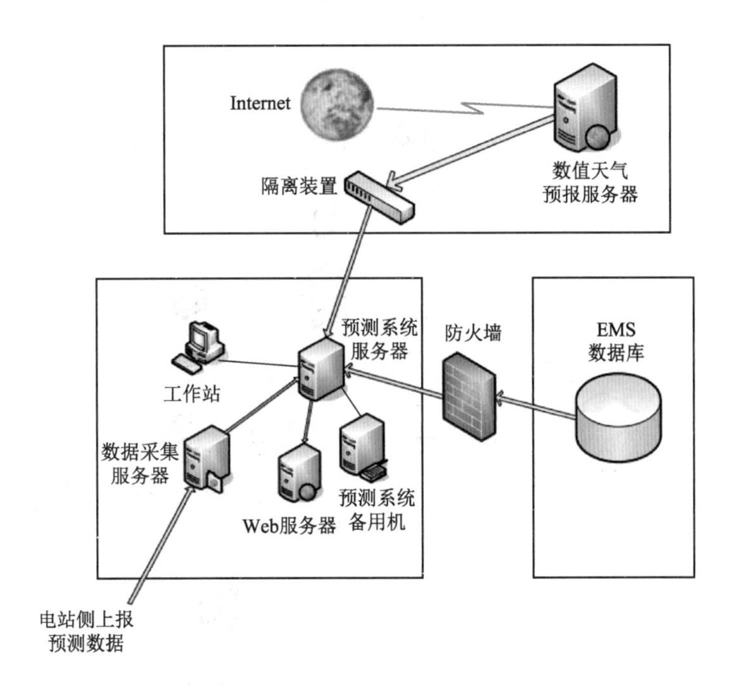


图5-2 功率预测主站系统总体结构

的短期和超短期功率预测曲线。

新能源电站功率预测子站系统主要包括功率预测和实时气象采集两个组成部分。功率预测部分包括1台预测系统服务器，用于功率预测应用程序的运行；1台预测系统工作站、1台气象数据处理服务器和二次系统安全防护设备，用于数值天气预报及实时辐照度等气象数据的接收与处理。气象数据处理服务器通过二次系统安全防护设备将气象数据送至预测系统服务器，预测系统服务器则完成功率预测、信息展示、用户交互等功能。实时气象采集部分包括辐照仪、风速风向仪、温湿度传感器、数据采集通信设备等。电站侧功率预测子站系统结构如图5-3所示。功率预测主站系统、子站系统与相关模块数据交互如图5-4所示。

2. 系统功能特点

青海新能源大规模集中接入多在偏远地区，地形复杂多样，天气变化频繁，加剧了新能源发电出力预测的难度。青海电网在新能源预测建模技术的基础上，通过建立基于云层识别及运动轨迹的功率预测模型，依据不同时间尺度，开展中长期、短期（日前）、超短期（日内）功率预测。其中，短期功率预测和超短期功率预测时间跨度小、预测准确度高，对电网运行和电力调度具有重要指导意义。

（1）短期功率预测。根据新能源电站所处地理位置气象信息，综合分析光伏电池、风电机组、逆变器等多种设备特性，建立基于新能源电站输出功率与数值天气预报之间物理关系的预测模型。根据新能源电站的历史测量数据及次日检修计划，对物

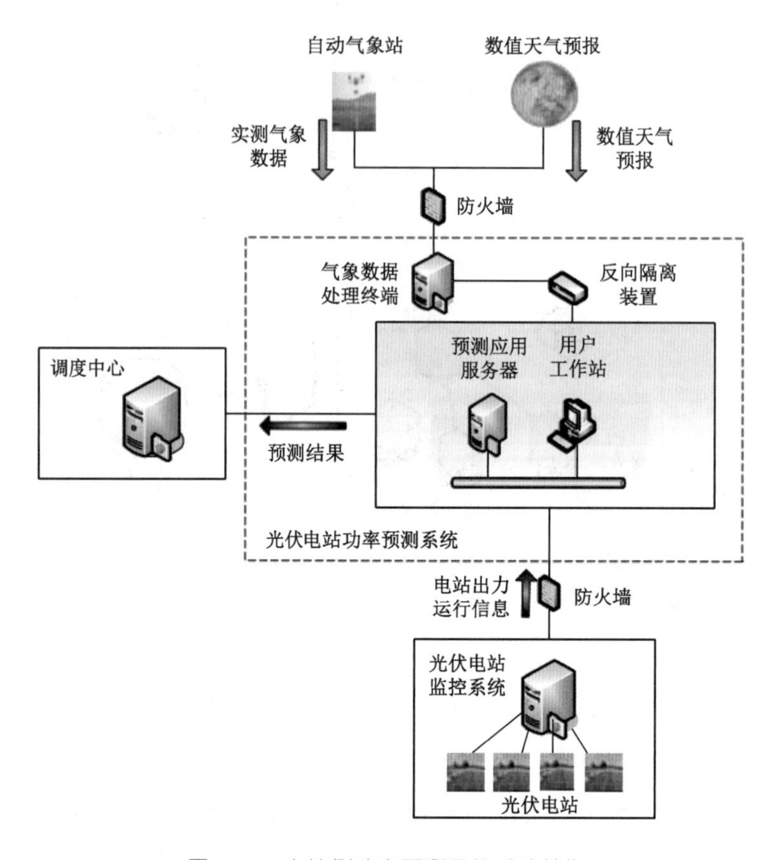


图5-3 电站侧功率预测子站系统结构

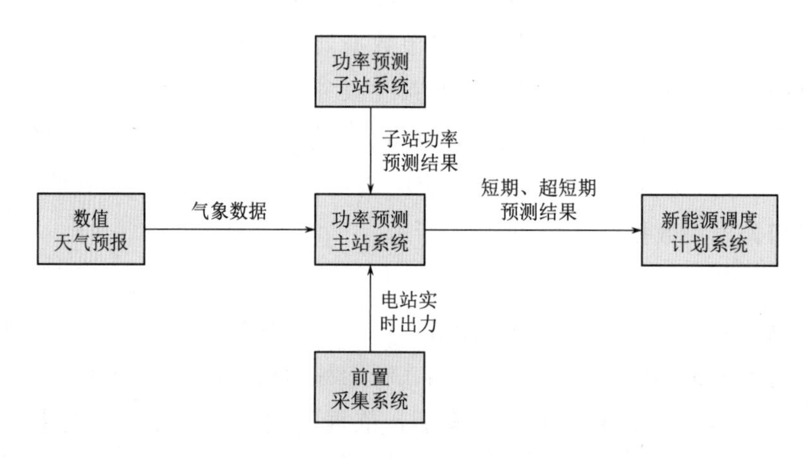


图5-4 功率预测主站系统、子站系统与相关模块数据交互图

理模型进行校正，得出短期功率预测结果。短期预测时效为未来0～72h，时间分辨率为15min。预测结果主要为电网功率平衡、经济调度、日前计划编制、电力市场交易等业务提供支撑。短期功率预测数据交互流程如图5-5所示。

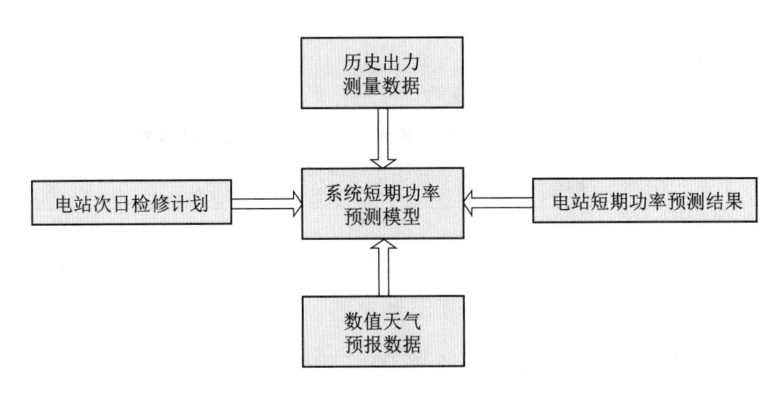


图 5-5　短期功率预测数据交互流程图

短期功率预测结果可以按照日曲线和周曲线两种方式展示。在日曲线展示页面中，系统默认展示当天的短期预测结果和实际功率数据。通过页面上部的“误差带”“场站上传预测曲线”复选框，可以控制页面中是否显示这些数据。通过“选择厂站”和“多厂站对比”按钮，可以对任意厂站进行查询，并可以同时选择多个厂站进行对比查询展示。短期预测日曲线展示界面如图 5-6 所示。

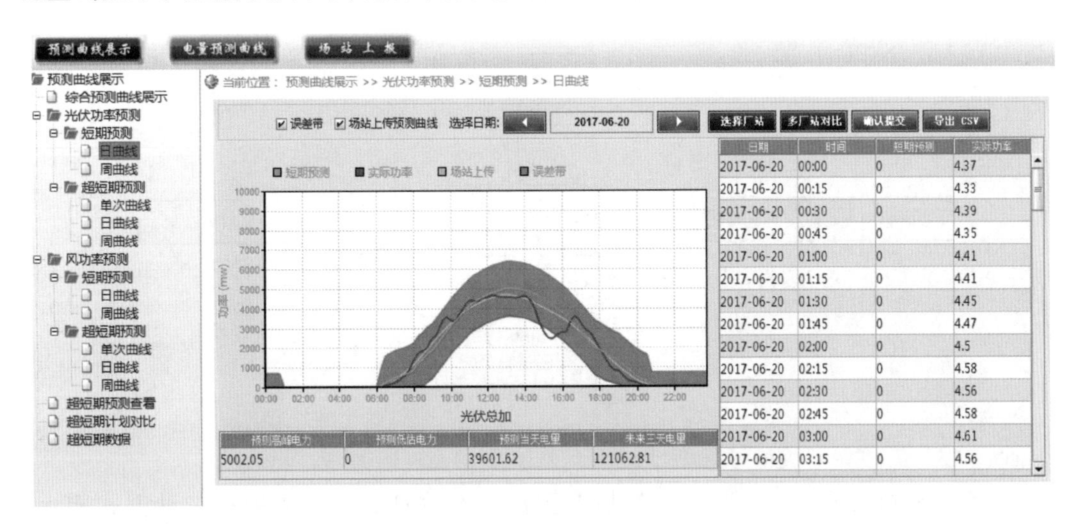


图 5-6　短期预测日曲线展示界面

在周曲线展示页面中，系统默认展示从当天向后 7 日的短期预测结果和实际功率数据。可通过日期控件任意选择从所选日期开始向后 7 日的数据展示，并可选择是否展示“误差带”的数据，通过“选择厂站”可以对任意电厂进行查询展示。短期预测周曲线展示界面如图 5-7 所示。

（2）超短期功率预测。超短期功率预测主要由大气条件的持续性决定，是一种分钟级的预测技术。其预测采用数理统计方法，将实时气象站数据、电站检修计划及逆变器运行数据、实时出力数据等作为输入变量，输出预测功率值。超短期功率预测时

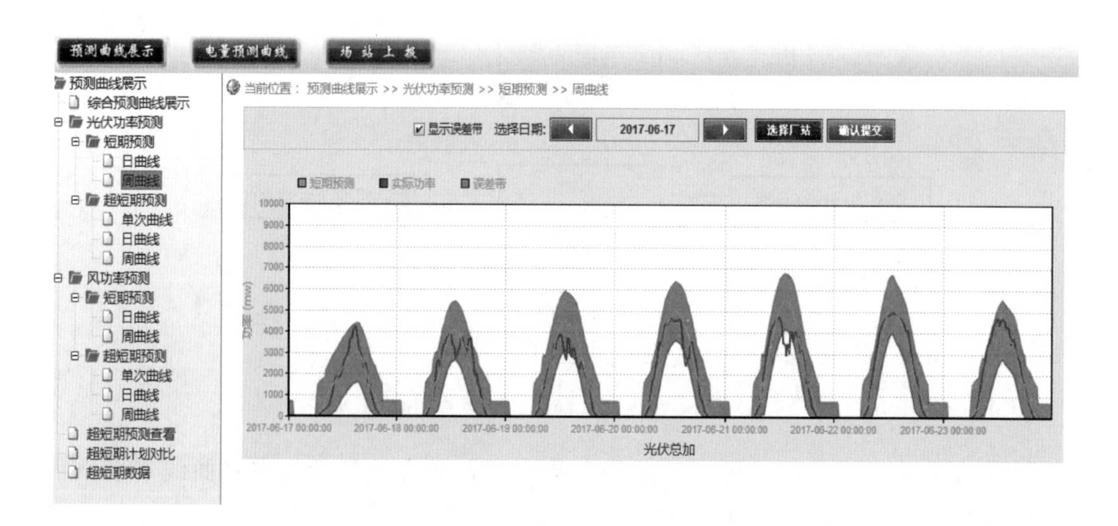


图5-7　短期预测周曲线展示界面

效为未来0～4h，时间分辨率为15min，主要为新能源发电功率控制、电能质量评估等提供支撑。超短期功率预测数据交互流程如图5-8所示。

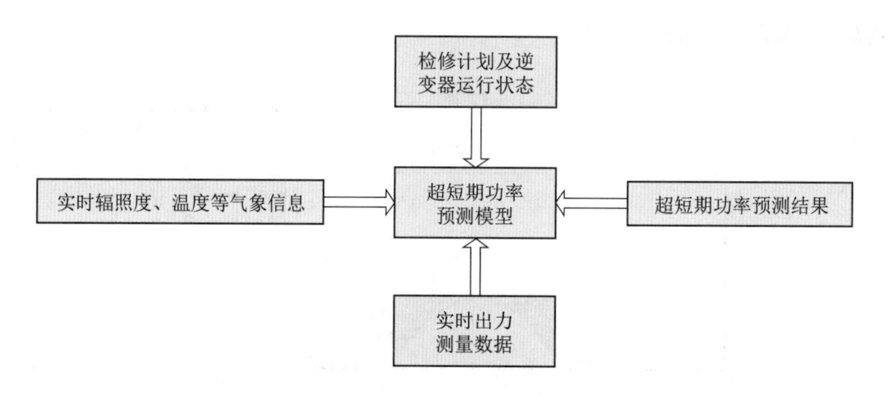


图5-8　超短期功率预测数据交互流程图

超短期预测结果可以按照单次超短期预测曲线、日曲线和周曲线三种方式展示。在单次超短期预测曲线展示页面中，系统默认展示当前最近一次的超短期预测结果（16个点）和实际功率数据。可通过选择“场站预测上传”查看数据。通过“选择厂站”按钮，可以对任意电站的预测结果、实际功率进行查询对比展示。单次超短期预测曲线展示界面如图5-9所示。

在超短期预测“日曲线”展示页面中，系统默认展示当天的超短期预测提前15min结果和实际功率数据，可选择“短期预测结果”“场站上报”等数据。通过“选择厂站”和“多厂站对比”按钮，可以对任意电站进行查询，并可同时选择多个电站进行对比查询展示。超短期预测日曲线展示界面如图5-10所示。

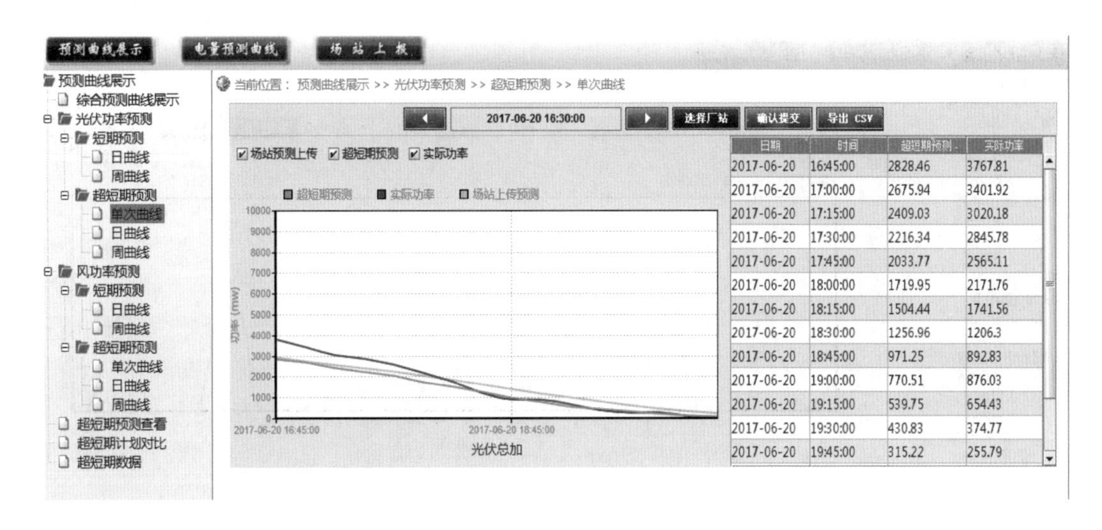


| 日期 | 时间 | 超短期预测 | 实际功率 |
|---|---|---|---|
| 2017-06-20 | 16:45:00 | 2828.46 | 3767.81 |
| 2017-06-20 | 17:00:00 | 2675.94 | 3401.92 |
| 2017-06-20 | 17:15:00 | 2409.03 | 3020.18 |
| 2017-06-20 | 17:30:00 | 2216.34 | 2845.78 |
| 2017-06-20 | 17:45:00 | 2033.77 | 2565.11 |
| 2017-06-20 | 18:00:00 | 1719.95 | 2171.76 |
| 2017-06-20 | 18:15:00 | 1504.44 | 1741.56 |
| 2017-06-20 | 18:30:00 | 1256.96 | 1206.3 |
| 2017-06-20 | 18:45:00 | 971.25 | 892.83 |
| 2017-06-20 | 19:00:00 | 770.51 | 876.03 |
| 2017-06-20 | 19:15:00 | 539.75 | 654.43 |
| 2017-06-20 | 19:30:00 | 430.83 | 374.77 |
| 2017-06-20 | 19:45:00 | 315.22 | 255.79 |

图 5-9　单次超短期预测曲线展示界面

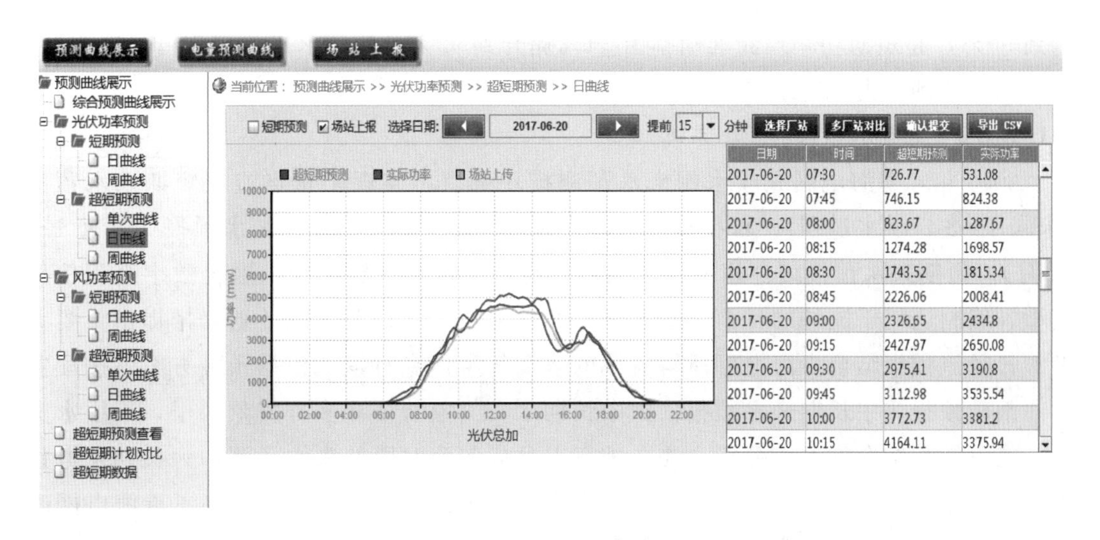


| 日期 | 时间 | 超短期预测 | 实际功率 |
|---|---|---|---|
| 2017-06-20 | 07:30 | 726.77 | 531.08 |
| 2017-06-20 | 07:45 | 746.15 | 824.38 |
| 2017-06-20 | 08:00 | 823.67 | 1287.67 |
| 2017-06-20 | 08:15 | 1274.28 | 1698.57 |
| 2017-06-20 | 08:30 | 1743.52 | 1815.34 |
| 2017-06-20 | 08:45 | 2226.06 | 2008.41 |
| 2017-06-20 | 09:00 | 2326.65 | 2434.8 |
| 2017-06-20 | 09:15 | 2427.97 | 2650.08 |
| 2017-06-20 | 09:30 | 2975.41 | 3190.8 |
| 2017-06-20 | 09:45 | 3112.98 | 3535.54 |
| 2017-06-20 | 10:00 | 3772.73 | 3381.2 |
| 2017-06-20 | 10:15 | 4164.11 | 3375.94 |

图 5-10　超短期预测日曲线展示界面

在周曲线展示页面中，系统默认展示从当天向后 7 日的超短期预测结果和实际功率数据。可通过日期控件任意选择从所选日期开始向后 7 日的数据展示。可通过控制选择“短期预测”查看数据。通过“选择场站”按钮，可以对任意电站进行查询展示。超短期预测周曲线展示界面如图 5-11 所示。

3. 实施效果

2012 年，青海电网按照单站单套、独立部署的要求开展功率预测子站系统的建设工作，同年年底实现了在所有并网新能源电站系统部署。针对光伏电池类型、温度、安装方式等核心因素，对每种不同类型光伏电站分别建模，通过持续的数据积累和模型修正，迭代优化系统算法等手段，短期功率预测准确率已由系统建设初期的 69%提

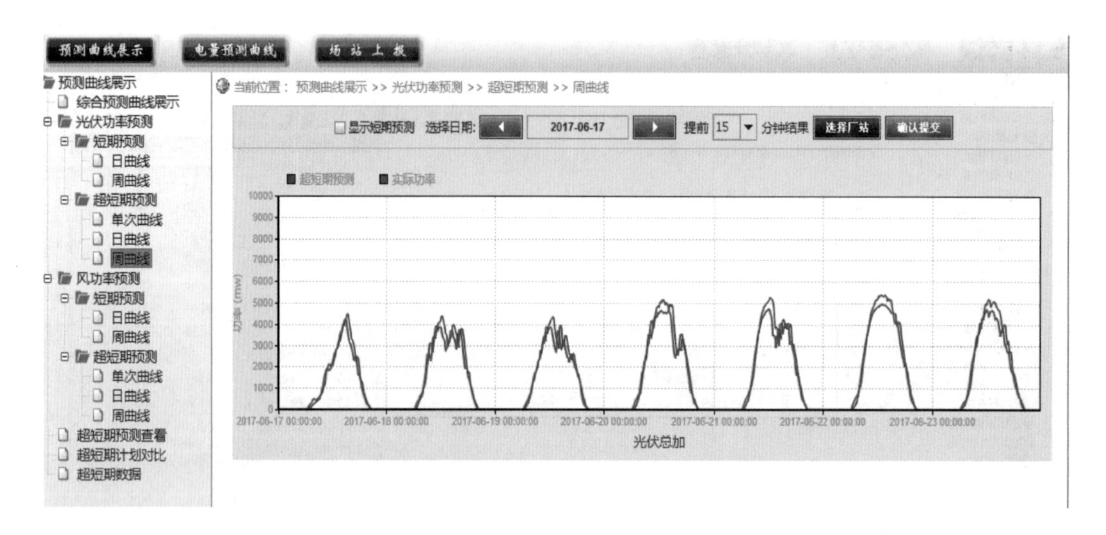


图 5-11　超短期预测周曲线展示界面

升到 90%，超短期功率预测准确率由 74%提升到 92%，预测水平优于现行功能规范，预测精度达到国内先进水平。

**5.1.2.1.2　完善水库来水预测系统**

2013 年，青海电网完成水库来水预测模块部署，实现了重点流域短期来水预报（未来 1～3 日洪水过程）、日径流预报（未来 1～7 日）和中长期来水预报（未来 1～12 月）。短期来水预报结合相关流域地形、地貌和水文气象特征，融合数字高程信息模型，编制适用于流域的日前洪水预报方案，为防洪和日前发电计划安排提供重要参考。日径流预报结合青海电网所辖流域的水文气象信息特征，根据预报方案，按配置时间滚动预报。中长期来水预报依据中长期水文气象特征和多种气象因子，采用水文学、气象学相结合的系统分析方法，进行以月或旬为时段的来水预测，为长期发电计划提供依据。不同时段、不同时期采用不同的来水预报方案，有效提高了青海电网来水预测精度，为水库调度提供了重要参考。

水库来水预报成果引入发电计划系统，综合考虑下游灌溉、防洪、用水等约束限制后，以流域上游具备最大调节能力的电站水库作为龙头控制水库，采用离散动态规划算法，以调峰最大电量、梯级发电量最大等作为优化目标，编制精确的水力发电计划，在保证水库安全及经济效益的前提下，满足电网运行需求。

1. 系统数据交互

水库来水预报主要为水库安全运行、发电功率控制、水库调度方案编制、防洪调度控制、发电计划编制等提供支撑，水库来水预报系统数据交互流程如图 5-12 所示。

2. 系统功能特点

青海黄河上游流域水源主要来自高山冰雪融化水和自然降水，大通河流域水源主

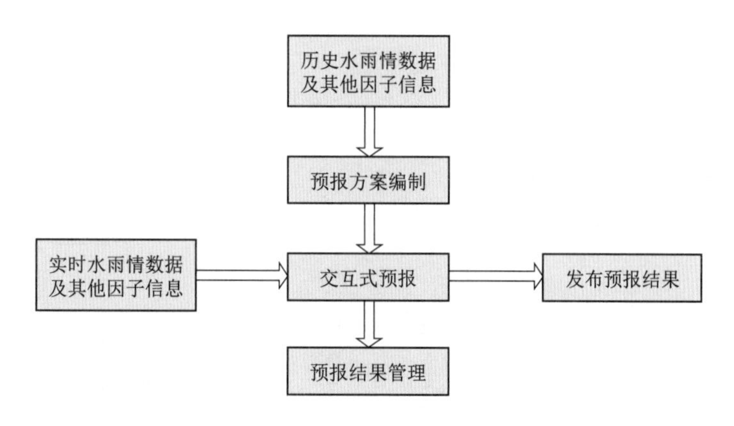


图 5-12　水库来水预报系统数据交互流程图

要为自然降水。两大流域径流年内分配不均衡，存在夏季大、冬季小的特点。青海电网通过对黄河上游、大通河流域多年径流资料统计分析，总结出黄河上游、大通河流域水情变化规律，建立了多元分时段水情预报模型，为流域预报方案编制及来水预报奠定了基础。

预报方案编制通过调用预报逻辑引擎完成黄河上游、大通河流域预报方案的构建及模型参数率定工作，对交互式预报功能进行数据预处理，为水库来水预报提供基础数据。

交互式预报根据已编制完成的黄河上游、大通河流域预报方案，接入流域各电站实时径流数据，计算出最新预报结果、误差带和历史径流特征值等信息，为发电计划编制人员提供交互式预报服务，以完成可靠的来水预报。水库来水月预报入库过程见表 5-1 和图 5-13。

**表 5-1　　　　水库来水月预报入库过程表**

| 时　间 | 平均实测流量/($m^3$/s) | 时　间 | 平均实测流量/($m^3$/s) |
| --- | --- | --- | --- |
| 2016 年 7 月 | 95.83 | 2017 年 2 月 | 46.20 |
| 2016 年 8 月 | 59.40 | 2017 年 3 月 | 125.90 |
| 2016 年 9 月 | 103.30 | 2017 年 4 月 | 118.20 |
| 2016 年 10 月 | 181.00 | 2017 年 5 月 | 218.30 |
| 2016 年 11 月 | 76.90 | 2017 年 6 月 | 64.00 |
| 2016 年 12 月 | 69.80 | 2017 年 7 月 | 64.70 |
| 2017 年 1 月 | 22.10 | | |

3. 实施效果

自 2013 年完成水库来水预测系统部署以来，青海电网实现了重点流域全覆盖。近年来，通过对水电站运行数据的不断积累和预测模型的不断完善，定期对系统异常数据进行修正处理，来水预报准确率不断提升，已由系统建设初期的 60%提升至

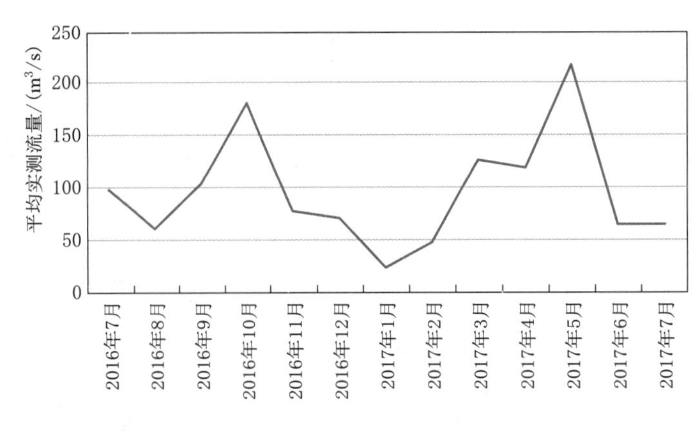


图5-13　水库来水月预报入库过程图

85%，为发电计划编制和实时调度运行提供了重要参考。

#### 5.1.2.2　创新和完善调度计划及校核系统

为适应大规模新能源电站并网对发电计划安排的影响，2012年8月，国网青海省电力公司在相关科研单位的配合下，建成新能源日前发电计划系统，并完善调度计划与安全校核系统，成为首个将新能源电力、电量安排全额纳入日前计划管理的省级电网。在确保电力系统安全、经济运行的同时，充分考虑水、火、风、光协同机制，实施多种能源互补的调度计划安排，有效发挥水电装机容量大、调节范围广、调节速度快等优势，最大限度为新能源消纳提供空间。

1. 系统数据交互

调度计划及校核系统读取来自新能源功率预测、负荷预测等模块的数据，综合考虑系统平衡约束、断面安全约束和机组运行约束等条件，编制全网水、火、风、光等多种能源出力计划。调度计划及校核系统数据交互流程如图5-14所示。

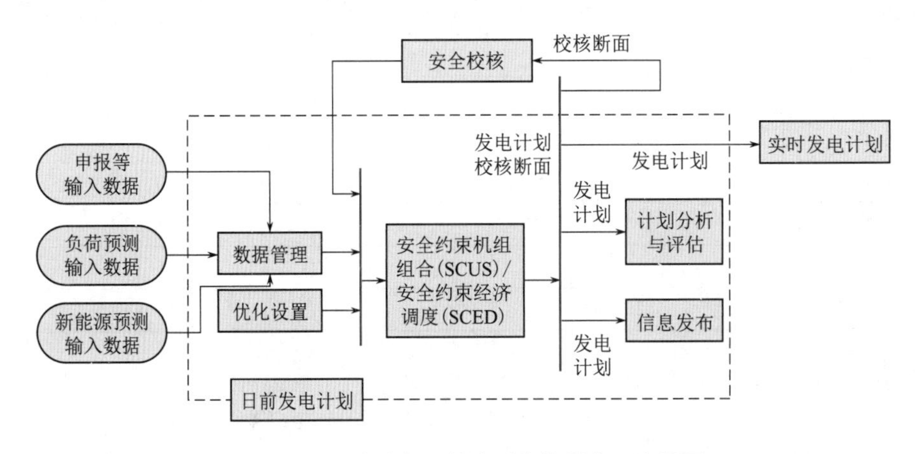


图5-14　调度计划及校核系统数据交互流程图

2. 系统功能特点

在保障电网安全稳定运行前提下，实现新能源最大化消纳，是青海电网调度计划与安全校核系统功能开发的主要定位。

（1）日前发电计划。新能源日前发电计划系统根据新能源短期预测结果生成各新能源电站预计划，结合断面约束条件对预计划进行优化调整，生成新能源电站发电计划。调度计划系统将新能源电站发电计划按照优先消纳的原则作为固定出力机组处理；同时，结合水电计划系统平衡约束、电网安全约束、火电机组检修及机组运行约束等条件，制订火电最小出力计划。在调度计划优化处理过程中，控制各流域龙头电站水库出库流量，完成满足“三公”调度、节能发电和电力交易的日前发电计划编制。日前发电计划数据交互流程如图 5-15 所示。

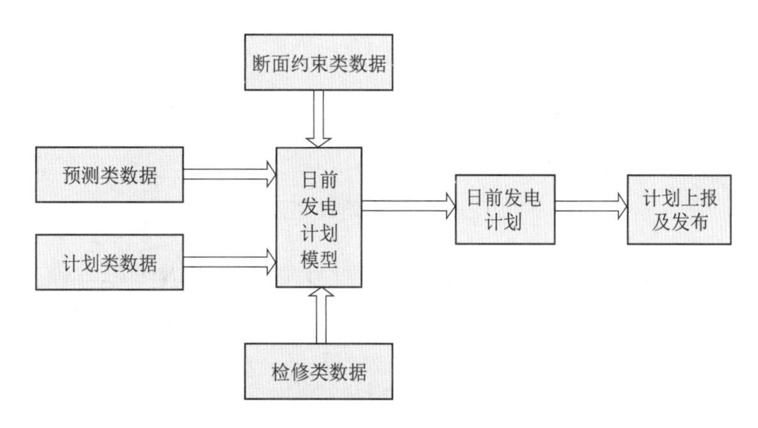


图 5-15　日前发电计划数据交互流程图

日前发电计划编制范围为次日至未来多日每日 96 个时段（00：15—24：00）的机组组合计划和出力计划，日前发电计划方案管理如图 5-16 所示。

发电计划主界面 | 人工调整 | 方案一览

开始时间 2017/06/17　结束时间 2017/06/23

| ID | 方案比较 | 描述 | 类型 | 起始日期 | 结束日期 | 创建时间 | 计划编制模式 | 执行状态 | 目标 | 厂内分配方式 | 平衡策略 |
|---|---|---|---|---|---|---|---|---|---|---|---|
| 20170623 | ☐ | | 执行方案 | 20170623 | 20170623 | 2017-06-22 00:00:00 | 三公调度 | | 序成本最小 | 按容量分配 | 按照可发电比例 |
| 20170622 | ☐ | | 执行方案 | 20170622 | 20170622 | 2017-06-21 00:00:00 | 三公调度 | | 序成本最小 | 按容量分配 | 按照可发电比例 |
| 20170621 | ☐ | | 执行方案 | 20170621 | 20170621 | 2017-06-20 00:00:00 | 三公调度 | | 序成本最小 | 按容量分配 | 按照可发电比例 |
| 20170620 | ☐ | | 执行方案 | 20170620 | 20170620 | 2017-06-19 00:00:00 | 三公调度 | | 序成本最小 | 按容量分配 | 按照可发电比例 |
| 20170619 | ☐ | | 执行方案 | 20170619 | 20170619 | 2017-06-16 00:00:00 | 三公调度 | | 序成本最小 | 按容量分配 | 按照可发电比例 |
| 20170618 | ☐ | | 执行方案 | 20170618 | 20170618 | 2017-06-16 00:00:00 | 三公调度 | | 序成本最小 | 按容量分配 | 按照可发电比例 |
| 20170617 | ☐ | | 执行方案 | 20170617 | 20170617 | 2017-06-16 00:00:00 | 三公调度 | | 序成本最小 | 按容量分配 | 按照可发电比例 |

图 5-16　日前发电计划方案管理

（2）日内发电计划。由于机组临时启停、负荷预测存在偏差等原因，电网实际运行情况与日前计划安排往往存在一定差异。这种差异导致无法完全执行日前发电计划，需要根据电网变化情况对发电计划进行调整、修正。日内发电计划编制范围为未来 4h 机组组合计划和出力计划。日内发电计划编制与日前计划类似，相关日前数据调整为日内数据，根据检修计划、交换计划、超短期负荷预测、网络拓扑、机组发电能力和电站申报等信息的日内变化，综合考虑系统平衡约束、电网安全约束和机组运行约束，滚动修正日前发电计划。日内发电计划数据交互流程如图 5－17 所示。

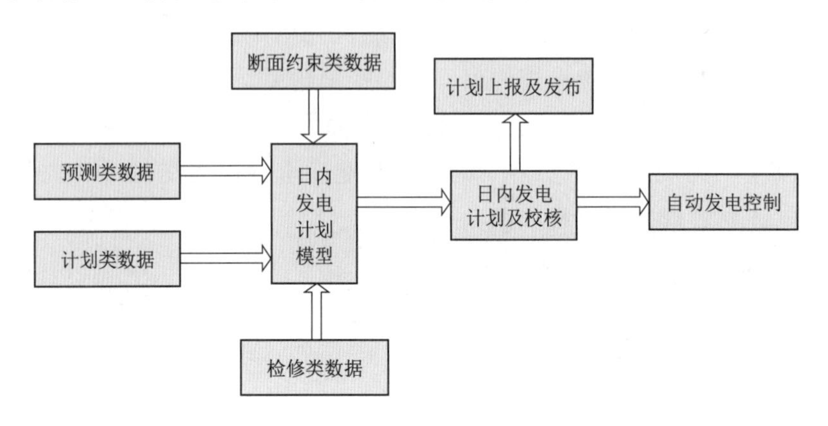


图 5－17　日内发电计划数据交互流程图

日内发电计划编制范围为未来 1h 至数小时每个时段的机组组合计划和出力计划。某电站日内发电计划展示如图 5－18 所示。

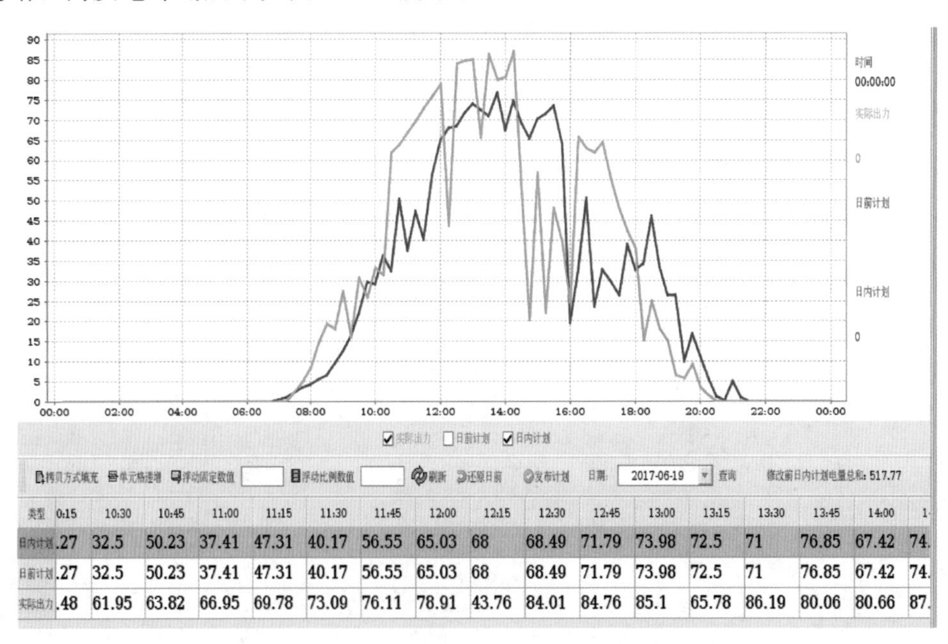


| 类型 | 0:15 | 10:30 | 10:45 | 11:00 | 11:15 | 11:30 | 11:45 | 12:00 | 12:15 | 12:30 | 12:45 | 13:00 | 13:15 | 13:30 | 13:45 | 14:00 | 1- |
|---|---|---|---|---|---|---|---|---|---|---|---|---|---|---|---|---|---|
| 日内计划 | .27 | 32.5 | 50.23 | 37.41 | 47.31 | 40.17 | 56.55 | 65.03 | 68 | 68.49 | 71.79 | 73.98 | 72.5 | 71 | 76.85 | 67.42 | 74. |
| 日前计划 | .27 | 32.5 | 50.23 | 37.41 | 47.31 | 40.17 | 56.55 | 65.03 | 68 | 68.49 | 71.79 | 73.98 | 72.5 | 71 | 76.85 | 67.42 | 74. |
| 实际出力 | .48 | 61.95 | 63.82 | 66.95 | 69.78 | 73.09 | 76.11 | 78.91 | 43.76 | 84.01 | 84.76 | 85.1 | 65.78 | 86.19 | 80.06 | 80.66 | 87. |

图 5－18　某电站日内发电计划展示

（3）静态安全校核。电网同步静态安全校核是通过对电网未来运行断面的基态潮流、静态安全、短路电流、灵敏度等进行计算分析，发现未来电网运行的危险点，以指导电网日前调度计划安排相关工作，确保调度计划安排的合理性。静态安全校核功能基于“统一模型、统一数据、联合校核，全局预控”的原则，以全网统一模型、统一基础数据为基础，通过联络线交换功率控制方法，开展电网基态潮流计算、静态安全分析、短路电流计算以及灵敏度计算等工作。静态安全校核越限查看如图5-19所示。

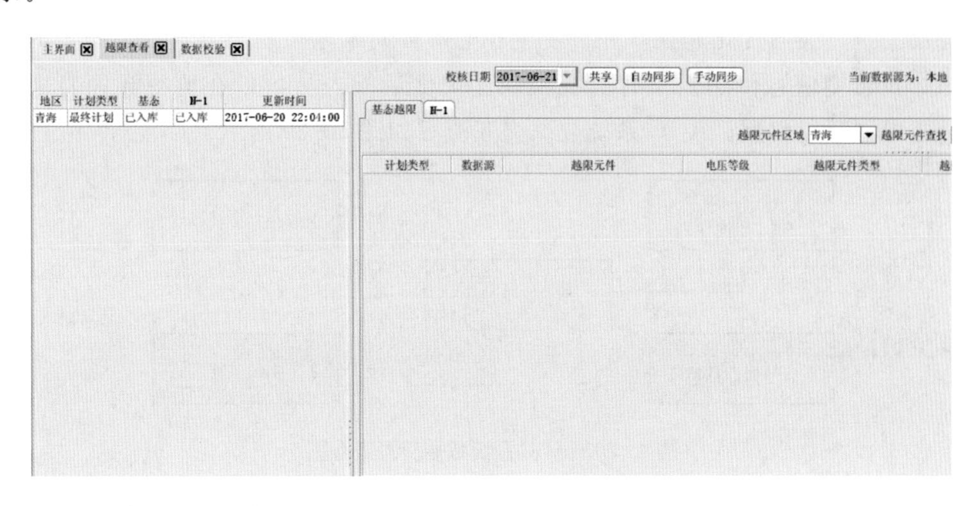


图5-19 静态安全校核越限查看

3. 实施效果

2012年，青海电网完成调度计划及校核系统部署。通过深入开展系统功能实用化，充分了解各类电源在经济、环保、安全等方面的出力约束条件，准确掌握机组检修情况和电网停电计划，制定符合实际计划的优先顺序和策略，系统运行指标逐步提升，发电计划执行率和量化安全校核准确率均达95%以上。调度计划及校核系统长期稳定运行，对实现青海电网水、火、风、光资源优化配置，电网安全性和经济性的协调统一具有重要意义。

#### 5.1.2.3 创新电网调度自动控制系统

在电力系统中，电网频率和电压是两个至关重要的指标，也是反映电网有功功率和无功功率是否平衡的重要参数。为了保证供电质量，确保电力系统的安全稳定运行，必须采取一定手段对电网电压和频率进行自动控制。自动发电控制（Automatic Generation Control，AGC）和自动电压控制（Automatic Voltage Control，AVC）是当前电力系统实现电网频率、电压控制的重要技术手段。青海电网自主创新研发国际首套新能源实时柔性功率控制系统，实现了对新能源断面输送空间的最大化利用和新能源最大化消纳，首次提出并实践新能源电站纳入全网自动电压控制的理念，为新能源电站并网安全运行控制提供了宝贵经验。

1. 新能源实时有功发电功率控制系统

随着电力调度精益化要求的不断提高，常规功率控制系统策略已不能满足大规模新能源并网调度的要求。2015 年青海电网结合柔性功率控制系统研发成果，对 AGC 系统进行改造升级，形成了具备柔性控制功能的新一代 AGC 系统，解决了受限断面未充分利用的问题，充分挖掘电网对新能源发电的消纳能力。

（1）系统数据交互。新一代 AGC 系统以发电计划、实时出力和断面有功功率等为基础数据源，以所有断面送电最大化为控制目标，根据输电断面富裕度，对多种类型电源出力进行实时优化调整，并下发至各电站自动发电控制子系统执行；同时，将下发指令及告警信息传送至实时监视模块。调度运行人员可以在监视界面直观地浏览、分析电网运行情况。AGC 系统数据交互流程如图 5-20 所示。

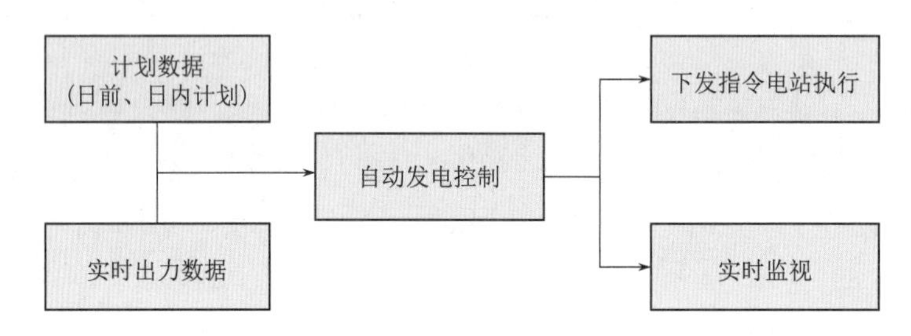


图 5-20　AGC 系统数据交互流程图

（2）系统功能特点。青海电网新一代 AGC 系统将常规 AGC 系统扩展为两个子模块，包括新能源 AGC 系统和常规能源 AGC 系统，既具备各自独立的控制功能，又具备协调联合控制能力。系统根据水、火、风、光等能源的互补特性以及电网运行状态设计合理的调节策略，通过常规 AGC 系统与新能源 AGC 系统信息实时交互，实现多能源协调自动控制。在新能源发电波动时，AGC 系统及时调节常规能源发电出力，快速平抑新能源有功扰动对电网的影响。在对常规机组进行调节时，充分结合电网新能源功率变化量，合理分配常规机组调节量，避免常规机组由于新能源功率波动而频繁调节，减少常规机组的调节滞后性，提高电网安全经济运行水平。

1）新能源 AGC 系统功能。系统以新能源最大接纳能力和各断面安全限值为控制目标，实时探测和转移各新能源电站发电能力，结合各电站计划曲线和电量完成情况及时调整分配发电权重，完成电站交易计划，最大化接纳新能源。

当大规模新能源功率送出网络的底层断面受限，全网对新能源仍有接纳空间时，系统自动将其受限部分的调节量转移给其他有送出空间的断面，最大限度地减少弃风弃光现象。当受限断面内的新能源电站因所在地区天气变化而影响其发电能力时，及时增加其他有发电能力电站的功率。在一个控制周期内，对各电站的控制目标进行迭代计算，待发电能力提升后，被转移的调节量将自动偿还，保证最终的指令值既能满足所有断面的安全约束，又能使所有电站的发电能力得以充分利用。青海新能源 AGC 系统监视界面如图 5-21 所示。

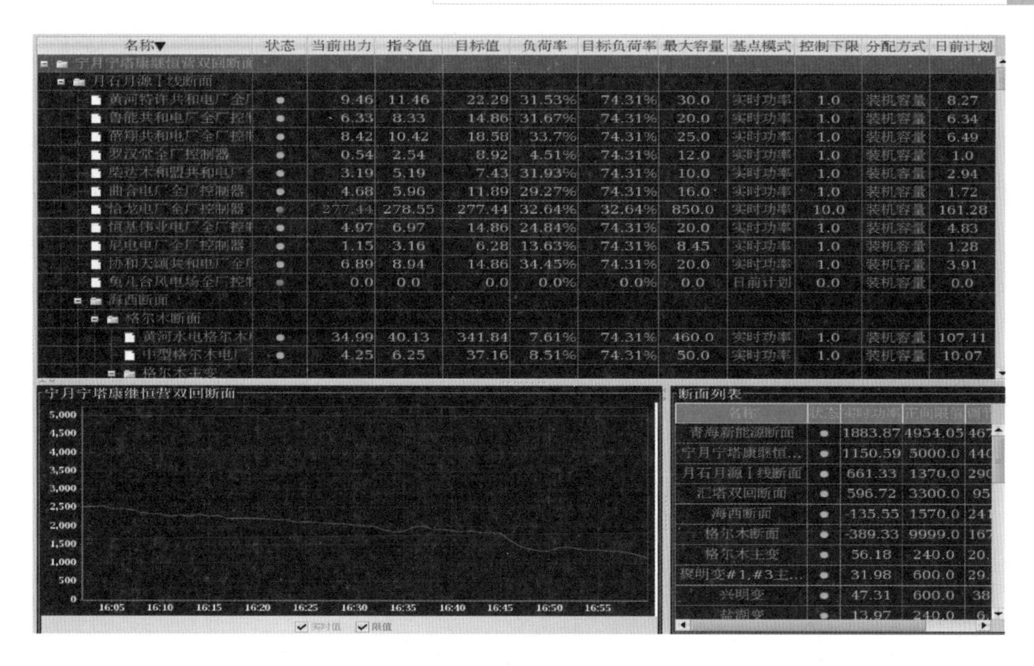


图 5-21　青海新能源 AGC 系统监视界面

2）常规能源 AGC 系统功能。青海电网的常规能源 AGC 系统以联络线和频率控制为对象，兼顾相关断面安全约束和各水电厂上下游实时水位，实现水火自动协调控制。AGC 系统运行监视通过数据采集及监视控制（SCADA）系统检索所有需要的模拟和状态量测值，检查数据质量标志，实时监视各电厂出力及控制器数据等，并对异常数据做到实时判断和告警，便于电网运行人员及时发现和处理。青海常规能源 AGC 系统运行监视界面如图 5-22 所示。

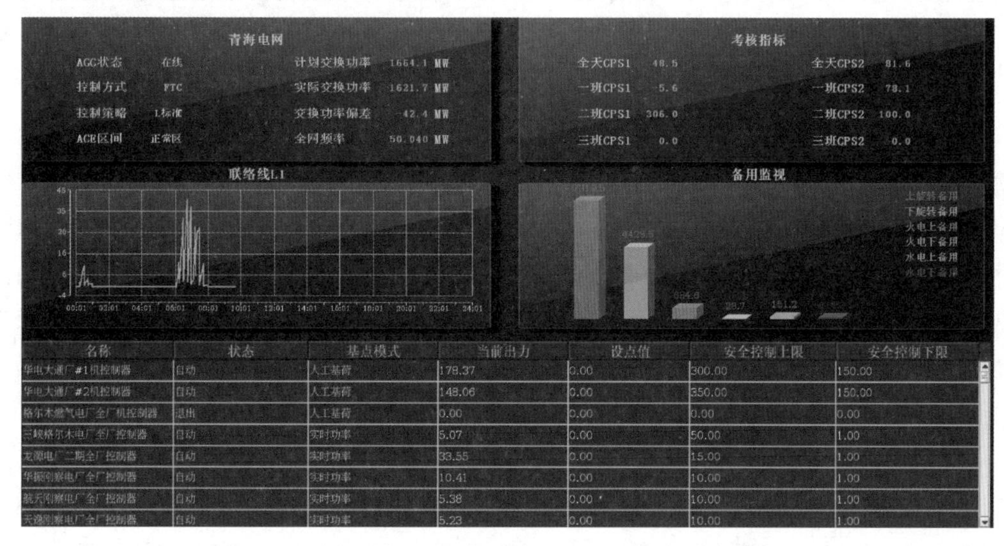


图 5-22　青海常规能源 AGC 系统运行监视界面

(3) 实施效果。截至2017年5月，青海电网可参与AGC系统调节的常规水火电厂13座，光伏电站212座，风电场23座，实现了集中式并网新能源电站AGC系统覆盖率100%。如图5-23所示，以某新能源送出断面为例，当新能源实际发电能力大于日前计划值，AGC系统将根据当前断面裕度自动增发新能源，保证了新能源消纳能力的最大化。根据统计，青海新能源柔性功率控制系统上线后，在大幅减轻运行人员工作量的同时，新能源消纳水平提升10%以上。

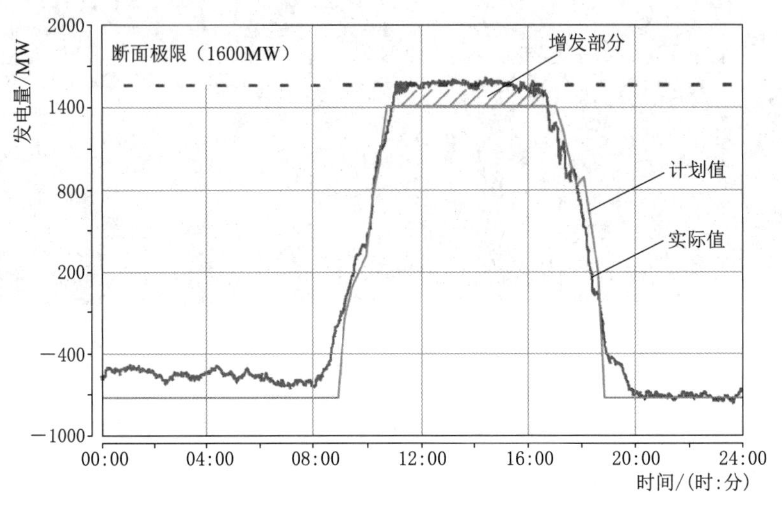


图5-23 某新能源送出断面实际曲线

2. 涵盖新能源电站的自动电压控制（AVC）系统

为应对大规模新能源电站并网后给电网带来的电压问题，2014年，青海电网建成涵盖新能源电站的AVC系统。系统采用多层多级的电压控制技术，充分利用各种无功资源，实现了电压安全优质、无功功率分布合理及系统网损最小，是目前世界上最大的新能源AVC系统。

(1) 系统数据交互。涵盖新能源的AVC系统主站采用基于软分区的三级电压控制技术。三级控制采用无功优化最优潮流计算，确定电网整体电压优化控制目标。二级控制为分区解耦控制，利用无功分区平衡特性，将电网划分为若干解耦分区，通过控制分区内光伏电站的无功设备，追踪三级控制确定的优化目标。一级控制在电站端的监控系统等执行机构中实现。一级控制部署在新能源电站的AVC子站中，二级控制和三级控制均部署在控制中心的AVC主站中，通过不同周期实现递阶计算。涵盖新能源电站的AVC系统总体架构如图5-24所示。

AVC系统从SCADA中获取电网实时数据，从状态估计模块获取电网模型建立控制模型和母线电压限值曲线，计算出遥控、遥调等控制指令，通过前置机下发到电厂和变电站，AVC子站同步与上级AVC系统进行数据交互，实现协调控制。AVC系统数据交互流程如图5-25所示。

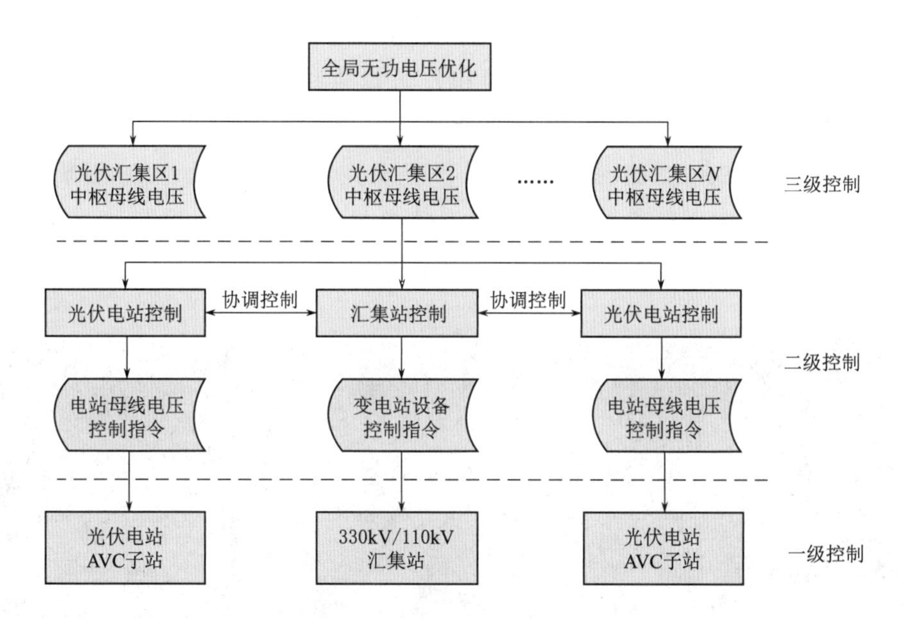


图5-24　涵盖新能源电站的AVC系统总体架构

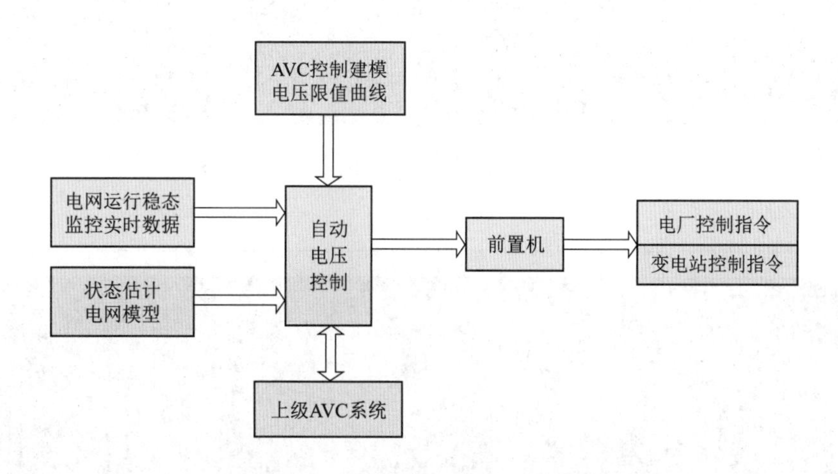


图5-25　AVC系统数据交互流程图

(2) 系统功能特点。针对青海电网新能源电站集中并网的特点，在传统AVC系统控制的基础上，实现了新能源电站汇集区的电压控制功能。

1) 电压敏捷协调控制。在二级电压控制中，将每个大规模新能源汇集区作为二级控制分区，选择分区中新能源汇集站的母线作为分区的中枢母线，其控制目标来自三级控制确定的全局无功优化计算。分区中的控制手段为汇集站内的静态、动态无功补偿设备以及区域内的新能源电站，采用协调的二级电压控制模型(CSVC)计算分区电压无功控制策略，在分区中枢母线达到优化目标时，考虑区域内多种特性无功资源的协同。一方面考虑区域内新能源电站无功出力的均衡，另一方面考虑上级汇集站无功资源与下级新能源电站的配合，优先利用新能源电站自身无功调节的能力，为新能源并网和外送提供稳定的电压支撑；同时，系统实时监测新能源汇集区的有功发电趋势变化，当新能源发电出现较大幅度间歇波动时，可以自动加快对新能源电站计算和下发控制指令，适应新能源的间歇变化。AVC系统主站中对新能源汇集站和光伏电站的无功电压控制监视图如图5-26、图5-27所示。

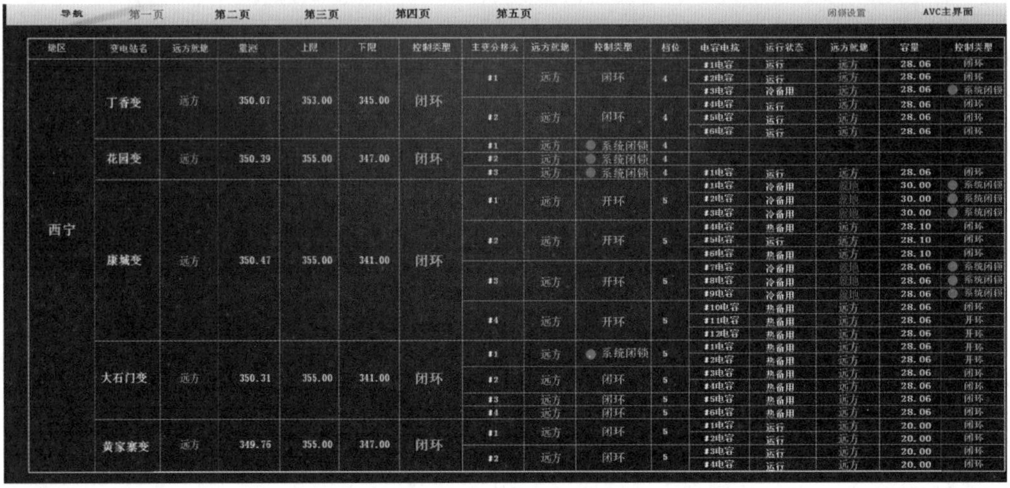

导航　第一页　第二页　第三页　第四页　第五页　闭锁设置　AVC主界面

| 地区 | 变电站名 | 远方就地 | 量测 | 上限 | 下限 | 控制类型 | 主变分接头 | 远方就地 | 控制类型 | 档位 | 电容电抗 | 运行状态 | 远方就地 | 容量 | 控制类型 |
|---|---|---|---|---|---|---|---|---|---|---|---|---|---|---|---|
| 西宁 | 丁香变 | 远方 | 350.07 | 353.00 | 345.00 | 闭环 | #1 | 远方 | 闭环 | 4 | #1电容 | 运行 | 远方 | 28.06 | 闭环 |
| | | | | | | | | | | | #2电容 | 运行 | 远方 | 28.06 | 闭环 |
| | | | | | | | | | | | #3电容 | 冷备用 | 远方 | 28.06 | 系统闭锁 |
| | | | | | | | #2 | 远方 | 闭环 | 4 | #4电容 | 运行 | 远方 | 28.06 | 闭环 |
| | | | | | | | | | | | #5电容 | 运行 | 远方 | 28.06 | 闭环 |
| | | | | | | | | | | | #6电容 | 运行 | 远方 | 28.06 | 闭环 |
| | 花园变 | 远方 | 350.39 | 355.00 | 347.00 | 闭环 | #1 | 远方 | 系统闭锁 | 4 | | | | | |
| | | | | | | | #2 | 远方 | 系统闭锁 | 4 | | | | | |
| | | | | | | | #3 | 远方 | 系统闭锁 | 4 | #1电容 | 运行 | 远方 | 28.06 | 闭环 |
| | 康城变 | 远方 | 350.47 | 355.00 | 341.00 | 闭环 | #1 | 远方 | 开环 | 5 | #1电容 | 冷备用 | 就地 | 30.00 | 系统闭锁 |
| | | | | | | | | | | | #2电容 | 冷备用 | 就地 | 30.00 | 系统闭锁 |
| | | | | | | | | | | | #3电容 | 冷备用 | 就地 | 30.00 | 系统闭锁 |
| | | | | | | | #2 | 远方 | 开环 | 5 | #4电容 | 热备用 | 远方 | 28.10 | 闭环 |
| | | | | | | | | | | | #5电容 | 运行 | 远方 | 28.10 | 闭环 |
| | | | | | | | | | | | #6电容 | 热备用 | 远方 | 28.10 | 闭环 |
| | | | | | | | #3 | 远方 | 开环 | 5 | #7电容 | 冷备用 | 就地 | 28.06 | 系统闭锁 |
| | | | | | | | | | | | #8电容 | 冷备用 | 就地 | 28.06 | 系统闭锁 |
| | | | | | | | | | | | #9电容 | 冷备用 | 就地 | 28.06 | 系统闭锁 |
| | | | | | | | #4 | 远方 | 开环 | 5 | #10电容 | 热备用 | 远方 | 28.06 | 闭环 |
| | | | | | | | | | | | #11电容 | 热备用 | 远方 | 28.06 | 开环 |
| | | | | | | | | | | | #12电容 | 热备用 | 远方 | 28.06 | 开环 |
| | 大石门变 | 远方 | 350.31 | 355.00 | 341.00 | 闭环 | #1 | 远方 | 系统闭锁 | 5 | #1电容 | 热备用 | 远方 | 28.06 | 开环 |
| | | | | | | | | | | | #2电容 | 热备用 | 远方 | 28.06 | 开环 |
| | | | | | | | #2 | 远方 | 闭环 | 5 | #3电容 | 热备用 | 远方 | 28.06 | 闭环 |
| | | | | | | | | | | | #4电容 | 热备用 | 远方 | 28.06 | 闭环 |
| | | | | | | | #3 | 远方 | 闭环 | 5 | #5电容 | 热备用 | 远方 | 28.06 | 闭环 |
| | | | | | | | #4 | 远方 | 闭环 | 5 | #6电容 | 热备用 | 远方 | 28.06 | 闭环 |
| | 黄家寨变 | 远方 | 349.76 | 355.00 | 347.00 | 闭环 | #1 | 远方 | 闭环 | 5 | #1电容 | 运行 | 远方 | 20.00 | 闭环 |
| | | | | | | | | | | | #2电容 | 运行 | 远方 | 20.00 | 闭环 |
| | | | | | | | #2 | 远方 | 闭环 | 5 | #3电容 | 运行 | 远方 | 20.00 | 闭环 |
| | | | | | | | | | | | #4电容 | 运行 | 远方 | 20.00 | 闭环 |

图5-26　新能源汇集站无功电压控制监视图

导航　AVC主界面　下一页

| 水火电 | 电厂 | 远方就地 | 投入退出 | 控制模式 | 量测 | 设定值 | 上限 | 下限 | 机组 | 机组投退 | 机组增磁闭锁 | 机组减磁闭锁 | 机组无功 |
|---|---|---|---|---|---|---|---|---|---|---|---|---|---|
| 水电 | 金沙峡 | 远方 | 退出 | 闭锁 | 116.42 | 117.00 | 118.00 | 114.00 | #1 | | 否 | 否 | -0.00 |
| | | | | | | | | | #2 | | 否 | 否 | 0.00 |
| | | | | | | | | | #3 | | 否 | 否 | -0.00 |
| | | | | | | | | | #4 | | 否 | 否 | -0.00 |
| | 康扬 | 远方 | 投入 | 闭环 | 117.59 | 117.40 | 118.00 | 114.00 | #1 | | 否 | 否 | 6.99 |
| | | | | | | | | | #2 | | 否 | 否 | 7.15 |
| | | | | | | | | | #3 | | 否 | 否 | 6.93 |
| | | | | | | | | | #4 | | 否 | 是 | 7.20 |
| | | | | | | | | | #5 | | 否 | 否 | 0.00 |
| | | | | | | | | | #6 | | 否 | 否 | 7.22 |
| | | | | | | | | | #7 | | 否 | 否 | 0.00 |
| | 尼那 | 远方 | 投入 | 闭环 | 116.83 | 116.50 | 117.50 | 115.00 | #1 | | 否 | 否 | -6.42 |
| | | | | | | | | | #2 | | 否 | 否 | 0.04 |
| | | | | | | | | | #3 | | 否 | 否 | 0.00 |
| | | | | | | | | | #4 | | 否 | 否 | -6.40 |
| | 青岗峡 | 远方 | 投入 | 闭环 | 119.03 | 117.42 | 119.00 | 115.00 | #1 | | 否 | 否 | -0.01 |
| | | | | | | | | | #2 | | 否 | 否 | 0.00 |
| | | | | | | | | | #3 | | 否 | 否 | -0.09 |
| | | | | | | | | | #4 | | 否 | 否 | 0.25 |
| | 班多 | 远方 | 投入 | 闭环 | 345.44 | 347.00 | 348.00 | 338.00 | #1 | | 否 | 否 | 32.50 |
| | | | | | | | | | #2 | | 否 | 否 | -0.46 |
| | | | | | | | | | #3 | | 是 | 否 | 33.09 |
| | 黄丰 | 就地 | 退出 | 开环 | 351.70 | 353.18 | 357.00 | 343.00 | #1 | | 否 | 否 | 2.10 |
| | | | | | | | | | #2 | | 否 | 否 | 2.86 |
| | | | | | | | | | #3 | | 否 | 否 | 0.00 |
| | | | | | | | | | #4 | | 否 | 否 | 1.93 |
| | | | | | | | | | #5 | | 否 | 否 | 1.45 |
| | 直岗拉卡 | 远方 | 投入 | 闭环 | 116.74 | 116.74 | 118.00 | 114.00 | #1 | | 是 | 否 | 10.60 |
| | | | | | | | | | #2 | | 否 | 否 | 0.00 |
| | | | | | | | | | #3 | | 否 | 否 | 0.10 |
| | | | | | | | | | #4 | | 是 | 否 | 11.00 |
| | | | | | | | | | #5 | | 是 | 否 | 10.90 |

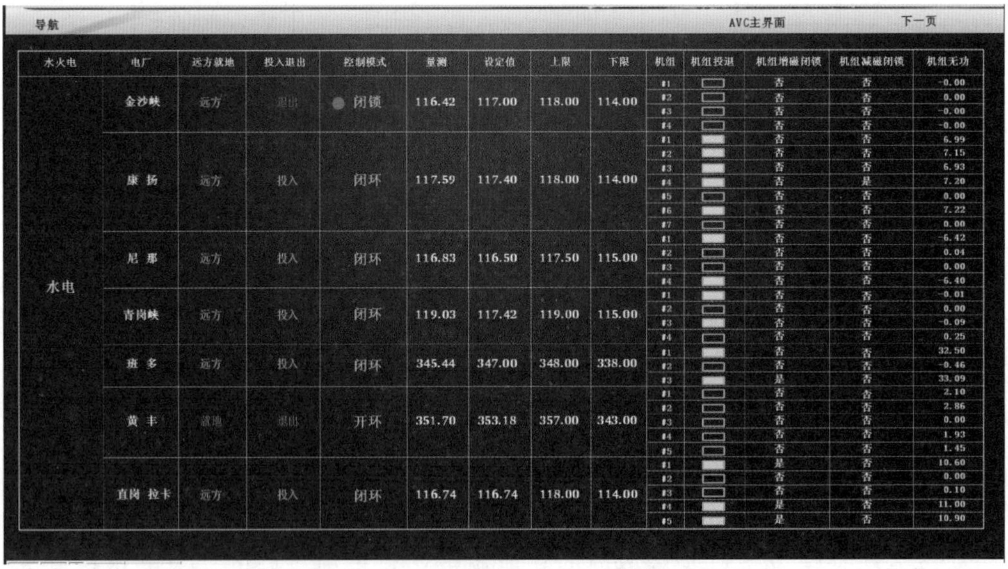

图5-27　光伏电站无功电压控制监视图

2）无功资源协调控制。为了实现对新能源电站无功出力的快速控制，通过在新能源电站内建设 AVC 子站，协调控制电站内多种无功资源。子站的控制目标包括满足主站下发的并网点电压指令、保证场内逆变器和风电机组机端电压正常、优化电站内无功流动，充分利用逆变器自身的调节能力，保证动态无功设备预留合理的调节裕度。

3）在线电压安全域评估。青海电网光伏发电汇集区域潮流变化较快，并且由于汇集区域缺乏常规发电机的支撑，区内电网设备 $N-1$ 故障容易造成电网运行状态的较大变化，使得电网运行在“正常时安全，$N-1$ 时越限”，当出现故障后，可能造成新能源电站连锁脱网等故障扩大的情况。对此，青海电网 AVC 系统首次采用了面向大规模光伏汇集区域电网的电压安全域在线自动评估技术，通过在线快速计算新能源汇集区与预想的 $N-1$ 故障对区域电网电压影响，评估计算区域中枢母线和新能源电站并网母线的电压安全域，确保当前及预想 $N-1$ 情况下的电压安全，并将电压安全域应用于三级控制和二级控制中，确保大规模新能源并网区域电网处于安全运行的状态，有效降低了电网出现新能源电站大规模连锁脱网的风险。图 5－28 和图 5－29 为光伏汇集区域的电压安全域在线评估监视图和电压安全域计算结果。

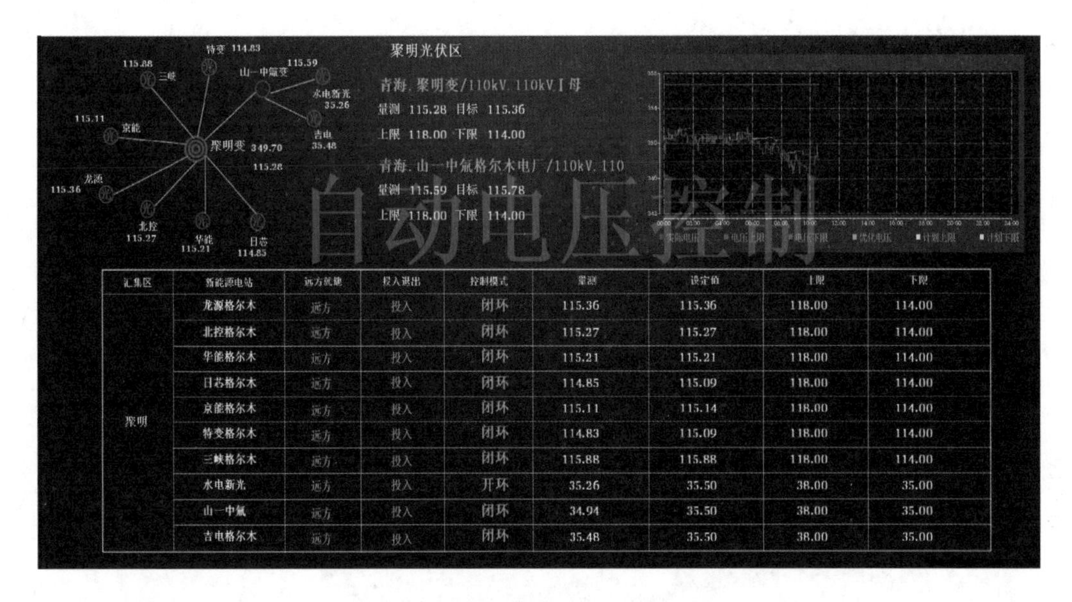


| 汇集区 | 新能源电站 | 远方就地 | 投入退出 | 控制模式 | 量测 | 设定值 | 上限 | 下限 |
|---|---|---|---|---|---|---|---|---|
| 聚明 | 龙源格尔木 | 远方 | 投入 | 闭环 | 115.36 | 115.36 | 118.00 | 114.00 |
| | 北控格尔木 | 远方 | 投入 | 闭环 | 115.27 | 115.27 | 118.00 | 114.00 |
| | 华能格尔木 | 远方 | 投入 | 闭环 | 115.21 | 115.21 | 118.00 | 114.00 |
| | 日芯格尔木 | 远方 | 投入 | 闭环 | 114.85 | 115.09 | 118.00 | 114.00 |
| | 京能格尔木 | 远方 | 投入 | 闭环 | 115.11 | 115.14 | 118.00 | 114.00 |
| | 特变格尔木 | 远方 | 投入 | 闭环 | 114.83 | 115.09 | 118.00 | 114.00 |
| | 三峡格尔木 | 远方 | 投入 | 闭环 | 115.88 | 115.88 | 118.00 | 114.00 |
| | 水电新光 | 远方 | 投入 | 开环 | 35.26 | 35.50 | 38.00 | 35.00 |
| | 山一中氰 | 远方 | 投入 | 闭环 | 34.94 | 35.50 | 38.00 | 35.00 |
| | 吉电格尔木 | 远方 | 投入 | 闭环 | 35.48 | 35.50 | 38.00 | 35.00 |

图 5－28　光伏汇集区域电压安全域在线评估监视图

（3）实施效果。青海电网新能源电站 AVC 系统配置率达 100%，闭环控制率 90%以上，主网电压合格率始终保持 100%，设备人为操作次数降低 80%以上，无功设备可用率提至 100%。图 5－30 和图 5－31 分别是某典型光伏电站投入闭环控制前后的电压对比曲线，可以明显看出，闭环后电站并网点电压更平稳。

| | 厂站名称 | 电压实时值 | 电压设定值 | 电压安全上限 | 电压安全下限 |
|---|---|---|---|---|---|
| 1 | 青海.中利腾晖三期电站/110kV.Ⅰ母 | 114.92 | 114.92 | 118.00 | 114.00 |
| 2 | 青海.巴音变/110kV.Ⅰ母 | 113.76 | 113.76 | 117.00 | 114.00 |
| 3 | 青海.巴音变/110kV.Ⅱ母 | 113.41 | 113.41 | 117.00 | 114.00 |
| 4 | 青海.巴音变/110kV.Ⅲ母 | 113.76 | 113.76 | 117.00 | 114.00 |
| 5 | 青海.巴音变/110kV.Ⅳ母 | 113.37 | 113.37 | 117.00 | 114.00 |
| 6 | 青海.巴音变/330kV.Ⅰ母 | 353.07 | 353.07 | 347.00 | 341.00 |
| 7 | 青海.巴音变/330kV.Ⅱ母 | 351.72 | 351.72 | 347.00 | 341.00 |
| 8 | 青海.巴音变/330kV.Ⅲ母 | 353.36 | 353.36 | 347.00 | 341.00 |
| 9 | 青海.巴音变/330kV.Ⅳ母 | 351.62 | 351.62 | 347.00 | 341.00 |
| 10 | 青海.白鹿德令哈光伏电厂/110kV.Ⅰ母 | 115.48 | 115.48 | 116.00 | 113.00 |
| 11 | 青海.柏树变/110kV.Ⅱ母 | 116.16 | 114.05 | 116.36 | 114.27 |
| 12 | 青海.柏树变/110kV.Ⅳ母 | 116.07 | 113.96 | 116.36 | 114.27 |
| 13 | 青海.百科德令哈电厂/110kV.Ⅰ母 | 116.42 | 113.73 | 117.36 | 114.27 |
| 14 | 青海.大唐德令哈电厂/110kV.Ⅰ母 | 116.40 | 114.22 | 117.36 | 114.27 |
| 15 | 青海.国电德令哈电厂/110kV.Ⅰ母 | 115.76 | 114.37 | 117.36 | 114.27 |
| 16 | 青海.华电运营德令哈光伏电厂/110kV.Ⅰ母 | 117.50 | 117.50 | 116.00 | 113.00 |
| 17 | 青海.力诺齐哈德令哈电厂/110kV.Ⅰ母 | 116.08 | 113.87 | 117.36 | 114.32 |
| 18 | 青海.努尔德令哈风电场/110kV.Ⅰ母 | 112.35 | 112.35 | 117.00 | 114.00 |
| 19 | 青海.瑞启达电厂/110kV.Ⅰ母 | 116.14 | 113.80 | 117.36 | 114.27 |
| 20 | 青海.协合德令哈电厂/110kV.Ⅰ母 | 116.19 | 113.66 | 117.36 | 114.27 |
| 21 | 青海.中型蓄积电厂/110kV.Ⅰ母 | 116.43 | 115.11 | 117.37 | 114.27 |

图 5-29　光伏汇集区域电压安全域计算结果

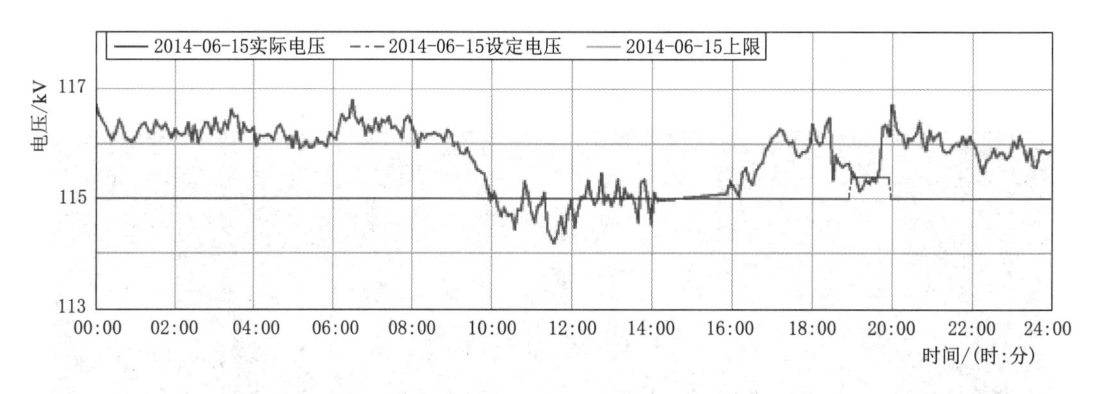


图 5-30　某典型光伏电站 110kV 母线电压闭环前曲线

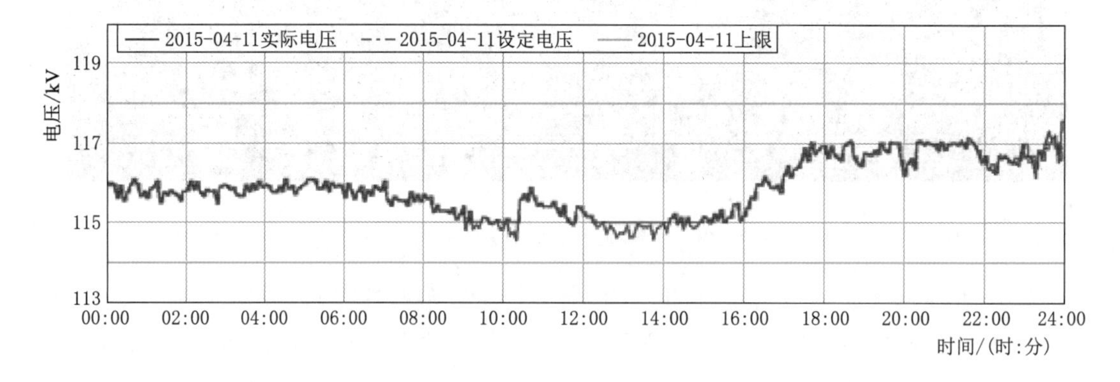


图 5-31　某典型光伏电站 110kV 母线电压闭环后曲线

### 5.1.2.4 完善实时监控系统

实时监控系统对电力系统负荷、水电站及新能源电站的发电与运行情况展开实时监视，调整实时电量交易计划，确保清洁能源出力始终高于全网用电量，进而实现持续全清洁能源供电。

实时监控系统将火电厂、水电站、新能源电站或变电站远动设备的站内遥测、遥信信息通过传输网上送至调度端，调度端对接收到的数据进行规约转换、滤波、越限检查等处理，最后以人机界面形式向调度监控人员予以实时展示。厂站端则接收主站端下发的自动控制命令，调整发电机功率。实时监视的数据交互流程如图 5-32 所示。

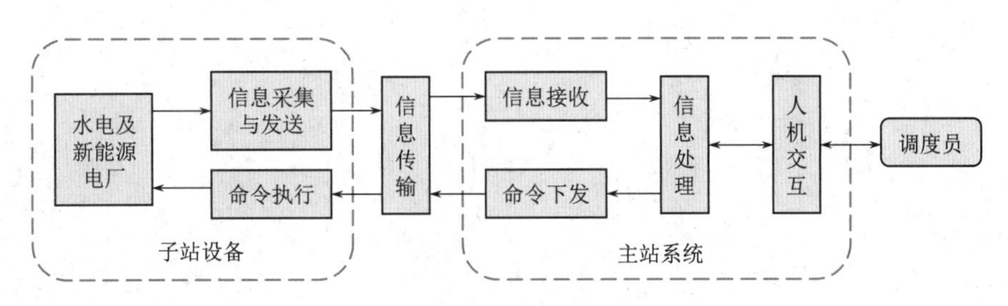


图 5-32　实时监控的数据交互流程

实时监控主要面向稳态运行的电网，即对处于正常的、相对静止运行状态的电力系统展开监视和控制，其功能可细分为数据处理、系统监视、数据记录以及操作与控制四方面。

1. 数据处理

数据处理模块提供模拟量、状态量、非实测数据、计划值、点多源处理、数据质量码等信息的处理，并具有自动旁路代替、自动对端代替、自动平衡率计算、计算及统计等功能。

（1）模拟量处理。模拟量主要为一次设备（线路、主变压器、母线、发电机等）的有功、无功、电流、电压值以及主变挡位、频率等。系统自动对模拟量进行合理性检查及过滤、零漂处理、限值检查、跳变检查等处理，当存在丢失的或不正确的数据时实现人工输入值替代。

（2）状态量处理。状态量包括开关量和多状态的数字量，具体为断路器位置、隔离开关位置、接地开关位置、保护硬接点状态以及 AGC 远方投退信号、一次调频状态信号等其他各种信号量。系统对状态量完成滤除误遥信及抖动遥信等处理。

（3）非实测数据处理。非直接采集的数据称为非实测数据，可能由人工输入，也可能是通过计算得到，两者分别有各自的质量码。除此以外，非实测数据与实测数据应具备相同的数据处理功能。

（4）计划值处理。从外部系统或调度计划类应用获取调度计划实现实时监视、统计计算等处理，自动计算计划当前值和实时值的差值，用于追踪计划的执行情况。光伏发电监视表（图 5 - 33）用于调度人员对调管范围内所有光伏电站的实际出力、计划出力以及两者的偏差进行监视。

光伏发电监视表

火电 水电 新能源 联络线监视

1 2 3 4 5

| 地区 | 序号 | 厂站名 | 容量 | 计划值 | 实际值 | 偏差 |
|---|---|---|---|---|---|---|
| 格尔木 | 1 | 省投格尔木一期 | 5 | 2.44 | 2.43 | -0.01 |
| | 2 | 省投格尔木二期 | 10 | 4.06 | 3.13 | -0.92 |
| | 3 | 神光格尔木一期 | 3 | 1.38 | 1.42 | 0.05 |
| | 4 | 神光格尔木二期 | 50 | 27.42 | 0.14 | -27.28 |
| | 5 | 阳光佑华格尔木 | 20 | 7.76 | 6.41 | -1.35 |
| | 6 | 阳光[illegible]格尔木 | 20 | 9.16 | 6.59 | -2.56 |
| | 7 | 百科格尔木 | 10 | 5.96 | 3.73 | -2.23 |
| | 8 | 钧石格尔木 | 10 | 3.83 | 3.08 | -0.75 |
| | 9 | 赛维格尔木 | 10 | 5.08 | 3.80 | -1.28 |
| | 10 | 华能I期格尔木 | 20 | 9.27 | 6.39 | -2.89 |
| | 11 | 国投华靖一期 | 50 | 10.14 | 6.42 | -3.72 |
| | 12 | 国投华靖二期 | | 13.92 | 9.63 | -4.28 |
| | 13 | 力腾格尔木一期 | 5 | 0.0 | 0.0 | 0.0 |
| | 14 | 龙源格尔木一期 | 20 | 10.50 | 7.55 | -2.95 |
| | 15 | 龙源II III IV期格尔木 | 70 | 33.39 | 25.82 | -7.56 |
| | 16 | 三峡格尔木一期 | 10 | 4.39 | 3.81 | -0.58 |
| | 17 | 三峡格尔木二期 | 40 | 15.79 | 14.87 | -0.92 |
| | 18 | 大唐国际格尔木 | 40 | 20.56 | 15.69 | -4.87 |
| | 19 | 京能格尔木IV期 | 20 | 11.43 | 7.31 | -4.12 |

| 地区 | 序号 | 厂站名 | 容量 | 计划值 | 实际值 | 偏差 |
|---|---|---|---|---|---|---|
| 格尔木 | 20 | 山一中[illegible]格尔木 | 50 | 26.53 | 19.61 | -6.93 |
| | 21 | 吉电格尔木 | 40 | 18.12 | 15.95 | -2.17 |
| | 22 | 水电新光格尔木 | 70 | 38.07 | 29.00 | -9.09 |
| | 23 | 京能格尔木 | 60 | 25.37 | 23.38 | -1.99 |
| | 24 | 国电电力格尔木 | 30 | 11.72 | 9.95 | -1.76 |
| | 25 | 华电[illegible]格尔木 | 30 | 15.11 | 9.65 | -5.51 |
| | 26 | 正泰格尔木 | 40 | 18.72 | 13.35 | -5.42 |
| | 27 | 大唐山东格尔木 | 40 | 17.82 | 13.85 | -4.06 |
| | 28 | 华能II III IV期格尔木 | 115 | 49.43 | 38.72 | -10.71 |
| | 29 | 北控格尔木 | 90 | 46.41 | 30.04 | -16.37 |
| | 30 | 润峰格尔木 | 20 | 9.71 | 7.92 | -1.79 |
| | 31 | 特变[illegible]格尔木 | 20 | 9.35 | 7.49 | -1.87 |
| | 32 | 国电[illegible]格尔木 | 60 | 23.93 | 20.88 | -3.05 |
| | 33 | 力腾格尔木二期 | 20 | 9.15 | 6.18 | -2.97 |
| | 34 | 力腾格尔木三期 | 20 | 9.65 | 6.47 | -3.19 |
| | 35 | 力腾格尔木四期 | 20 | 9.15 | 6.41 | -2.74 |
| | 36 | 日芯格尔木 | 60 | 28.71 | 0.00 | -28.71 |
| | 37 | 黄河格尔木 | 460 | 186.48 | 157.91 | -28.57 |
| | 38 | 中[illegible]格尔木 | 50 | 21.06 | 16.52 | -4.54 |

图 5 - 33　光伏发电监视表

（5）点多源处理。通过新能源功率对比曲线实现对全网新能源电站理论超短期预测功率与理论实际功率、超短期预测功率与实际功率的统计、对比、展示，为调度人员调整实时交易计划提供依据。图 5 - 34 所示为新能源功率对比曲线图。

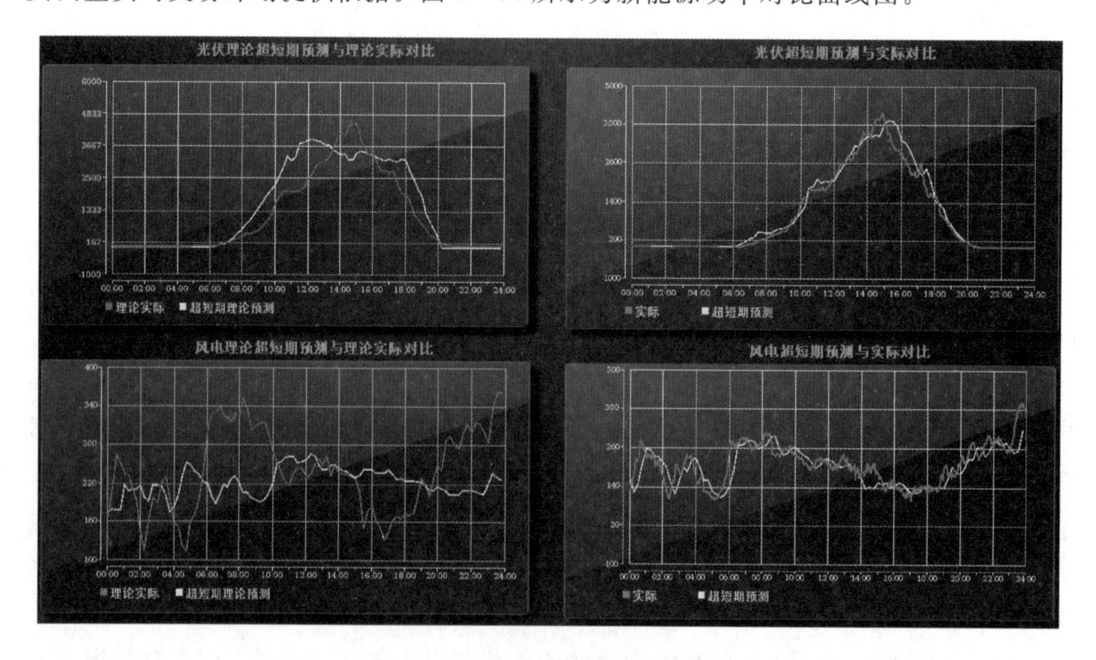


图 5 - 34　新能源功率对比曲线图

（6）数据质量码。对所有模拟量和状态量配置数据质量码，以反映数据的质量状况。图形界面则根据数据质量码以相应的颜色显示数据。数据质量码包含的类别有未初始化数据、不合理数据、计算数据、实测数据、采集中断数据、人工数据、坏数据、可疑数据、采集闭锁数据、控制闭锁数据、替代数据、不刷新数据、越限数据。

（7）自动旁路代替。根据网络拓扑关系（主要根据旁路断路器和被代替回路的旁路隔离开关）判断，以旁路支路的测量值代替被代支路的测量值，作为该点的显示值，并在数据质量码标示旁路代替标志。

（8）自动对端代替。当线路一端测量值无效时，以线路另一端的测量值（该测量值的质量码为有效数据）代替，作为该点的显示值，并在数据质量码标示对端代替。

2. 系统监视

系统监视主要包括电网潮流监视、断面监视、发用电电量监视、广义联络线监视、系统备用监视、电容电抗实际投入容量监视、故障跳闸监视等功能。

（1）电网潮流监视。实现对电网运行工况的监视，监视范围应包括有功、无功、电流、电压、频率及越限，断路器、隔离开关状态及变位等。对全网发电、受电、用电、联络线、总负荷等重要量测及相应的极值和越限情况进行记录和告警提示。

通过地理潮流图、全网光伏电站潮流分布图、电站一次接线图、曲线、列表等人机界面显示当前潮流运行情况，并提供可视化的展示手段，如饼图、棒图、等高线、柱状图、管道图、箭头图等，提升显示效果。

（2）断面监视。断面监视主要用于调度人员和运行方式人员进行自定义的断面潮流在线监视，包括断面定义、断面在线监视、断面越限提示、断面导入等功能，同时断面监视也可作为一种公共服务供其他应用调用。

（3）发用电电量监视。发用电电量监视主要用于调度人员在全清洁能源供电期间对水电出力、风电出力、光伏出力以及系统总负荷进行实时监视和对比分析，确保清洁能源的出力始终满足系统总负荷需要。如图 5-36 所示，绿色部分代表新能源出力、白色部分代表水电出力、黄色部分代表外购的清洁能源电量、红色曲线代表系统总负荷。当水电和新能源出力的和低于全网总负荷时，调度人员便及时调整交易计划，从省外购买清洁能源，从而实现全清洁能源供电。

（4）广义联络线监视。该功能对广义联络线功率、网调下发的广义联络线计划功率以及两者的偏差进行实时监视，确保调度人员能够及时调整广义联络线功率以满足计划要求。图 5-35 所示为青海电网广义联络线功率偏差监视界面。

（5）系统备用监视。系统备用监视通过比较系统备用容量与各种类型的备用需求

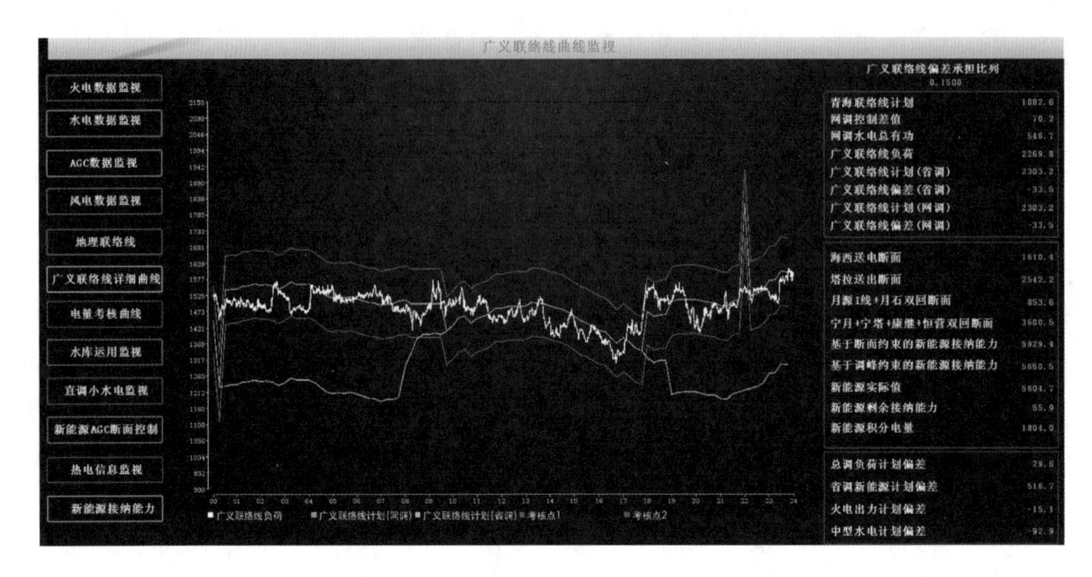


图 5－35　青海电网广义联络线功率偏差监视图

来实现，对有功备用和无功备用进行监视，其中有功备用依据电网实时负荷、发展趋势；无功备用依据电网实时电压情况、变化趋势。

系统备用监视按照预定义的周期进行，能够依据机组当前出力和机组控制上下限，计算和监视整个电网所需的发电备用容量，包括有功备用和无功备用的监视，通过比较实际备用和备用需求，发现备用不足时发出告警。

（6）电容电抗实际投入容量监视。实时统计全网及分区电容电抗的实际投入容量，并以图形方式显示相关统计结果。当无功备用不足时发出告警。

（7）故障跳闸监视。该功能提供故障跳闸判据定义工具，便于在不同条件下实现故障跳闸监视；能正确区分正常操作跳闸和故障跳闸，当发生开关跳闸和相关的事故总动作或保护动作时，结合相关遥测量，根据遥测和遥信组合校验结果，滤除坏数据，判断开关故障跳闸；在开关故障跳闸监视基础上，能够根据电网实时拓扑连接关系，判断设备故障跳闸；能判断机组出力突变，实现机组故障跳闸监视；能判断直流功率突变，实现直流故障闭锁监视。故障跳闸监视提供告警，形成故障跳闸监视结果列表，并可自动推送画面及自动触发事故追忆。

3. *数据记录*

数据记录提供事件顺序记录、事故追忆、反演和分析功能。

（1）事件顺序记录。该功能以毫秒级精度记录所有电网开关设备、继电保护信号的状态、动作顺序及动作时间，形成动作顺序表。记录内容包括记录时间、动作时间、电站名、事件内容和设备名。另外还能根据类型、电站、设备类型、动作时间等条件对 SOE 记录分类检索、显示和打印输出。

（2）事故追忆、反演和分析。系统检测到预定义的事故时，可以自动记录事故时刻前后一段时间的所有实时稳态信息，用于事后进行查看、分析和重演。

4. 操作与控制

操作和控制实现人工置数、标识牌操作、闭锁和解锁操作、远方控制与调节功能。

（1）人工置数。当系统采集的数据（包括状态量、模拟值、计算量）存在明显错误时，调度人员或系统运维人员可根据实际需要进行人工置数。系统则会根据事先录入的电网运行有关的各类限值对人工所置数据进行有效性检查。

（2）标识牌操作。系统提供自定义标识牌功能，主要实现闭锁（禁止对具有该标识牌的设备进行操作）、保持分闸/保持合闸（禁止对具有该标识牌的设备进行合闸/分闸操作）、告警（告警信息应提供给调度员，提醒调度员在对具有该标识牌的设备执行控制操作时能够注意某些特殊的问题）、接地（对于不具备接地刀闸的点挂接地线时，可在该点设置“接地”标识牌，系统在进行操作时将检查该标识牌）、检修（处于“检修”标志下的设备，可进行试验操作，但不向调度员工作站告警）等功能。

（3）闭锁和解锁操作。闭锁功能用于禁止对所选对象进行特定的处理，包括闭锁数据采集、告警处理和远方操作等。闭锁功能和解锁功能成对提供。

（4）远方控制与调节。主要实现的控制与调节功能包括断路器和隔离开关的分合、变压器的分接头调节、投/切和调节无功补偿装置、投/切远方控制装置（就地或远方模式）、遥调控制、直流功率调整、成组控制等。

## 5.2 交易系统建设

2015年3月，《关于进一步深化电力体制改革的若干意见》（中发〔2015〕9号）的发布，标志着我国新一轮电力体制改革正式开启。市场化改革和青海省清洁能源资源禀赋，决定了电力交易模式必须尽快转变；同时，结合青海清洁能源发展和电力市场建设，需进一步加快交易技术支持系统建设，从技术上支撑清洁能源市场化交易，以电力市场化改革促进清洁能源消纳。

### 5.2.1 交易模式转变

#### 5.2.1.1 转变交易模式的必要性

1. 市场发展变化

从2011年开始，青海全面创建清洁能源示范省，推进建设海西州、海南州两个千万千瓦级新能源基地；2014年，新能源装机容量超过火电装机容量，成为省内第二大电源，仅次于水电；2019年，新能源装机容量超过水电装机容量，成为省内第一大电源。随着新能源装机容量、发电量、调峰需求的不断增加，新能源发展利用面临困难，原有的以计划管理为主的交易模式已不能适应电力市场的发展变化，需要转变交易模式，建立适应新能源规模化发展的市场机制，以激发市场活力，促进新能源消纳。

2. 改革发展要求

2015年11月《关于推进电力市场建设的实施意见》《关于有序放开发用电计划的实施意见》等电力体制改革配套文件的发布，明确了交易模式转变的方向。要求在发电侧和用电侧开展有效竞争，引导市场主体开展多方直接交易，完善跨省跨区电力交易机制，推进发用电计划改革，形成公平规范的市场交易平台。改革的目标要求电网企业必须进一步转变电力交易模式，充分发挥市场在资源配置中的决定性作用。

#### 5.2.1.2 市场化交易模式的探索

1. 交易模式的发展变化

(1) 省内交易模式变化。省内电力交易模式在“十一五”“十二五”期间，主要执行政府指令性电量计划，电网企业作为购电主体，统购统销发电企业上网电量。电力交易工作的重点任务是保证省内用电需求，保障电力电量供需平衡。电力交易的周期和品种相对单一，交易价格主要执行政府定价，电量消纳主要在省内市场。

2015年以来，青海电网深入研究、有序放开公益性和调节性以外的发用电计划，以电力直接交易为主的市场化交易电量规模不断扩大，电力交易机制持续完善，省内市场化交易品种更加丰富，交易频度显著增加，新能源发电企业在电力市场化交易中成为参与最活跃、资源优化配置效果最明显的市场主体成分。“多买多卖”电力市场格局基本形成，极大丰富了交易周期和品种，交易价格逐步向市场化成交价格转变，交易市场向省内省外两个市场并重、统筹发展转变。省内交易模式的转变为新能源发展创造了良好的市场条件，扩大了新能源市场化交易电量规模，促进了新能源最大限度地就地消纳。

(2) 省间交易模式变化。省间交易模式在“十一五”“十二五”期间，主要通过政府指令性计划和双边或多边协商交易方式，与省外电网企业开展跨省跨区外购电或外送电交易，签订跨省跨区购售电合同。青海电网外送电量主要是丰水期的富余电量，外购电量主要解决一、四季度省内电量供应缺口。市场交易模式相对单一，交易品种不多，交易手段简单，外送通道偏少。由于省间壁垒比较严重，外送电量消纳和外购电量组织协商谈判困难，交易合同执行受外界干扰因素多。2010—2016年青海电网跨省跨区外购外送电情况如图5-36所示。

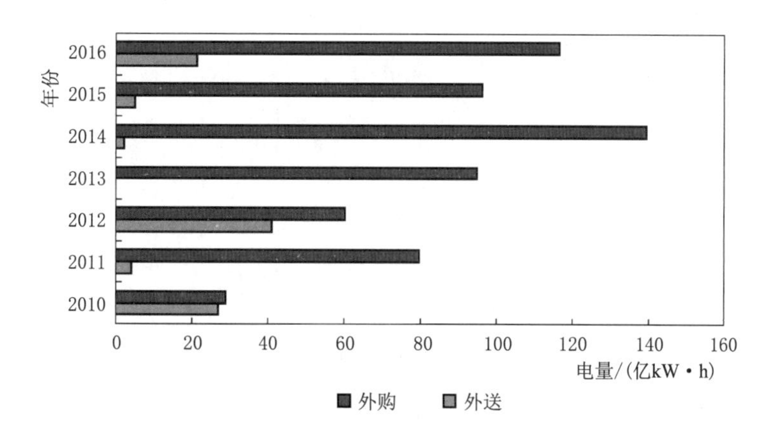


图5-36　2010—2016年青海电网跨省跨区外购外送电情况

2016年国家电网有限公司结合我国实际，借鉴国际经验，组织深入研究，积极推动构建全国统一电力市场。以北京电力交易中心和省级电力交易中心为平台，加快完善新能源交易机制，积极组织新能源跨区、跨省交易，提出了加快构建全国统一电力市场，尽快完善市场规则，推进有利于打破省间壁垒、促进新能源跨省跨区消纳的电价机制和新能源配额制度，鼓励新能源多发多用。在北京电力交易中心协调组织下，青海省内新能源发电企业积极参与省间市场化交易，建立了省间外送电交易、省间电力直接交易、省间发电权交易等交易品种，市场交易模式呈现多样化。省间交易模式的转变为新能源消纳提供了广阔的市场空间，促进了新能源在全国市场范围的资源优化配置，实现了省间电力资源的优势互补和余缺互济。

2. 转变交易模式的体制机制

(1) 加强电力市场建设。努力做好新能源交易“三个统筹”，实现“三个提升”。统筹省内交易和省间交易，按照省内交易重点确保平衡和省间交易重点优化资源配置的定位做好交易组织；统筹中长期交易与现货交易，坚持以中长期交易为主、现货交易调整偏差的总体思路，确保市场平稳有序运营；统筹市场交易与电网运行，建立交易中心与调控中心的协同配合机制。提升新能源消纳水平，充分考虑新能源发电特性和优先消纳政策，通过市场促进新能源消纳；提升市场透明开放程度，加强电力技术支持系统建设，支撑电力交易全环节在线规范开展；提升市场风险防控能力，确保市场平稳运行。

(2) 推进市场化交易。通过交易模式创新，挖掘省内、省外两个市场，扩大消纳渠道。引导新能源发电企业参与省内电力直接交易，按照“以价促量”的方式，有效增加省内用电需求。充分发挥大电网资源优化配置能力，有效利用现有输电通道资源，组织市场主体参与新能源跨省跨区交易。

（3）落实可再生能源优先发电制度。在确保电网安全运行的前提下，进一步完善可再生能源消纳的需求响应激励机制，以市场化手段促进可再生能源电量消纳，努力实现可再生能源优先发电，促进可再生能源多发多用。

#### 5.2.1.3 主要措施与成效

1. 扩大丰富省内交易规模和品种

（1）电力直接交易。2016—2017 年组织青海省内电力直接交易 17 批次，直接交易电量规模达到 353 亿 kW·h，同比增长 87 倍，占全网用电量的 36%，累计促使 90 万 kW 用电负荷恢复生产。其中新能源与电力用户直接交易电量 88 亿 kW·h，占新能源总发电量的 47%，有效提升了新能源发电利用小时数。

（2）新能源替代自备电厂发电交易。2016—2017 年组织海西地区 106 家新能源发电企业与盐湖化工自备电厂开展替代发电交易，停运 10 万 kW 自备机组，累计替代交易电量 8.3 亿 kW·h，节约标准煤 29 万 t，减排二氧化碳 73 万 t。

（3）积极建立新能源就地消纳机制。2016 年，青海电网建立了海西地区电力用户优先与当地新能源企业直接交易模式，刺激 20 万 kW 空闲产能恢复生产，促进了新能源就地消纳。引导海西地区电力用户参与调峰，通过直接交易促使用户用电负荷曲线与光伏发电曲线基本保持一致，避免出现白天光伏大发时段用户“避峰生产”的情况，增加光伏电力消纳 90 万 kW。

2. 扩大新能源跨省跨区交易规模

（1）拓展省外消纳市场。加强政府间能源战略合作，推动签订省间年度能源战略合作框架协议。在两级交易平台的协调运作下，新能源发电企业积极参与省间交易，为新能源消纳提供了更大市场空间，有效缓解了弃光问题。2016—2017 年青海外送新能源电量 25.6 亿 kW·h，外送黄河水电 32 亿 kW·h，新能源增加发电年利用小时数 527h，光伏年均发电利用小时数超过 1500h。

（2）建立省间电力调峰互济机制。为解决光伏发电的午间调峰问题，青海电网深入研究分析与周边省份电网的电源、负荷互补特性。2015 年，青海与陕西电网签订调峰互济协议，约定在各自电网安全及调整能力允许的情况下，利用双方的电力曲线互补性，提供调峰电力，实现合作共赢。该机制的建立，为缓解青海电网午间调峰压力和促进新能源电量消纳起到了积极作用。

### 5.2.2 交易技术支持系统建设

电力交易技术支持系统为电力交易业务开展提供信息化技术手段，是电力市场建设的重要内容，为实现清洁能源消纳和推进电力市场化交易提供了有力的技术保障。

#### 5.2.2.1 系统概况

青海电力交易技术支持系统是支持发电企业、电网企业、电力用户、售电公司等市场主体共同参与交易的全业务在线电力交易平台系统。系统具备开展电力合约交易、直接交易、发电权交易、合同转让等多品种中长期交易功能，实现了市场成员注册、电力电量平衡、交易组织、合同管理、计划编制、交易结算、信息发布等电力交易业务的全流程闭环管理，为市场主体提供了公平、透明、可靠的技术支撑服务。

为保证数据的安全性和交互性，电力交易技术支持系统应用架构分为内网平台和外网平台两部分。按照平台业务应用逻辑，主要包括基础支撑、市场服务、市场运营、市场监控分析四个层级。内外网平台通过安全强隔离装置实现数据交互共享，支撑交易业务整体应用。电力交易技术支持系统应用架构如图 5-37 所示。

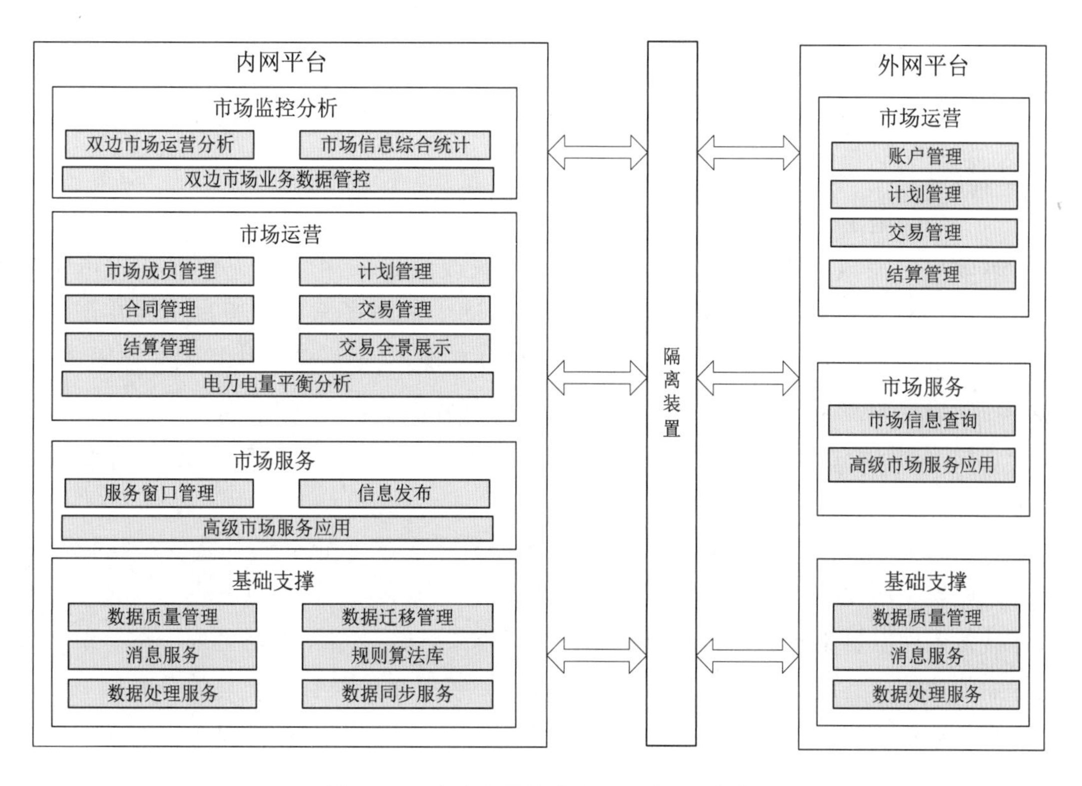


图 5-37 电力交易技术支持系统应用架构

#### 5.2.2.2 系统特点

（1）与北京电力交易平台融合贯通，统筹清洁能源省内和省间交易。青海和北京电力交易平台分别开展省内交易和省间交易，交易数据通过青海电力交易技术支持系统纵向数据传输通道（批量数据总线），实现纵向集成、互通共享，保证了交易组织的高效、及时、可靠和两级交易中心协同运作。

（2）完善市场注册管理功能，提升市场管理效率。市场注册是市场主体在交易平台参与市场活动的前提和基础，是对企业基本信息、商务信息、机组参数、用电容量、联系方式等信息的电子化管理。青海电网重点对注册信息管理进行了提升和细化，增加了发电业务许可证编号、许可证豁免、购售电管理层级、调度简称、准入参与直接交易等信息。建设规范完备的市场注册管理模块，明确统一、规范的市场成员注册命名规则，实现发电集团、电源类型、用电类别、地理区域等情况的多维度分类查询和统计分析。

（3）优化交易管理功能，促进清洁能源市场化交易。青海电网优化电力电量平衡编制模块设计，明确了新能源第一优先级、水电第二优先级、火电“兜底”保平衡的电力电量平衡编制方式，从技术上落实可再生能源优先发电政策。完善交易组织功能，丰富新能源交易品种，支持电力合约交易、直接交易、发电权交易、合同转让交易等多个交易品种，实现交易全过程流程化配置、程序化设计。完成交易算法规则库的配置和实践，保证双边协商、集中竞价、挂牌交易组织有序实施。开展年度、季度、月度和周交易，不断缩短交易周期，有效弥补新能源在中长期交易中发电预测难度大的短板。

（4）合同电子化管理，适应新能源交易需求。2016年，青海电网为提高交易合同管理效率，完成了系统合同管理模块的升级改造，采用“电子合同＋入市承诺书”的签订模式。系统有约束成交结果，可自动生成电子合同，通过平台在市场主体间完成流转和签订。合同电子化管理功能的实现，方便了市场主体对合同签订、查询、变更、跟踪等管理工作，提升了市场管理效率。2016—2017年，通过电力交易平台形成市场化电子交易合同12105份，充分发挥了平台对交易业务的支撑作用。

（5）强化交易结算管理，保证市场交易结算的公平公正。通过系统结算流程梳理、结算规则研究分析、结算功能开发等系统功能完善工作，青海电力交易技术支持系统具备上网电量生成、合同成分抽取、结算结果计算、结算单据生成、结算结果发布等业务功能，具备对中长期交易和现货交易、省内交易和省间交易的分类别、分成分结算，具备月结月清的结算业务能力，实现了交易系统与财务管控系统的横向数据集成。

#### 5.2.2.3 实施效果

青海电力交易技术支持系统功能完备、性能可靠、界面友好、数据集成，在促进新能源就地消纳和跨省跨区交易、实现新能源在更大范围的优化配置发挥了支撑作用，为保证全清洁能源供电实践活动的顺利实施创造了条件。截至2017年年底，青海电力交易技术支持系统共注册发电企业561家，其中水力发电企业229家，太阳能发电企业 288 家、风力发电企业 34 家、火力发电企业 8 家、生物质发电企业 2 家，注册电力用户 66 家、售电公司 89 家。2019—2020 年，青海电力交易中心高效利用大电网输送能力，通过交易平台利用灵宝、德宝、银东、灵绍等特高压直流输电线路组织新能源发电企业跨省交易，输送清洁能源 452.8 亿 kW·h，其中新能源 163.3 亿 kW·h，激发了市场活力，释放了改革红利。

## 第6章

# “绿电7日”全清洁能源供电

## 6.1 总体策划

### 6.1.1 组织思路

#### 6.1.1.1 全清洁能源供电实践的提出

随着清洁能源的快速发展，水电和光伏已成为青海电网第一、第二大电源。电源结构合理有序，且夏季水电处于多发期，为实现全部清洁能源供电提供了有利条件。近年来，青海大力加强电网建设，光伏、风电、水电具备了多能互补优化运行、保障可靠供电的能力。白天光伏大发时段，通过调节水电出力为光伏腾出空间，其他时段由水电承担主力电源、风电提供重要电力补充。青海电网多能互补调度运行和远期多能互补集成优化研究的成果都表明，水电、光伏、风电（以及未来的大量光热和抽蓄）等多类型电源在月、日、时不同尺度均具有较好的互补特性。依托海南州和海西州两个千万千瓦级绿色能源基地建设，青海着力打造包括水电、光伏、光热、风电、抽蓄等多种电源构成的绿色能源示范基地，各类电源布局合理，多能互补成效显著，从根本上解决新能源发电间歇性强、可控性差等方面的固有劣势。青海特有的电源结构加之在时空特性上光伏、风电和水电具有多能互补优化运行的特点，为国家电网有限公司尝试对一个省份以全部清洁能源供电提供了可能。

为了积极响应国家能源革命和消费革命战略，推动我国能源转型、推动青海节能减排和生态环境保护，支撑青海新能源电力的消纳与输送，促进清洁能源持续健康发展和高效利用，在国家电网有限公司的指导下，结合青海电网自身条件、技术储备等因素，提出在青海电网实现全清洁能源供电实践的思路，并决定于2017年6月17日0时至6月23日24时在青海开展全清洁能源供电实践，连续7日168h内，以光伏、光热、风电及水电等全部清洁能源供应青海全省用电。

青海进行全清洁能源供电实践有以下优势：

(1) 良好的清洁能源资源禀赋。青海省清洁能源资源储量大，截至2017年5月，已开发清洁能源电站装机容量达1943万kW，占青海省总装机容量的82.8%，远超历史最大负荷，为实现全部清洁能源供电提供了有利的资源条件。

（2）坚强互联的大电网。大电网是破解能源供应与需求不均衡分布的关键。“十二五”以来，国家电网有限公司积极推进青海电网协调发展，不断完善网架结构，提升电网功能，提高接入水电、风电、光伏的能力，促进清洁能源输送和资源大范围优化配置。随着青藏联网、新疆与西北联网第二通道、玉树联网、果洛联网等承载重大历史意义的电网工程相继建成，青海电网由单一的交流电网发展为交直流混合电网，由西北的末端电网，发展为东接甘肃、南联西藏和西引新疆的多端枢纽电网，已具备大规模、远距离输送新能源的能力。

（3）多种能源互补特性强。青海风电与光伏在时空上存在天然的互补性，境内水电资源丰富，调节性能优良，龙羊峡水库具有多年调节能力，通过优化调度，黄河上游梯级水电实现与光伏风电互补运行，为尝试在一个省份以全部清洁能源供电提供了可能。

（4）不断创新适应新能源大规模并网的技术手段。青海电网建成了适应新能源大规模并网消纳的调度自动化系统，新能源功率预测准确率不断上升，有功、无功自动控制系统实现新能源电站全覆盖。研发了清洁能源发电预测系统、调度计划及校核系统、调度自动控制系统等，实现了风、光、水、火多种能源发电联合优化调度。持续的技术积累和创新，为实践全清洁能源供电提供了关键技术支撑。

#### 6.1.1.2 全清洁能源供电实现路径

经过多专业的综合分析论证，青海电网已经具备了在一定时间范围内开展全清洁能源供电尝试的条件。为保证“绿电7日”全清洁能源供电计划的顺利实施，在青海省政府、黄河水利委员会的支持下，国家电网有限公司国家电力调度控制中心、北京电力交易中心、国家电网有限公司西北分部指导国网青海省电力公司具体开展实践工作。

为保证工作的顺利实施，国网青海省电力公司建立了高效的指挥协调机构，成立了电网安全保障组、交易保障组、营销保障组和宣传报道组，明确责任，提前开展联合演练，预判电网安全风险，从电网预控、天气变化等方面全面制定针对性管控措施，确保各项安全措施和技术措施上下衔接、落实到位，保证全过程协同高效、紧张有序、顺利实施。青海“绿电7日”全清洁能源供电机构设置框架如图6-1所示。

为确保实践期间青海电网具备足够的清洁能源基础电量，经测算后与黄河水利委员会协商，将龙羊峡水库计划出库流量从$500m^3/s$提高至$750m^3/s$。青海与西北各省签订购电框架协议，在本省清洁能源不足时，开展实时交易，国家、西北、青海三级电网调度控制中心密切配合，充分利用省间输电通道优先为青海电网开展跨省电力支援和消纳。青海省内火电厂全部按照最小发电方式安排发电，所发电量全额外送。

此次全清洁能源供电实践的时间限定为7日的关键原因有两个：一是青海省内的龙羊峡水库是具有年调节能力的大型水库，是黄河流域的重要水利枢纽，关乎防凌、

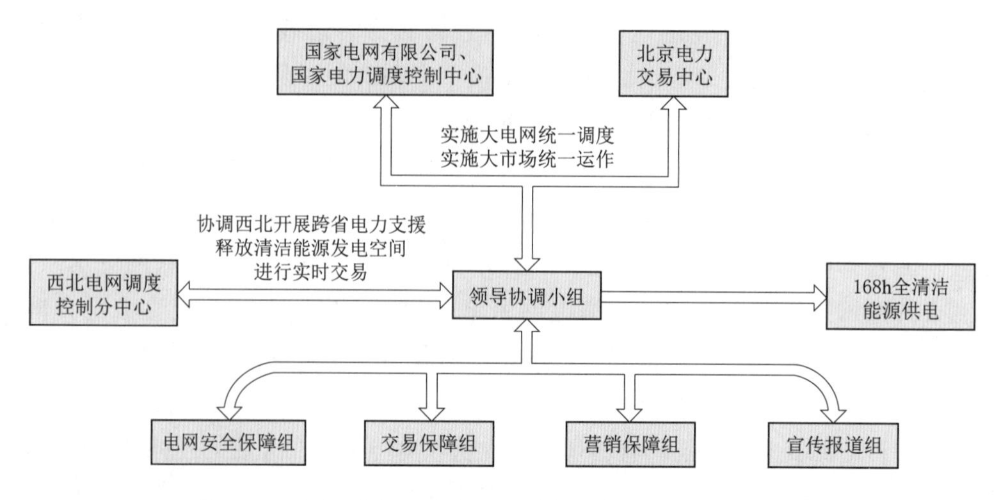


图6-1 青海“绿电7日”全清洁能源供电机构设置框架图

防汛、灌溉等重大民生，出库流量有着严格限制；若长时间增大出库流量，会影响下游的水资源综合利用，可能导致西北电网失去事故应急响应能力；二是在全清洁能源供电期间，青海省内火电需在保证电网安全稳定的前提下，按照最小出力运行，对火电企业的经济效益影响较大；目前青海省尚未建立完善的调峰补偿机制，若长期按此方式运行，将导致火电企业经营困难，降低参与电网调峰积极性，影响电网安全。

经过周密策划、认真分析、科学组织、精心准备，青海电网已完全具备在电网安全稳定运行的基础上实现“绿电7日”全清洁能源供电的各项条件。

## 6.1.2 电网安全校核及方式安排

“绿电7日”期间，青海电网将安排网内所有水电、新能源电站大出力，火电机组除保留必要的安全支撑外其余全部停运，海西州、海南州两大新能源基地向省内东部负荷中心输送电力将达到460万kW以上，相当于青海电网总负荷的60%，这是对青海电网结构强度和运行方式安排的一次严峻考验。为了确保“绿电7日”期间电网安全、可靠、持续供电，青海电网重点攻关了下述问题。

### 6.1.2.1 电网稳定问题

“绿电7日”期间，日间新能源机组发电占比超过负荷的70%，但是新能源机组在发电过程中自身无法主动对电力系统的频率和电压波动做出有利响应，使电网稳定能力下降。需通过稳定计算分析重点对系统功角稳定性和频率稳定性进行校验，制定提高系统稳定水平的技术措施，并对继电保护和安全自动装置提出相应要求。

对青海电网330kV及以上线路三相故障断开不重合、三相无故障断开不重合等方式进行校核，全线速动保护正确动作的条件下，网内机组均能保证同步运行。

对青海电网同杆并架输电线路故障校核，34组330kV及以上同杆并架输电线路中，有 3 组故障后，会分别引起 1 座 330kV 火力发电厂与电网解列停机，最大损失机组出力 70 万 kW；有 1 组同杆故障会引起 1 座 330kV 用户变电站全停，最大损失负荷 24 万 kW，不会造成全清洁能源供电中断。其余 330kV 同杆并架线路故障，青海主网稳定运行，不会发生用户停电或机组损失，不影响全清洁能源供电。

对青海电网单开关故障校核，最大损失发电出力 140 万 kW，系统频率跌至 49.85Hz，在一次调频和旋转备用调整下增加水电机组出力，经 24s 左右恢复至 49.90Hz，青海负荷中心电压跌落 3～5kV，全网机组能够保持同步运行。

通过电力系统功角和频率稳定分析，330kV 及以上线路三相故障网内机组均能保证同步运行。同杆并架输电线路故障将分别造成 3 座发电厂解列、1 座用户变电站损失负荷，考虑同杆并架输电线路同时故障概率极低，通过加强线路巡视方式给予预防。网内最大机组跳闸和发电厂全停的暂态稳定计算分析未发现严重问题，不会因故障后电网稳定破坏中断全清洁能源供电。

#### 6.1.2.2 设备过负荷问题

“绿电 7 日”期间，涉及新能源送出的主变压器、线路负载率升高，电网设备故障后更易引起其他运行设备过载，需要开展全网静态安全分析扫描，提前掌握设备过负荷风险并采取预先控制措施。

静态安全分析是判断元件是否存在过负荷风险的主要方法，用于检验电网结构强度的安全性。针对“绿电 7 日”期间电网潮流变化，重点对日间光伏大发和夜间水电大发按 $N-1$ 原则开展电力系统静态安全分析，通过逐个无故障断开网内线路、变压器等元件，检查电网中其他元件过负荷情况。针对有问题的元件，预先安排好相应的事故处理措施和调整方案，提高调控人员维持电网正常运行和处理突发事故的能力。

*1. 日间光伏大发期间*

全接线方式下，青海电网 330kV 及以上线路负载率达到 80%以上的线路共有 3 条，均为光伏电站或汇集站上网线路。

全网存在 9 条 330kV 及以上线路发生 $N-1$ 故障会造成电源出力损失，全部为水电厂或新能源汇集站上网线路。9 条 330kV 线路 $N-1$ 故障及 6 座 330kV 变电站主变压器 $N-1$ 故障后会造成局部电网 110kV、35kV 系统与主网解列，解列后地区稳定控制装置将自动采取切除局部电网部分负荷或机组的措施，确保局部电网稳定运行。

6 条 330kV 线路及 5 座 330kV 及以上变电站发生 $N-1$ 故障后可能造成运行线路或主变压器过载，其中 1 条线路 $N-1$ 过载需提前增加西宁北部火电机组出力来解决，其他 $N-1$ 过载设备均为水电厂或新能源汇集站上网线路或主变压器，可通过故障后稳控装置动作切除部分电源解决。

*2. 夜间水电大发期间*

全接线方式下，青海电网 330kV 及以上线路潮流分布均衡，没有负载率达到

80%以上的线路。线路或主变压器发生 $N-1$ 故障造成发电厂、新能源汇集站失电或局部 110kV、35kV 系统与主网解列的校核结果与日间相同。4 条 330kV 线路和 1 座 330kV 变电站发生 $N-1$ 故障后可能造成运行线路或主变压器过载，均可通过故障后稳控装置动作切除部分上网电源解决。发生同塔线路 $N-2$ 故障后，电网潮流、电压均在正常范围。

“绿电 7 日”期间，需确保全网稳控装置策略正常投入，切机、切负荷量满足设备安全运行要求，在此情况发生任一 $N-1$ 故障或同塔双回线路 $N-2$ 故障，稳控装置动作后，电网能够保持安全稳定运行。

#### 6.1.2.3 短路电流超标问题

电网全接线运行、水电机组开机数量增加，均会提高电网故障方式下的短路电流，若其超过设备遮断能力，开关将无法切断电流，引起故障扩大，甚至引发大面积停电，需提前分析并采取降低短路电流的措施，确保“绿电 7 日”期间的电网安全。

计算所用网络结构为 2017 年 6 月青海电网网架结构及火电机组计划开机方式，主变压器中性点接地方式选取最大接地方式进行计算。

“绿电 7 日”期间，考虑非安全约束火电机组全停，在全网水电全开机方式下，青海电网有 5 座电站 330kV 母线短路电流超过设备允许值，超标电站均位于西宁地区，周围网架连接紧密、常规机组相对集中是 330kV 短路电流超标的主要原因。此外还有 7 座电站 110kV 母线短路电流超过设备允许值，主要分布在西宁中部、东部和北部地区，而多台主变压器并列运行造成阻抗减小是 110kV 短路电流超标的主要原因。

根据“绿电 7 日”期间短路电流超标情况，在不影响电网输送能力的前提下，青海电网采取专项控制措施抑制短路电流，针对 330kV 母线短路电流超标问题，停机备用部分 330kV 同杆并架线路中的单回、分裂部分 330kV 母线并控制常规机组开机方式。针对 110kV 母线短路电流超标问题，停机备用部分变电站主变压器，将变电站中压侧分裂运行，并确保稳控装置可靠投入。

#### 6.1.2.4 输送断面稳定问题

青海电网负荷与新能源呈逆向分布的特点造成电力需远距离输送到负荷中心，电力在输送过程中通过相对薄弱的电网时会形成断面，断面超稳定极限运行可能造成稳定破坏事故，引起大面积停电。需要提前开展重要输电断面的输电能力专题分析，制定电网运行控制原则。

青海电网全清洁能源供电期间，其“西电东送、南电北送”的格局使电网形成 1 个省际断面和 3 个省内断面。

1. 甘肃—青海省际断面极限

甘肃—青海省际断面由六回 750kV 线路构成，受入、外送均存在安全稳定极限制约。

（1）受入能力。受省际联络线路发生严重故障后，青海电网负荷中心电压急剧下降影响，在火电机组大开机方式下，省际断面受入极限最大 360 万 kW，若火电机组开机减半，省际断面受入能力下降至 250 万 kW。根据全清洁能源供电期间开机方式安排，正常情况下，省际断面受入极限为 330 万 kW。

（2）外送能力。省际断面外送能力主要受限于甘肃境内 750kV 主干网架，发生严重故障后，大量潮流向省际联络线转移，引起甘肃—青海 750kV 省际线路过载，正常方式下外送极限为 430 万 kW，如图 6-2 所示。

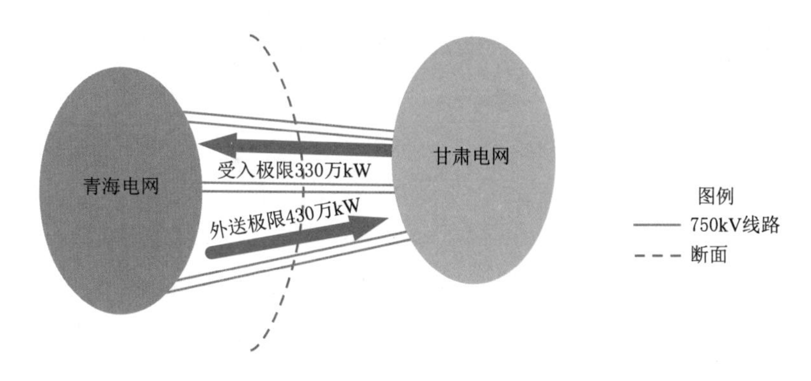


图 6-2　甘肃—青海省际输送断面示意图

2. 省内重要断面极限

（1）西部新能源外送断面。青海电网西部汇集了本地新能源及新疆、甘肃、藏中电网部分富余电力后，经 700km 的长线路送至青海电网东部，是西北电网重要的新能源汇集外送通道。当发生甘肃电网主干输送通道严重故障时，原甘肃电网潮流将大范围转移至青海电网西部，引起地区电网电压持续降低，并将导致地区新能源大范围脱网和甩负荷等连锁事故。为此，需控制新疆、甘肃河西、青海电网西部的交流外送电力总量，对断面解耦后，青海境内需控制西部新能源外送断面潮流不超过 160 万 kW。故障方式下，根据停电设备不同，断面限额还会有所下降，如图 6-3 所示。

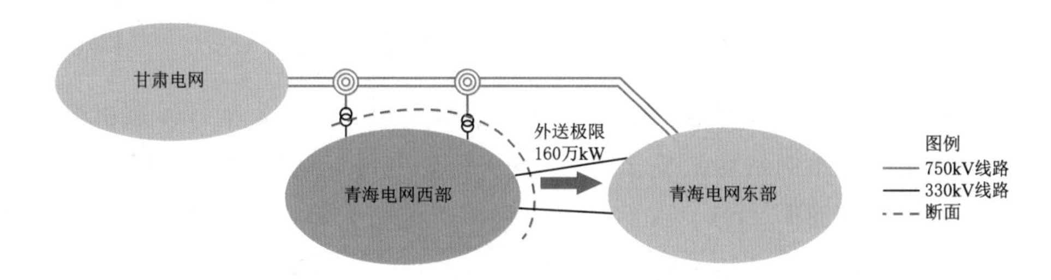


图 6-3　青海电网西部新能源外送断面示意图

（2）电网北部断面。青海电网北部负荷超过 170 万 kW，占全省总负荷的 22%，但地区电网与青海电网东部之间仅通过 4 条 330kV 线路联络，且线路间潮流分布不均衡，造成断面内 330kV 线路故障后其他运行线路过载，需要控制北部断面潮流不超过 150 万 kW。故障方式下，根据停电设备不同，断面限额有一定程度下降。为确保电网北部 330kV 线路故障后断面不超安全稳定极限运行，全清洁能源供电期间，需保证北部负荷中心一定数量的平衡电源，即安排电网北部的大通电厂、宁北电厂双机运行，佐署电厂单机运行，如图 6-4 所示。

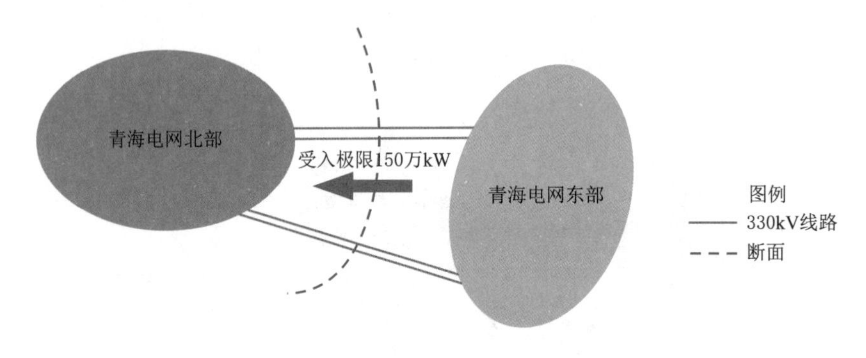


图 6-4 青海电网北部断面示意图

(3) 电网中部断面。青海电网中部断面由 3 条 750kV 线路和 4 条 330kV 线路组成，是连接青海电网东西部的唯一通道。通道除了输送青海电网西部、青海电网南部全部富余新能源电量外，经新疆至西北联网二通道的电力也全部经由此送至西北主网。正常方式下该断面外送极限为 500 万 kW，750kV 输电线路若发生严重故障，大量潮流将向 330kV 线路转移，引起线路过载。故障方式下，根据停电设备不同，断面限额将有所下降，如图 6-5 所示。

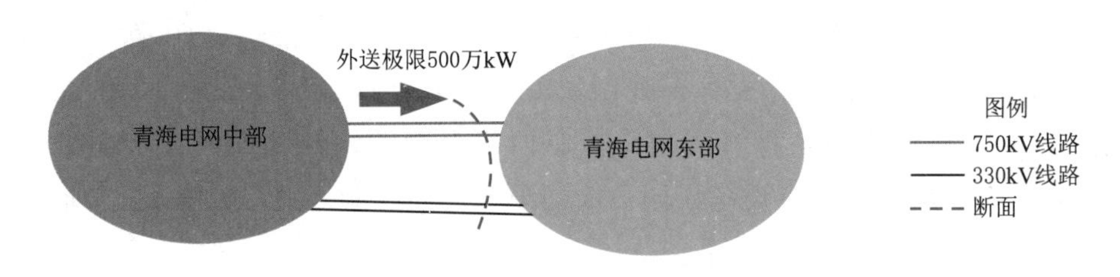


图 6-5 青海电网中部断面示意图

(4) 电网东部断面。青海电网东部装机主要以水电为主，2 座百万装机容量的大型水电站和 5 座中型水电站均汇集至 1 座 750kV 变电站，然后通过 330kV 东部断面输送至海东电网。断面内 330kV 线路故障或检修方式下，再发生线路故障将造成其他运行线路过载，根据停电设备不同，断面限额为 130 万～175 万 kW。

综上，青海电网全清洁能源供电期间，省际断面的受入、外送能力能够满足全清洁能源供电需要，通过对水、火、风、光各类型机组协调控制，能够严格保证各断面在安全稳定极限内运行。

### 6.1.2.5　局部电网电压控制问题

自然条件引起新能源发电出力变化时电网电压将产生剧烈波动，但新能源电站电压调节能力有限，需调整自动电压控制（AVC）系统控制策略，运用全网无功设备的协调控制能力提高电压稳定性。

1. 无功配置情况

青海电网330kV变电站配置并联电容器总容量508.7万kvar，占主变压器容量的18.18%；130座110kV变电站中有14座未配置容性无功补偿，占总数的10.77%。青海330kV及以上电网感性无功补偿容量为1260万kvar，感性无功补偿度为119.8%。无功补偿、配置情况总体上满足要求，但海西地区感性无功设备分布不合理，新能源集中上网导致变电站感性无功配置不足。夜间空载的110kV光伏上网线路达48条，总长256km，向电网提供大量容性无功功率，难以就地平衡，夜间电网高电压问题较突出。

根据校核，全清洁能源供电期间，随光伏昼发夜停，位于电网末端的新能源电站上网线路及汇集母线电压呈现出夜间高电压、午间低电压的特性，330kV光伏汇集站母线电压波动超过16kV，最高将贴近上限运行，调节难度很大，如图6-6所示。

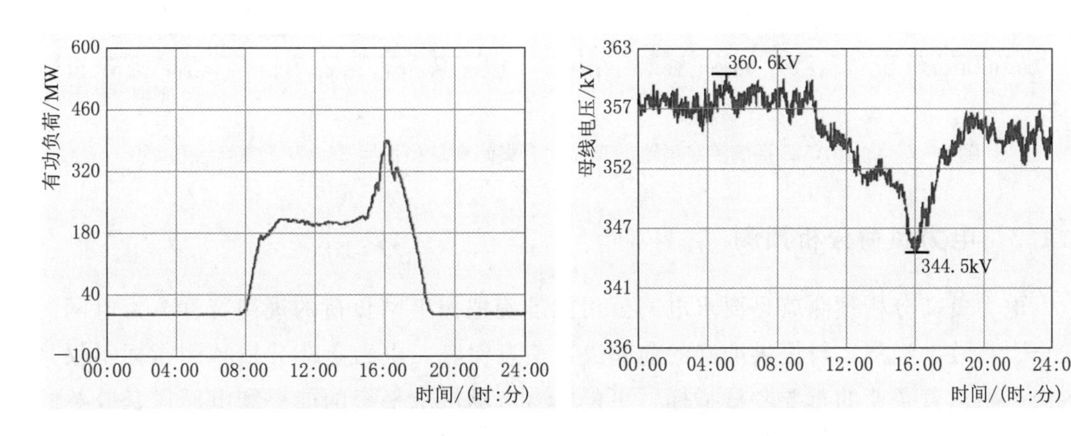


图6-6　某330kV光伏汇集站有功负荷与母线电压曲线

为确保“绿电7日”期间青海主网电压在合格范围内且波动偏差尽可能小，需充分利用地区电网AVC系统调节控制。

2. 自动电压控制

青海电网AVC系统已实现了网、省、地三级协调控制，根据750kV、330kV主变压器关口无功功率流动最小的目标进行电压调节，全网AVC系统调节合格率在99%以上。

为做好“绿电7日”期间全网电压调节，调度部门将AVC系统管理权限按照所属区域和电压等级进行了重新划分，打破了按一次设备调管范围进行无功补偿设备调度的传统模式，实现无功分层分区就地平衡，提升了区域电网电压调节的协调性。完成新能源电站AVC系统升级改造，将新能源电站的逆变器、风电机组全部纳入AVC系统可控设备，使新能源电站的无功可调节总容量提高约一倍，优先调节逆变器、风电机组无功输出，预留动态无功补偿设备容量，为电网提供充足、可快速响应的无功储备，保证在电压剧烈波动时，无功可及时就地平衡，大大提升了AVC系统的控制成效。

经计算，青海电网AVC系统管理权限调整和系统升级改造后，海西地区330kV变电站高压侧母线电压昼夜偏差预计由最大16kV下降至10kV，提高了光伏汇集区域的电压稳定性，同时AVC系统可将东部重负荷变电站330kV母线电压波动幅度控制在3～6kV之间，电网和用户侧电压均在合格范围内，如图6-7所示。

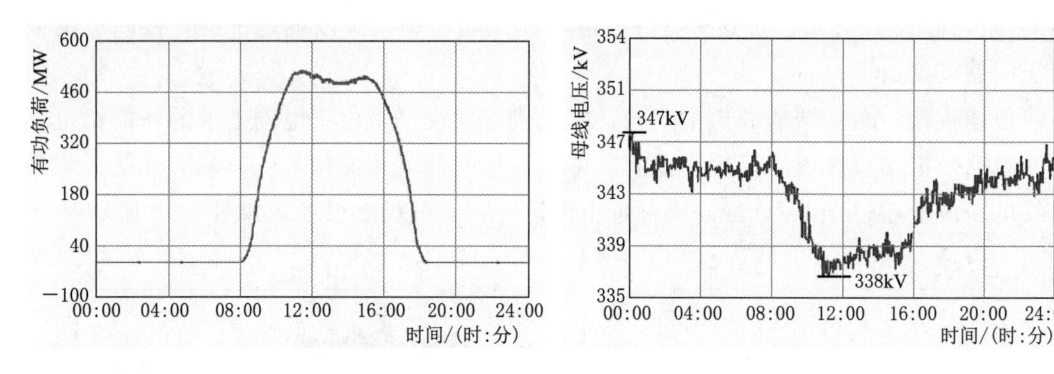


图6-7　优化AVC系统控制策略后某光伏汇集站有功负荷与330kV母线电压曲线

### 6.1.3　电力负荷分析预测

电力负荷分析预测就是要求电网公司能准确把握上网负荷的规律特性，为电网的安全、高效、经济运行提供准确的前瞻决策信息保障。电力负荷分析预测指标不仅是各级电网运营企业的重要考核指标，更是电力市场供求平衡的前提和电网运营效益的重要依据。电力负荷分析预测结果准确与否，不仅影响到电网运行安全、电力和电量的供需平衡，而且直接影响到电网运营的购电成本和全网的经济效益；同时，电力负荷分析预测工作也是下游发电企业做好生产计划的前提。

开展电力负荷分析预测是做好全清洁能源供电的重要基础之一，“绿电7日”期间，电力负荷分析预测需要重点考虑气象因素、大工业用户突发事件及其他负荷等因素影响。

#### 6.1.3.1　气象因素

青海电网全年最大负荷一般出现在冬季寒潮降临期间，而全清洁能源供电实践期间正值青海初夏时节，气候凉爽，没有空调负荷的叠加因素，气温对电网负荷的影响不明显。

通过对青海周边省份气象条件分析，全清洁能源供电期间，各省新能源资源均较为富足，没有极端高温天气，负荷情况平稳，可以向青海电网提供新能源电力电量备用。

#### 6.1.3.2 大工业用户突发事件影响

青海电网单个用户负荷大、占比高，单负荷占全网负荷5%以上的有4家，其中单个最大负荷89万kW，大用户的稳定运行对电力负荷分析预测有重要影响。为保证电力负荷分析预测的准确性，提前与大用户沟通，保证全清洁能源供电期间用户负荷稳定，并对期间可能带来电网安全运行风险和造成电网负荷发生较大波动的计划检修工作进行了调整，减少负荷非预期变动。“绿电7日”期间大用户负荷变动具体如下：

6月17日用户停运负荷29万kW，日减少电量580万kW·h；用户投产增加负荷1.4万kW，日增加电量28万kW·h。

6月18日用户停运负荷8.5万kW，日减少电量204万kW·h；用户投产增加负荷1.6万kW，日增加电量35万kW·h。

6月19日用户投产增加负荷19万kW，日增加电量450万kW·h。

6月20日用户停运负荷25万kW，日减少电量530万kW·h；用户投产增加负荷2.1万kW，日增加电量48万kW·h。

6月21日用户投产增加负荷2.4万kW，恢复负荷12万kW，日增加电量260万kW·h。

6月22日用户投产增加负荷14.9万kW，日增加电量225万kW·h。

6月23日没有较大负荷变动。

某大工业用户2017年6月20日预测负荷曲线如图6-8所示，典型负荷曲线如图6-9所示。

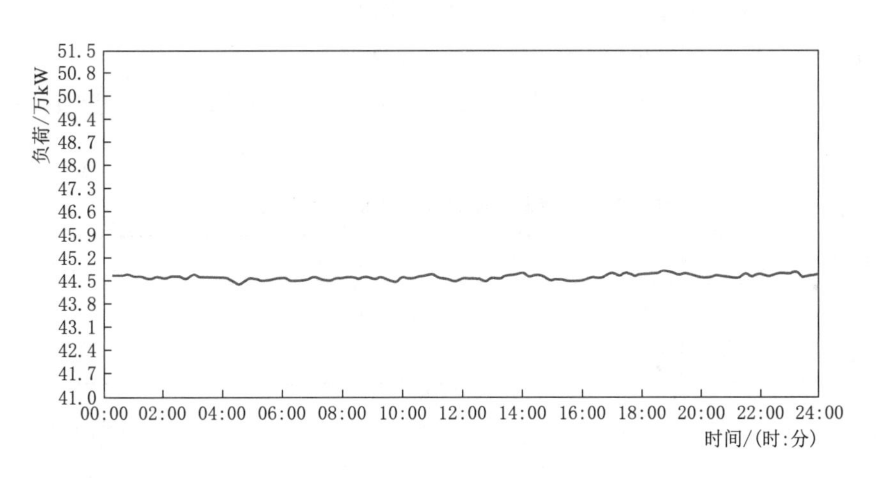


图6-8 某大工业用户2017年6月20日预测负荷曲线

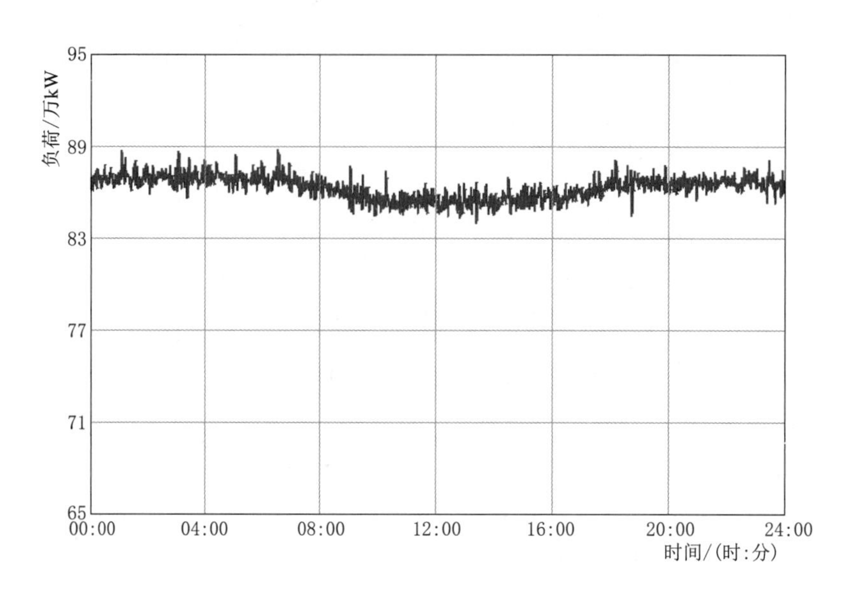


图6-9　某大工业用户2017年6月20日典型负荷曲线

#### 6.1.3.3　其他负荷

对一般工商业、居民、农业用电充分考虑自然条件等诸多因素影响，按照用户类型、季节温湿度、节假日、大型活动、商业市场变化等指标，构建用电量因素影响模型，选取合适基准值，形成包含20多种模型算法的售电量预测模型库。同时，发挥营销基础管理和客户管理优势，通过重点用户逐户排查、重点行业专项分析，以及用电采集实时监控、售电量大数据智能预测等具体举措，保障全清洁能源供电期间全网供电负荷的精准预测。

#### 6.1.3.4　全清洁能源供电期间电力负荷分析预测情况

综合计划检修、客户停产、新增负荷、天气变化等因素，2017年6月17—23日青海电网日均用电量1.72亿kW·h。“绿电7日”期间全网日最大负荷及用电量预测见表6-1。

表6-1　“绿电7日”期间全网日最大负荷及用电量预测表

| 日　期 | 17日 | 18日 | 19日 | 20日 | 21日 | 22日 | 23日 |
|---|---|---|---|---|---|---|---|
| 最大负荷预测/万kW | 732 | 726 | 753 | 724 | 735 | 760 | 757 |
| 用电量预测/(万kW·h) | 16900 | 16720 | 17200 | 16710 | 16990 | 17180 | 17150 |

“绿电7日”期间青海电网最大负荷预测为760万kW，最小负荷预测为679万kW，平均负荷为707万kW，单日负荷最大峰谷差为50万kW。“绿电7日”期间日负荷预测曲线如图6-10所示。

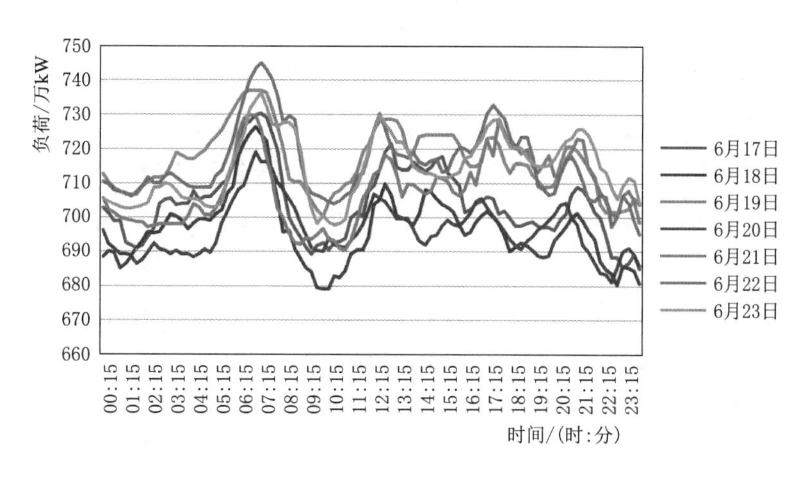


图 6-10 “绿电 7 日”期间日负荷预测曲线

### 6.1.4 清洁能源功率预测及发电计划

#### 6.1.4.1 新能源发电计划

1. 天气情况预测

根据中尺度预报模式和实时四维资料同化技术模拟的集合数值天气预报信息，应用天气形势分析理论，结合青海高原高海拔特殊气象环境，对全清洁能源供电期间青海电网气象条件进行预测分析，预计“绿电 7 日”期间，青海电网全网风速、太阳辐照度良好，但局部地区有小到中雨或者雷阵雨。

6 月 17 日全省天气为阴雨转多云，太阳能资源较差，风能资源非常好。预计全网光伏出力不大，海西地区和海南地区平均太阳辐照度优于其他地区，海西地区有大风。

6 月 18 日全省天气为阴雨转多云，太阳能资源较差，风能资源较好。预计全网光伏出力较前一日有所回升。

6 月 19 日全省天气为晴间多云，太阳能资源非常好，风能资源较好。预计海西地区平均太阳辐照度进一步提升，海西地区光伏大发，海南地区平均辐照度较高。

6 月 20 日全省天气为晴间多云，太阳能资源较好，风能资源较好。预计海西地区平均辐照度略有回落但仍保持在高位，海南地区平均太阳辐照度也较高。

6 月 21 日全省天气为晴间多云，太阳能资源较好，风能资源较好。海西地区平均太阳辐照度高，光伏出力上升，风能资源较好，海南地区天气为晴，光伏出力上升，海东和海北地区天气为晴间多云，平均太阳辐照度较海南地区略低，光伏出力平稳。

6 月 22 日全省天气为晴，光资源较好，风能资源欠佳。海西地区平均太阳辐照度较前一日继续上升，省内其他地区天气良好，平均太阳辐照度都较高，全省光伏将会大发，海西地区平均风速在全省风能资源不佳的情况下仍然高于省内其他地区。

6月23日全省大部地区为多云天气，太阳能资源欠佳，风能资源较好。由于天气为多云，全省光伏出力有所降低，海西地区和海南地区平均太阳辐照度较前一日降低较多，但仍高于省内其他地区，全网平均风速较前一日有较大提升。

“绿电7日”期间，全省风光资源互补特性明显，全省平均辐照度为237.95W/m²，全网10m高平均风速为3.43m/s。连续7日平均太阳辐照量为20.19MJ/m²，其中海西地区和海南地区太阳辐照度平均值高于其他地区，海西地区和海北地区10m高平均风速也高于其他地区，加之这些区域地广人稀、幅员辽阔，太阳能和风能资源得天独厚，在风电和光伏发电的开发方面具有良好的能源资源禀赋。“绿电7日”期间主要地区平均太阳辐照度和全网10m高平均风速数据分别如图6-11和图6-12所示。

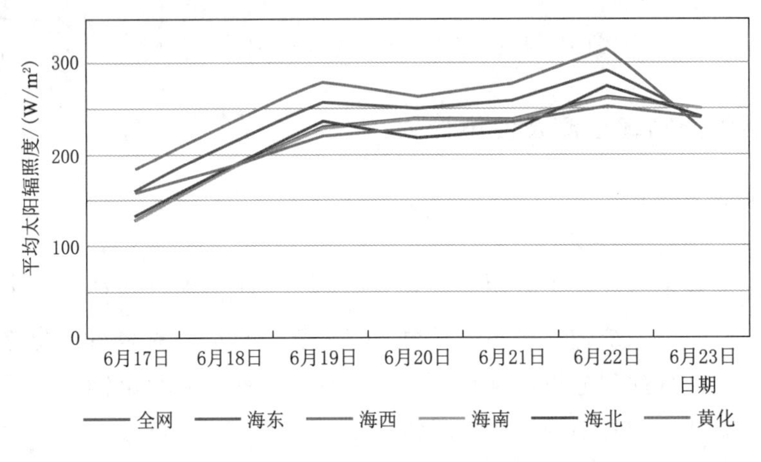


图6-11 “绿电7日”期间主要地区平均太阳辐照度图

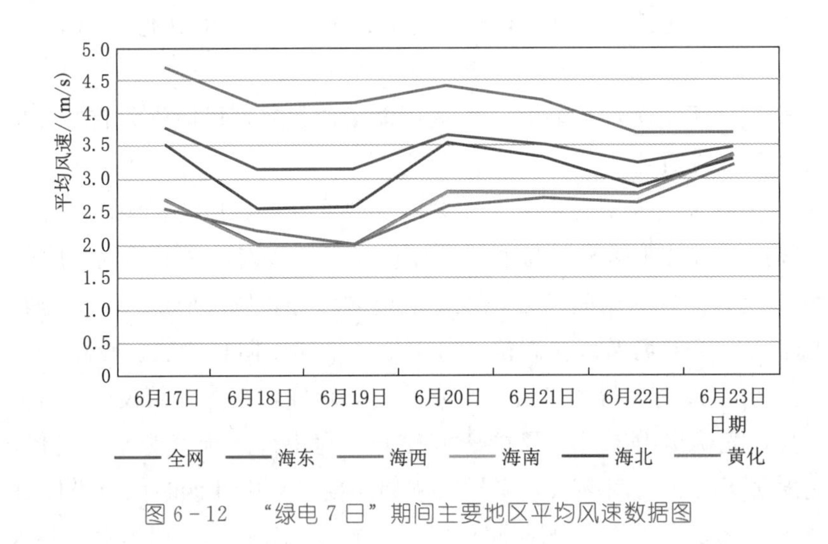


图6-12 “绿电7日”期间主要地区平均风速数据图

2. 新能源功率预测

（1）光伏功率预测。“绿电7日”期间光伏发电短期和超短期预测功率曲线分别如图 6 - 13 和图 6 - 14 所示。

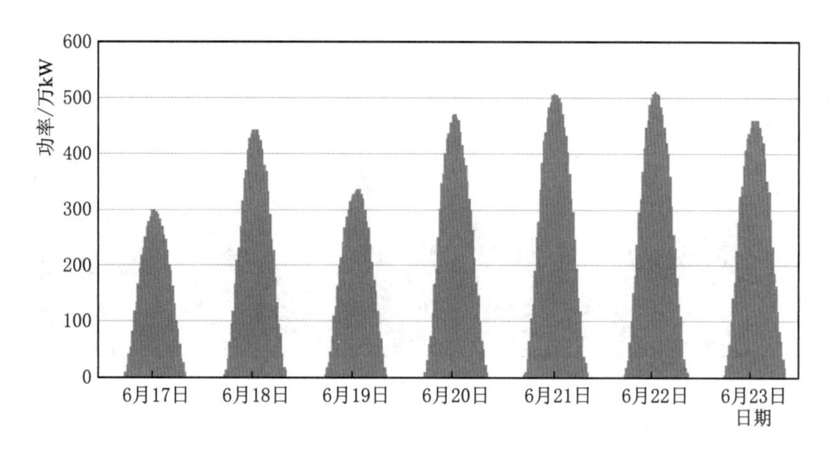


图 6 - 13 “绿电 7 日”期间光伏发电短期预测功率曲线图

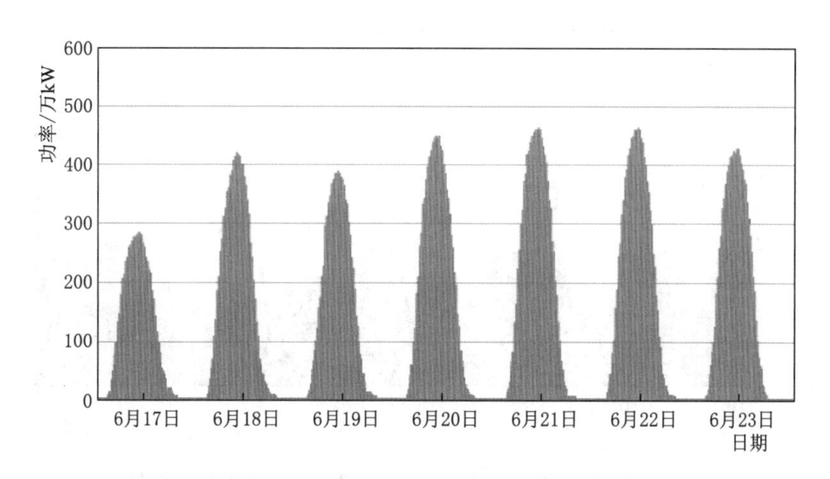


图 6 - 14 “绿电 7 日”期间光伏发电超短期预测功率曲线图

6 月 17 日，预测光伏最大出力仅 300 万 kW 左右，难以满足省内用电需求，需要增发水电，不足部分通过外购其他省区新能源作为补充。

6 月 18—19 日，预测光伏最大出力可达 400 万 kW 左右，较 17 日有所回升，应及时调整水电发电计划。

6 月 20—21 日，预测光伏最大出力可达 450 万 kW 左右，省内水电和新能源基本可以满足全省用电需求。

6 月 22—23 日，预测光伏最大出力可达 450 万 kW 左右，新能源出力将表现为下降趋势，应及时滚动修正水电出力来实时平衡新能源出力的波动。

(2) 风电功率预测。“绿电 7 日”期间风电短期和超短期预测功率曲线如图 6 - 15 和图 6 - 16 所示。

总体而言，“绿电 7 日”期间风力发电曲线波动较大，白天风速较小、风能资源

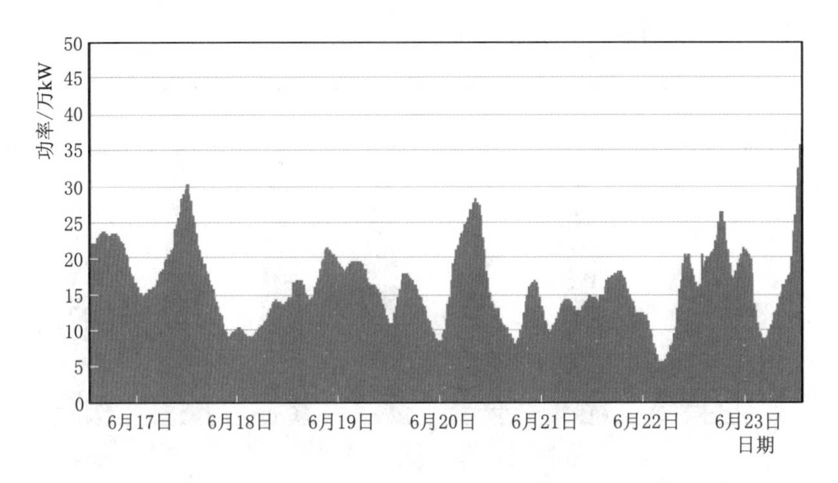


图6-15 "绿电7日"期间风电短期功率预测曲线图

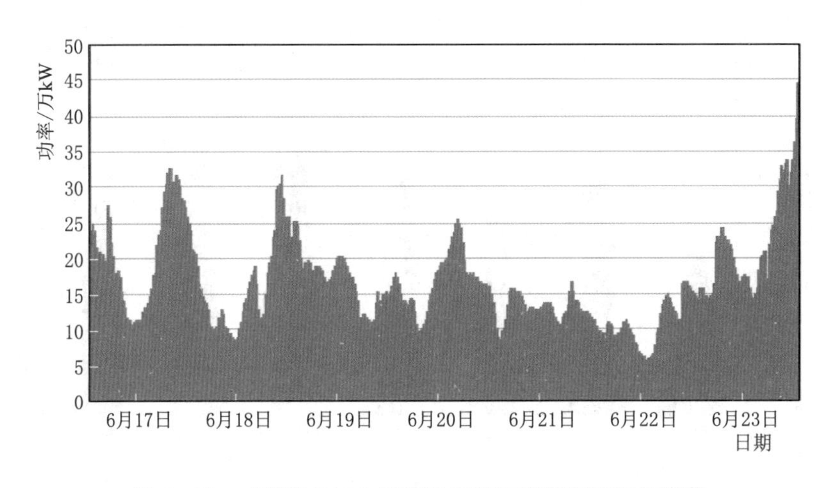


图6-16 "绿电7日"期间风电超短期预测功率曲线图

较差，夜间风速较大、风能资源较好，与光伏有较强的互补性。其中6月22日风电预测功率达到最低，仅有约5万kW；23日夜间风电预测功率较大，预计可达到40万kW。由于青海省风电装机占比较低，风力发电曲线的波动对青海电网总体电力电量的平衡影响较小，在全清洁能源供电期间主要作为光伏和水电的补充。

#### 6.1.4.2 水力发电计划

1. 水库运用计划

根据黄河上游水文站预测，预计"绿电7日"期间，黄河上游龙羊峡水电站来水量7.8亿$m^3$，平均来水流量1285$m^3/s$，水库入库流量700$m^3/s$；上游具有年调节方式的龙羊峡出库总水量为4.24亿$m^3$，出库流量为702$m^3/s$。6月17—23日期间，黄河上游所有水电站总计发电量81410万kW·h，龙羊峡日均下泄流量增加至750$m^3/s$。

在实施全清洁能源供电前，通过预控流量将大通河流域水电站水库水位保持在较高水平。“绿电 7 日”期间确保大通河流域水电站在夜间全开满发，以平衡部分水电出力的不足。白天光伏大发期间，在确保电网北部断面不超过稳定极限的情况下，大通河流域电站最大限度参与调峰。

2. 水电计划

综合天气状况、新能源出力特性和水库运用计划，安排水电在午间光伏大发时段配合新能源出力进行调峰。

6 月 17 日、19 日，午间水电出力保持在 500 万 kW 左右，发电量在 1.4 亿 kW·h 左右。

6 月 18 日、20 日和 23 日，午间水电出力控制在 400 万 kW 左右，发电量在 1.3 亿 kW·h 左右。

6 月 21 日、22 日，午间水电出力控制在 400 万 kW 以下，发电量在 1.4 亿 kW·h 左右。

“绿电 7 日”期间水电计划功率曲线如图 6-17 所示。

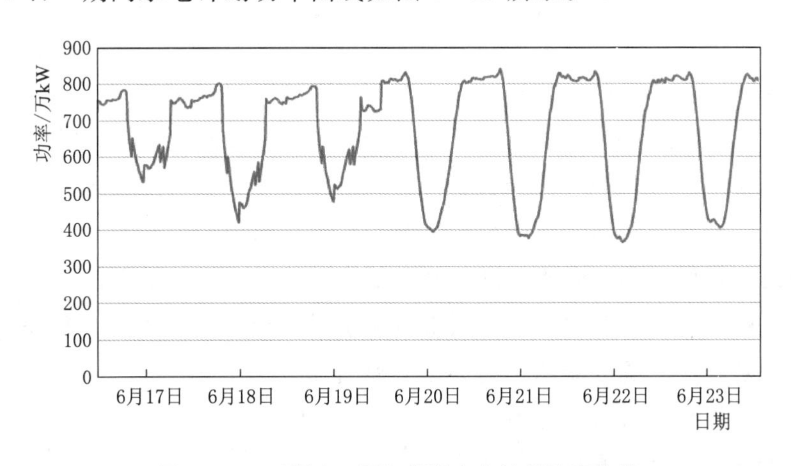


图 6-17 “绿电 7 日”期间水电计划功率曲线

### 6.1.5 发用电平衡

合理的发用电平衡关系到青海电网的安全稳定和经济运行，更是保障“绿电 7 日”期间全清洁能源供电的基础，对电网交易组织和运行控制起到指导作用。发用电平衡是研究分析整个电力系统中各种电源与全网负荷如何配合运转，达到实时平衡安全供电，主要包括常规电站机组组合优化、发用电计划平衡测算和发电计划制订三部分。

#### 6.1.5.1 常规电站机组组合优化

常规电站机组组合代表着发电资源的分配利用效能。如何充分利用发电能力，组合不同类型能源出力，保证发电设备运行安全，是发电计划工作中十分重要的部分。

优化常规电站机组组合不仅有利于电网安全经济运行，还能提升清洁能源的优先消纳能力。

为优化安排机组组合，青海电网需对网内可用机组进行隐患排查消缺，保证可调配机组能正常运行。确定机组可发能力后，依照“绿电7日”期间全清洁能源供电需求制定约束条件，在保障机组安全性的前提下进行机组组合优化，分阶段调整机组发电计划，保障电厂全月发电量计划的总体平衡和执行。结合近年新能源发展，合理的机组组合可以优先保障充分利用新能源机组发电能力，提高新能源利用率和发电量。

2017年“绿电7日”期间，为保障负荷全由清洁能源供应，青海电网充分发挥了水电及新能源丰富的资源优势，积极调配清洁能源供电，通过机组组合优化实现全清洁能源供电的目标。

青海电网在不影响电网运行安全和火电机组设备运行安全的前提下，降低火电出力并将全部火电出力送至外省，实现青海负荷全部由清洁能源供电。

鉴于青海电网火电机组安全约束主要是电压稳定问题，安排开机火电机组全部按照最低稳燃负荷出力，为清洁能源释放电力电量空间。“绿电7日”期间，华电、宁北电厂双机运行，佐署电厂单机运行，且均控制在50%出力运行；汉东和唐湖电厂全停。相比常规运行方式，“绿电7日”期间关停了汉东火电厂两台66万kW火电机组和唐湖电厂两台13.5万kW火电机组，为了期间电网更加安全可靠，开启了关乎省际断面和青海电网北部断面受电能力的宁北一台火电机组，在提高电网安全稳定运行可靠性的同时，降低了午间时段电网调峰的压力。

为保证“绿电7日”期间青海电网水电无受阻和弃水情况发生，调整网内所有水电机组检修计划，在全清洁能源供电以前全部完成消缺工作并转入运行或备用状态，为灵活调用水电机组出力做好准备。

#### 6.1.5.2 发用电计划平衡测算

“绿电7日”期间，青海电网电力电量平衡总体情况见表6-2。

表6-2　　青海电网电力电量平衡总体情况

| 电力平衡/万kW | | |
|---|---|---|
| | 夜间 | 白天 |
| 负荷 | 800 | 760 |
| 火电出力（火电开机122万kW） | 70（负荷率65%，热备用44万kW） | |
| 光伏出力 | 0 | 475 |
| 风电出力 | 20 | 0 |
| 小水电出力 | 80 | 65 |
| 大型水电最大出力 | 700 | 220 |

续表

| 电量平衡/(万 kW·h) | |
|---|---|
| 日均用电量 | 17500 |
| 火电电量 | 1552 |
| 新能源电量 | 3800 |
| 小水电电量 | 1800 |
| 送出电量 | 2032 |
| 大中型水电电量 | 12380 |

1. 电力平衡

对每日发、用电量成分进行分解后，分时考虑电力匹配特性，预计“绿电 7 日”期间，电网最大负荷 760 万 kW，通过对水电出力的调节，可以满足新能源电力与负荷的匹配，见表 6-3。

表 6-3　“绿电 7 日”期间全网清洁能源与负荷电力平衡表

| 日期 | | 负荷/万 kW | 光伏出力/万 kW | 风电出力/万 kW | 小水电出力/万 kW | 大中型水电出力/万 kW | 富余电力/万 kW |
|---|---|---|---|---|---|---|---|
| 6 月 17 日 | 白天 | 721 | 375 | 5 | 65 | 220 | −56 |
| | 夜间 | 701 | 0 | 20 | 80 | 700 | 99 |
| 6 月 18 日 | 白天 | 706 | 423 | 10 | 65 | 220 | 12 |
| | 夜间 | 697 | 0 | 35 | 80 | 700 | 118 |
| 6 月 19 日 | 白天 | 728 | 430 | 15 | 65 | 220 | 2 |
| | 夜间 | 720 | 0 | 29 | 80 | 700 | 89 |
| 6 月 20 日 | 白天 | 702 | 456 | 15 | 65 | 220 | 54 |
| | 夜间 | 704 | 0 | 37 | 80 | 700 | 113 |
| 6 月 21 日 | 白天 | 717 | 476 | 16 | 65 | 220 | 60 |
| | 夜间 | 717 | 0 | 40 | 80 | 700 | 103 |
| 6 月 22 日 | 白天 | 721 | 452 | 13 | 65 | 220 | 29 |
| | 夜间 | 716 | 0 | 38 | 80 | 700 | 102 |
| 6 月 23 日 | 白天 | 725 | 432 | 12 | 65 | 220 | 4 |
| | 夜间 | 722 | 0 | 32 | 80 | 700 | 90 |

2. 电量平衡

预计“绿电 7 日”期间，青海电网平均日用电量为 1.7 亿 kW·h。综合负荷预测、新能源功率预测、水库运用计划等情况，6 月 17 日，新能源电量 3108 万 kW，仅占用电负荷的 18%，需通过日前交易购进 415 万 kW·h 新能源电量进行补充。其余全清洁能源供电时段省内清洁能源电量可以满足全部负荷电量供应，平均每日还需送出3000万kW·h电量，见表6-4。

表6-4　"绿电7日"期间全网电量平衡情况表　单位：万kW·h

| 日期 | 本省清洁能源 | | | | 日用电量 | 火电 | 总发电量 | 日前交易 | 富余电量 |
|---|---|---|---|---|---|---|---|---|---|
| | 水电 | 光伏 | 风电 | 合计 | | | | | |
| 6月17日 | 14586 | 2581 | 527 | 17694 | 16900 | 1512 | 19206 | 415 | 2721 |
| 6月18日 | 14182 | 3465 | 302 | 17949 | 16720 | 1512 | 19460 | 0 | 2740 |
| 6月19日 | 15424 | 2928 | 492 | 18844 | 17200 | 1552 | 20356 | 0 | 3155 |
| 6月20日 | 14162 | 3792 | 360 | 18314 | 16710 | 1552 | 19866 | 0 | 3155 |
| 6月21日 | 14199 | 4117 | 277 | 18593 | 16990 | 1552 | 20145 | 0 | 3155 |
| 6月22日 | 14369 | 4095 | 319 | 18783 | 17180 | 1552 | 20335 | 0 | 3155 |
| 6月23日 | 14500 | 3831 | 422 | 18753 | 17150 | 1552 | 10305 | 0 | 3155 |

根据测算，"绿电7日"期间需送出最大电力118万kW，满足该阶段省际断面最大送出能力330万kW的限制。6月17日午间电力缺口56万kW，需要通过省间购入新能源补充。

#### 6.1.5.3　发电计划制订

依据各新能源电站申报的次日预发电计划曲线，形成无约束的省内总预发电曲线，根据省内输电断面安全约束形成省内新能源发电日前预计划曲线，根据全网用电负荷预测曲线及日前联络线曲线，确定全网总发电预计划曲线，并将考虑断面安全约束的省内新能源发电日前预计划曲线全额纳入省内日前电力电量计划平衡。

依据省内常规电源调节能力，在综合火电最小开机方式、水库运用等水电条件后，由全省用电负荷曲线与日前联络线预计划曲线叠加，扣减水电发电电力与火电最小技术出力，确定新能源消纳计划曲线，将曲线按装机容量平均分配至各电站。"绿电7日"期间青海电网发电计划曲线如图6-18所示。

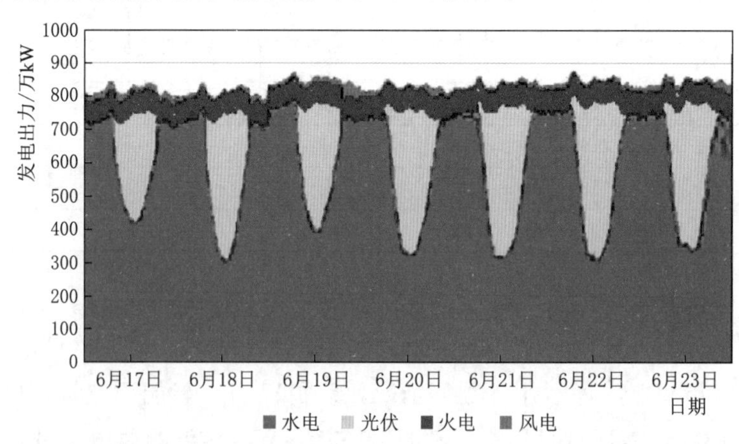


图6-18　"绿电7日"期间青海电网发电计划曲线

# 6.2 "绿电7日"的实施

## 6.2.1 调度实施计划

### 6.2.1.1 实时调控原则

1. 清洁能源出力全时段高于电网总负荷20万kW以上

当天气或其他随机因素发生，使新能源发电出力减少或用电负荷增大时，可能会出现清洁能源出力小于用电负荷的情况。为此，综合考虑经济运行等方面因素，在实时调度过程中确定合理裕度，防止因波动造成清洁能源出力小于用电负荷的情况。青海新能源以光伏发电为主，风电装机容量较小，由于光伏空间互补特性明显，局域天气变化造成全网新能源出力的波动不大，而青海电网负荷特性平稳，峰谷差在10%以内，加之青海电网强大的水电调节能力，经测算，当清洁能源出力大于用电负荷20万kW以上时，即可避免局部天气变化和负荷波动造成的清洁能源发电与负荷不平衡情况。若有不满足全网清洁能源出力大于负荷20万kW的趋势时，应立即增加网内水电出力，并及时联系西北区域内其他省区开展实时交易购入新能源电力进行补充。

2. 每日新能源电量占比不低于用电量的20%

"绿电7日"期间黄河上游水库出库流量按照750$m^3/s$执行，全网水电日发电量约1.35亿kW·h。根据预测，全清洁能源供电期间青海电网日均用电量约1.7亿kW·h。为执行黄河上游大型水库运行计划，确保水电具备持续发电能力，需控制每日新能源电量不低于0.35亿kW·h，占全网用电量20%以上。若新能源电量不满足占全网用电量20%的要求，应及时外购其他省份新能源电量进行补充，并控制对外省的日前、实时购电电力小于该省新能源出力，确保外购电力全部为新能源电量。

3. 多种能源互补协调运行

"绿电7日"期间，充分发挥多种清洁能源互补协调运行能力。针对光伏、风电日内发电波动，通过水库蓄水进行电力再分配，利用大电网在全系统优化，追踪负荷功率，满足日内调峰运行需求。对周内出现的新能源电量波动，优先采取梯级水电站联合运行的方式优化调度，解决新能源电量盈余或不足的问题。火电仅保证电网安全最低约束出力，不作为互补运行的手段。

### 6.2.1.2 实时调控流程

为确保全清洁能源供电顺利完成，青海电网充分利用超短期预测系统、实时交易、日内滚动计划、AGC系统、实时监视系统和AVC系统等对电网进行监视和控制，并利用涵盖新能源电站的AVC系统实时控制各层级厂站无功出力，确保全网电压在合格范围之内。

超短期预测系统对未来4h新能源功率、全网用电负荷进行滚动预测，调度人员根据超短期预测和实时监视结果，决定是否开展实时交易，日内滚动计划系统根据交易情况和电网发用电情况滚动修正日前发电计划，形成日内滚动计划。柔性功率控制系统接收日内滚动计划，以输电通道利用率最大化为目标，根据输电通道裕度对日内计划进行再修正，实时调整光伏、风电新能源出力计划，并通过AGC系统下发至各电站执行。调度人员实时监视清洁能源出力、系统负荷等重要数据，保证清洁能源出力全时段大于电网用电负荷20万kW以上，发现新能源出力不能满足要求后及时联系西北各省区开展实时交易，实现了新能源发电滚动调整，确保实现全清洁能源供电。青海电网实时调控流程如图6-19所示。

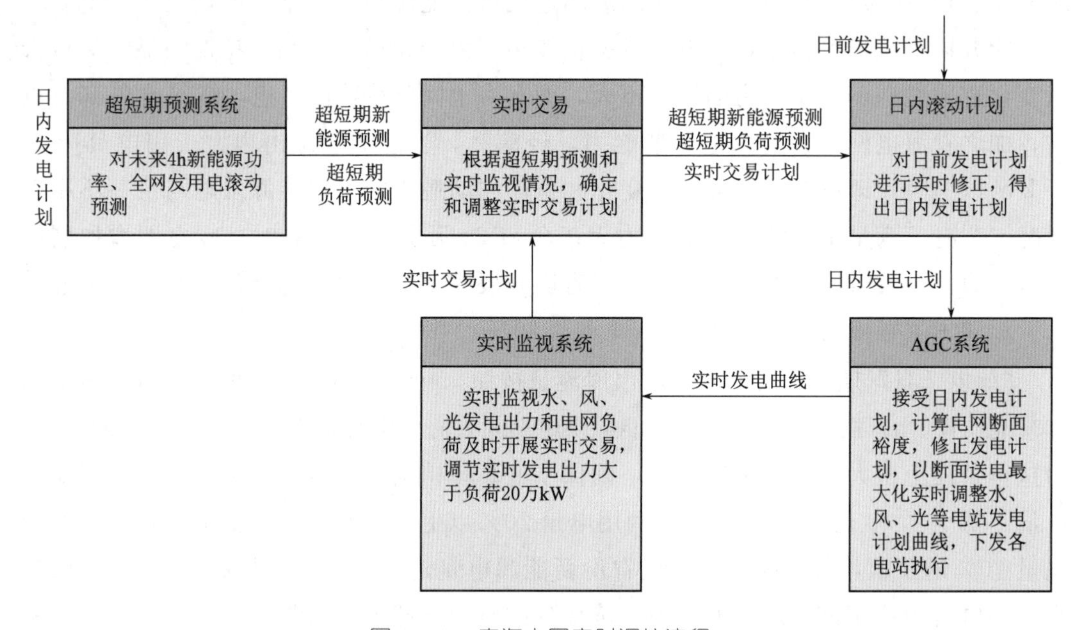


图6-19　青海电网实时调控流程

（1）超短期预测系统。超短期预测对电网发电计划、运行方式的实时调整和安全稳定运行、精准开展电力交易等方面都具有重要的意义。调度人员综合考虑超短期新能源预测和负荷预测，对电网未来4h内新能源发电和全网用电负荷情况进行预判，根据电网实际运行情况，及时调整常规能源发电出力，保证电网发用电平衡，并作为开展实时电力交易的依据。

（2）实时交易。调度人员根据超短期负荷预测和新能源发电预测结果，分析和判断未来青海电网发用电情况，若新能源欠发且可能不满足全清洁能源供电要求，及时联系西北区域其他省份，通过交易平台开展实时交易购入新能源电力进行补充，以达到清洁能源出力全时段高于用电负荷20万kW和新能源电量占比20%以上。

（3）日内滚动计划。调度人员根据电网运行情况确定参与调整的机组及其约束条件，日内滚动计划系统根据调度人员传入指令、实时交易计划和光伏、风电突然变化、输变电设备跳闸等情况，滚动修正日前发电计划，调整各常规机组出力，紧密跟踪新能源和用电负荷的变化，实现从日前到日内发电调度的有序衔接和滚动优化。

(4) AGC系统。AGC系统接受日内发电计划，运用柔性控制策略，根据网内断面限额、断面内负荷、常规电源出力，实时计算输电通道的新能源送电裕度，以断面最大化为目标每分钟对各厂站的指令进行计算，实时调整水、风、光等电站出力曲线，并下发至各电站执行。调度人员实时监视各电站AGC系统运行、发电情况和断面潮流，根据电网运行方式及时变更修改断面限额，保证断面利用和新能源发电最大化。

(5) 实时监视系统。青海清洁能源供电监视模块实时展示青海电网用电负荷、清洁能源出力、各类型电源发电量等重要数据。调度人员根据超短期预测和实时监视结果，判断清洁能源发电是否满足供电要求，及时调整水电出力，开展实时交易。

(6) AVC系统。涵盖新能源电站的AVC系统根据三级电压控制策略实时优化各层级无功潮流，控制各电站无功出力，并开展 $N-1$ 故障电压变化在线扫描，及时发现可能存在的连锁脱网隐患，调整无功备用容量分布。调度人员实时监视各电站电压和无功设备运行情况，及时解除无功设备的闭锁状态，确保所有无功设备可控、在控，并加强监视有连锁脱网风险的电站和区域电网，保证无功调节能力满足电网故障后电压要求。

#### 6.2.1.3 突发事件处理

当发生电网故障、新能源出力及负荷波动等突发事件时，易出现清洁能源出力小于用电负荷的情况。为更好地应对电网特殊运行方式和各种突发状况，青海电网对可能发生的各种运行工况进行了深入分析，梳理出可能造成清洁能源发电出力损失超10万kW的线路、主变压器、机组及重要输电断面故障共计47项，制定相应的事故预案并开展演练。要求运行值班人员针对这些重要线路、主变压器、机组、输电断面进行重点运行监视，保证电网安全稳定运行。

全清洁能源供电期间，若发生新能源出力、负荷波动较大或发输变电设备故障停运，造成清洁能源出力与用电负荷不平衡时，具备柔性控制功能的AGC系统将立即增加大型水电厂机组出力，弥补短时清洁能源电力短缺。若发生重要输电断面内相关设备故障停运，断面送电能力降低造成断面潮流越限，调度人员立即增加其他断面内大型水电出力以满足全清洁能源供电要求，将故障断面内清洁能源出力降至断面限额之内。同时，调度人员立即通知相关设备运维单位，检查故障设备、收集故障信息，确定清洁能源发电缺额及时开展实时交易，购入新能源电力进行补充。运维单位立即启动故障应急响应，组织专业人员尽快排查故障点，按照调度指令将设备转至相应状态后进行抢修。

### 6.2.2 交易组织计划

#### 6.2.2.1 交易原则

为保证交易工作顺利进行，制定了日前及日内交易计划执行的目标，通过调整龙羊峡水库运行计划，加大黄河上游水库下泄流量，将水电电量作为全清洁能源供电的主要成分，同时作为新能源电量波动互补调节的重要保障。全面调整月度交易计划，实现省内用电负荷全部由水电和新能源平衡。期间新能源比例不低于 20%，不足部分外购西北区域内新能源电量，火电电量通过省间交易全部送出。日前及日内交易计划遵循以下原则：

（1）发电计划及购电计划应留有裕度。在全清洁能源供电期间，应充分考虑电网负荷、天气及设备突发情况，在制订发电计划及外购计划时留有裕度，确保电力电量的供应不受电网安全或交易条款约束，当省内发电能力不足时，具备组织落实日前和日内购电交易计划的条件。

（2）省间交易计划总量不变，月内调整。刚性执行月度省间购电计划合同，月度交易计划总量保持不变。在全清洁能源供电期间，全力优先保证清洁能源在省内消纳，其余时段组织完成月度交易计划电量。

（3）短期购售电协议充分考虑价格因素。提前协商确定适当的购售电价，为日前、实时调度交易合同的签订提供依据。

（4）保持水库运用按日前计划执行。当省内新能源电量不足时，申请调增对其他省区的购电计划。

#### 6.2.2.2 交易计划

确定开机方式后，经计算，“绿电 7 日”期间全网最大购电能力为 250 万 kW，最大日购电量能力为 0.4 亿 kW・h，全网最大送电能力为 400 万 kW。期间全天省际断面净送出电力 132.5 万 kW，净送出电量 2372 万 kW・h，断面极限满足要求。具体交易计划如下：

（1）与各省区签订全清洁能源供电期间的购电框架，协调制定全清洁能源供电时段青海火电外送协议，明确全清洁能源供电时段青海火电外送陕西。

（2）全月交易计划保持不变，阶段性进行调整：“绿电 7 日”期间，不安排青海省与外省区的中长期购、售电交易计划电量，将交易量全部调整至其余时间进行。其中 6 月 10—16 日和 6 月 24—30 日，增加外购四川、甘肃、陕西电量，由日均 0.257 亿 kW・h 调整为 0.387 亿 kW・h，增加外送宁夏、甘肃电量，由日均 0.083 亿 kW・h 调整为 0.10 亿 kW・h。

（3）电力电量平衡方案依据月度交易计划调整工作，汇报北京电力交易中心与国网西北分部调度控制中心，协商调整跨区交易计划。与陕西、甘肃、宁夏的电力公司积极沟通，逐一协商，实现省间交易计划调整联动，促请西北分部及时下发交易计划调整单，确保省际月度交易电量按计划完成。与国网陕西省电力有限公司进行沟通磋商，确定青海火电外送交易事宜。

（4）进行电网运行交易实时监控，对"青海清洁能源实时供电监视图"进行实时监视，及时进行交易或出力调整，以满足下列条件：

1）外省的日前、实时购电电力小于该省新能源出力。

2）所有购入省的日前、实时总购电电力小于购入省新能源出力之和。

3）青海水电出力＋青海新能源出力＋青海日前、实时购电电力全时段高于青海用电负荷20万kW以上。

4）新能源电量比例不低于20%（日均3500万kW·h）。

（5）当发现其他省的日前、实时购电电力有高于该省新能源出力的趋势时，调度人员提前30min向西北电网调控分中心提出申请，调减对该省的购电交易计划，直至取消计划。

### 6.2.3 现场组织计划

#### 6.2.3.1 发电厂组织计划

为了保证全清洁能源供电期间发电机组的可靠运行，各发电企业提前开展设备隐患排查，配合安排设备提前完成检修消缺。

针对运行的火电厂，从火电机组、辅机系统、励磁系统、调速系统及上网线路等方面全面开展隐患排查及消缺工作，保证燃料充足供应，确保最小出力期间火电机组的稳定运行能力。提前做好保厂用电各项准备工作，落实各项保电措施，保障火电机组安全稳定运行。

各水电站完成水库、大坝、水轮机、发电机等及上网线路的隐患排查和消缺工作。在2017年6月中下旬不再安排大中型水电站机组、送出线路及变电设备检修，加强机组和相关设备运行维护，做好水位及来水量的监视预测，确保水电机组具备全开满发能力。

各新能源电站完成对逆变器、风电机组、光伏电池、汇流电缆、动态无功补偿装置、上网线路的隐患排查和消缺工作，完善功率预测系统，提高功率预测准确率，确保全清洁能源供电期间具备最大发电能力。

#### 6.2.3.2 电网组织计划

全清洁能源供电实践前期，青海电网对相关调度自动化系统进行了全面排查，保证各系统自身和系统间功能协调运行顺畅，电源协调控制策略和断面限值正确，并根据实时监视要求增加了"青海清洁能源实时供电监视"模块，展示并记录青海电网用电负荷、清洁能源出力、各类型发电电量等重要数据，实现发用电环节的精准监视、预判及控制。

各运行维护单位对所辖变电站站用电系统、直流系统、控制保护回路、通信装置电源、主变压器冷却装置等关键设备进行核查。完成对重要断面及电厂上网线路的缺陷、隐患治理。做好二次备品备件储备，满足二次系统快速消缺需要。编制运行期间重要变电站及线路的特巡方案，加强设备特巡工作。

营销部门每日开展用户用电情况的跟踪核查，随时掌握用户生产用电情况，了解用户停产和新增负荷情况，及时对当日或者次日的用电负荷预测作出调整。交易和调度部门及时针对全网负荷变动，作出短期或日前、实时购电计划调整，确保每日发用电平衡。

### 6.2.4 风险管控措施

全清洁能源供电对电网安全保障提出了更高的要求，国网青海电力调度控制中心（以下简称青海省调）通过对电网运行数据的严密监视和专业分析，抓住电网运行中的蛛丝马迹，预测电网运行的发展趋势，制定了以下风险管控措施：

1. 成立全清洁能源供电领导小组，确保各专业高效协同

电力公司成立全清洁能源供电领导小组，由公司主管生产的副总经理担任组长，下设调度计划、调控运行、技术支持、安全保障、发电厂运行5个专业小组，每日组织召开全清洁能源供电协调会，统计分析电网运行指标，做好次日负荷预测、发用电预测、电力电量平衡及次日实时交易新能源运行控制主要执行策略，各专业小组汇报运行情况和问题，总结运行工作经验，针对问题进行研究讨论，制定解决措施。

2. 加强电网运行实时监控与调度，防止全清洁能源供电中断

全清洁能源供电期间，根据电网实时运行情况不断调整电力电量省间交易或电站出力，开展水电、光伏等清洁能源优先调度工作。以全时段清洁能源发购电曲线高于用电负荷曲线200MW为控制原则，实现全时段全清洁能源供电的目标。

电力调度部门对青海电网重要输电断面、重点区域电压进行7×24h不间断的严密监视，采取方式调整、AGC/AVC自动调节等多种控制手段，确保青海西部、北部、中部等重要断面不超稳定极限运行，全网各电压等级电压水平满足用户需求。

3. 开展重要断面内输电设备特巡，强化电网安全保障

开展重要断面内输变电设备及重要电厂上网线路的专项运行维护工作，对33台/条清洁能源发电出力损失超过10万kW的主变或线路、11条负载率达到60%的330kV及以上线路进行重点巡视和测温工作，日间光伏发电时段每4h汇总一次巡视结果，对影响设备正常运行的缺陷及隐患立即向相应全清洁能源供电专业小组汇报并实施整改。

各发电厂开展厂内设备及上网线路的巡视和测温工作，加强设备运行维护，落实

各项保电措施，发电时段内每4h向电网调度部门汇报站内设备情况和天气变化，确保机组安全发电。同时水电站、火电厂、新能源电站分别做好水位及来水量监视预测、发电及辅机系统运行维护和燃料保障、新能源电站发电功率预测等工作。

4. 密切关注天气变化，开展电网实时分析，加强电网风险预防与控制

全清洁能源供电期间，电网调度部门需要密切跟踪天气变化，加强与气象部门和各厂站沟通，重点关注和分析大风、强降雨等恶劣天气对电网运行和新能源发电的影响，及时跟踪黄河上游水库运用计划，做好电网风险辨识和预控措施，做好电力电量平衡和断面潮流控制。电网调度部门充分利用先进的电网在线安全分析系统，每15min对电网进行一次实时扫描，查找电网运行薄弱点，根据电网实时状态预判电网存在的安全风险，并根据分析结果合理调整运行方式，提前进行电网预控，确保电网安全稳定运行。

5. 严格落实各单位在岗值班制度，确保生产指挥及应急值守工作有序运转

全部清洁能源供电期间，电网调度部门和设备运维单位技术管理人员在岗值班，提供7×24h不间断的技术支持，及时协调解决问题，并辅助全部清洁能源供电领导小组进行决策。

### 6.2.5 总体运行情况

“绿电7日”期间，青海电网未发生影响全清洁能源供电的发电、输电、变电设备跳闸事件，电网保持安全运行。全省发、用电秩序正常，期间最大用电负荷736万kW，全省最大日用电量1.71亿kW·h，累计用电量11.78亿kW·h，全部由清洁能源供电。其中，水电供电量8.52亿kW·h，占全部用电量的72.3%；新能源供电量3.26亿kW·h，占全部用电量的27.7%。相当于减少燃煤53.5万t，减排二氧化碳96.4万t。期间省内新能源日最大电量6311万kW·h，占当日全省用电量的37%，新能源最大发电出力475万kW，占当时全省用电负荷的66.6%，在实现全清洁能源供电的同时做到了新能源高占比发电。

“绿电7日”期间实时电力成分如图6-20所示。它以面积堆积图的形式进行了展示，其中蓝色区域是省内水电发电成分，绿色区域是省内新能源发电成分，黄色区域是省外购入新能源发电成分，红色区域是省内火电发电成分，紫色曲线表示全省供电负荷曲线，可以看出清洁能源发电每时每刻均高于负荷曲线。

#### 6.2.5.1 负荷预测情况

全清洁能源供电期间，青海电网平均短期负荷预测准确率97.15%，最大预测偏差45万kW；平均超短期负荷预测准确率97.25%，最大预测偏差18万kW，如图6-21所示。

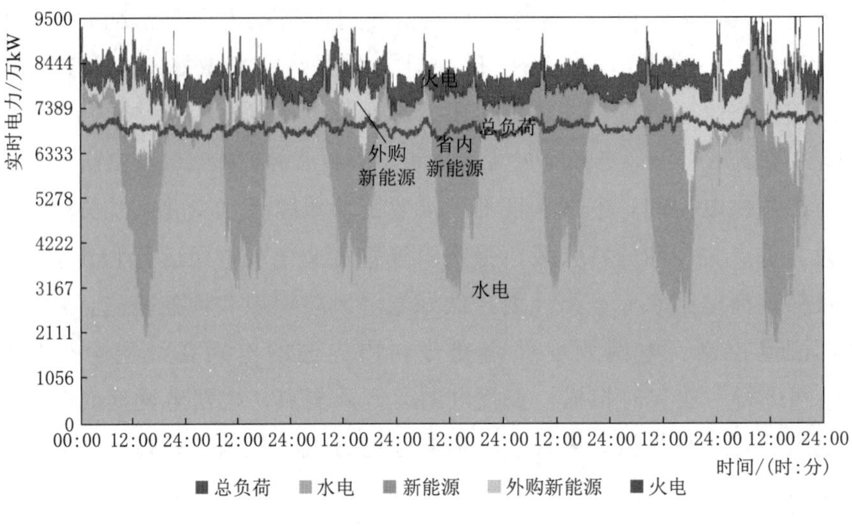


图6-20 "绿电7日"期间实时电力成分

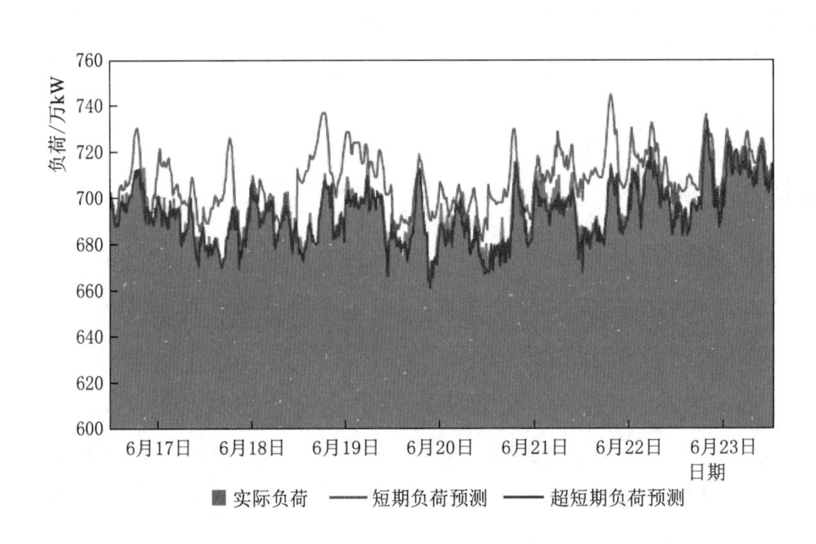


图6-21 "绿电7日"期间负荷预测情况与实际用电负荷对比

#### 6.2.5.2 新能源发电情况

"绿电7日"期间，青海电网短期光伏、风电预测准确率分别为93.02%和91.04%，最大预测偏差分别为123万kW和35万kW；超短期光伏、风电预测准确率分别为95.53%和94.95%，最大预测偏差分别为48万kW和23万kW；新能源综合短期预测准确率92.76%，最大偏差127万kW；超短期预测准确率95.45%，最大偏差36万kW，如图6-22和图6-23所示。

#### 6.2.5.3 水库计划执行情况

"绿电7日"期间，龙羊峡水库实际日均出库流量为701m³/s，较计划降低49m³/s，主要原因是6月17日、22日、23日外购大量新能源电量后，调减了龙羊峡出库流量，

“绿电 7 日”期间龙羊峡水库出库流量图如图 6-24 所示。

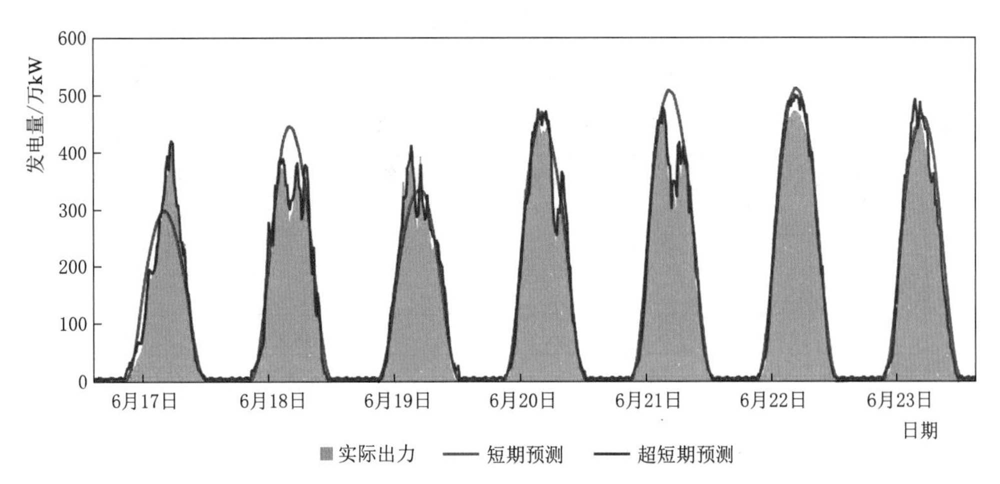


图 6-22 “绿电 7 日”期间光伏实际发电与预测情况

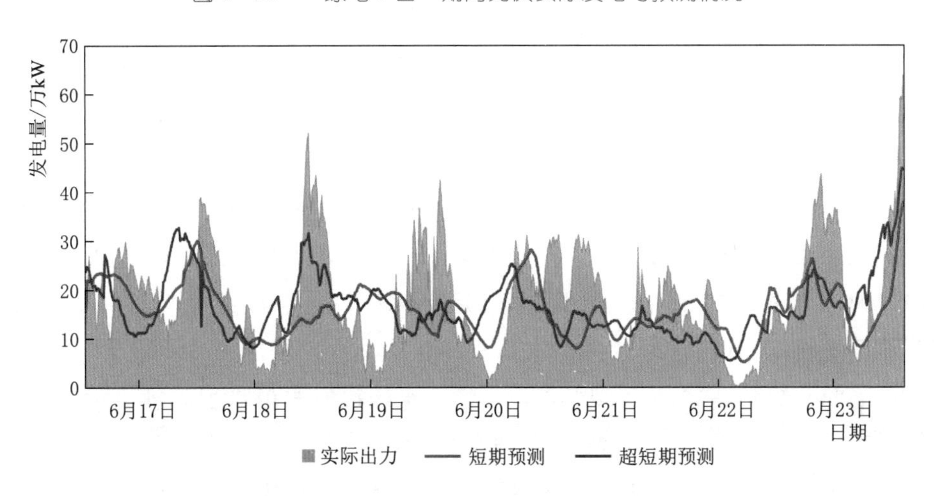


图 6-23 “绿电 7 日”期间风电实际发电与预测情况

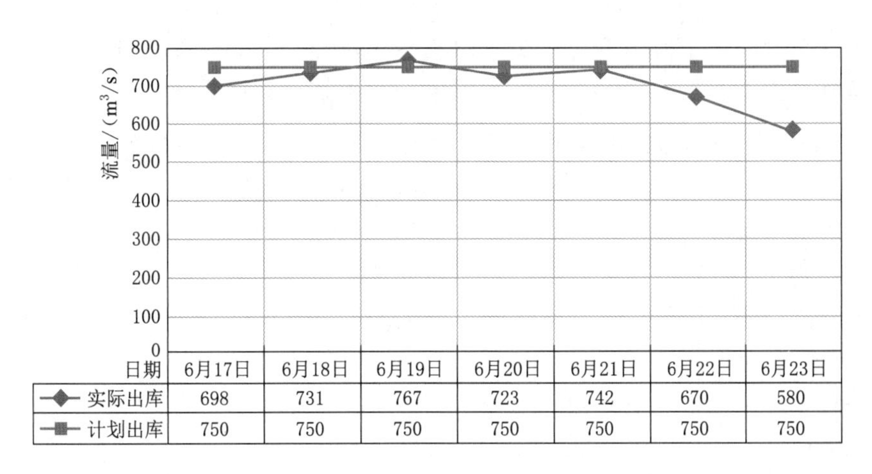


| 日期 | 6月17日 | 6月18日 | 6月19日 | 6月20日 | 6月21日 | 6月22日 | 6月23日 |
| --- | --- | --- | --- | --- | --- | --- | --- |
| 实际出库 | 698 | 731 | 767 | 723 | 742 | 670 | 580 |
| 计划出库 | 750 | 750 | 750 | 750 | 750 | 750 | 750 |

图 6-24 “绿电 7 日”期间龙羊峡水库出库流量图

#### 6.2.5.4 省间交易开展情况

“绿电 7 日”期间，青海电网共签订购入各省区新能源电量交易 41 笔，合计电量 6670 万 kW·h。其中，1 笔为日前交易，其余 40 笔均为实时交易，见表 6-5。

表 6-5　　“绿电 7 日”期间省间交易开展情况　　单位：万 kW·h/笔

| 地区 | 6 月 17 日 | 6 月 18 日 | 6 月 19 日 | 6 月 20 日 | 6 月 21 日 | 6 月 22 日 | 6 月 23 日 | 总计 |
|---|---|---|---|---|---|---|---|---|
| 宁夏 | 1277.5/5 | 735/6 | 747.5/4 | — | — | 225/1 | 702.5/5 | 3687.5/21 |
| 新疆 | — | — | — | — | — | — | 110/1 | 110/1 |
| 陕西 | 267.5/2 | — | — | — | — | — | — | 267.5/2 |
| 甘肃 | 0 | 37.5/1 | — | — | — | 1095/6 | 1472.5/10 | 2605/17 |
| 合计 | 1545/7 | 772.5/7 | 747.5/7 | — | — | 1320/7 | 2285/16 | 6670/41 |

### 6.2.6 典型日运行情况

全清洁能源供电工作开展的前一日，按照计划开展试运行，全体调度人员按照方案进行预演。根据次日短期新能源功率预测结果，最大出力 347 万 kW，全日电量 3108 万 kW·h，与目标电量 3500 万 kW·h 相差较大。调度人员与宁夏电网开展了 415 万 kW 电量的日前交易，交易时段为 00：15—24：00。

以下选取三个典型日，对全清洁能源供电期间电网每日运行情况进行详细论述，分别是新能源不满足运行要求日、新能源满足运行要求日以及提高新能源占比日。

#### 6.2.6.1 2017 年 6 月 17 日（新能源不满足运行要求日）

2017 年 6 月 17 日，青海全网最大负荷 727 万 kW，用电量 16842 万 kW·h，水电最大出力 833 万 kW，发电量 14422 万 kW·h；新能源最大出力 436 万 kW，发电量 2858 万 kW·h；外购宁夏、陕西电网新能源电量 1545 万 kW·h，其中日内实时交易 6 笔，交易电量 1130 万 kW·h，网内没有发生新能源发电因断面能力受限的情况。新能源电量总计 4403 万 kW·h，占全网用电量的 26.1%，发用电量及最大负荷见表 6-6。全时段满足清洁能源出力实时大于负荷 20 万 kW 和新能源电量大于用电量 20%的目标，实时电力成分监控图如图 6-25 所示，绿色区域是省内新能源发电成分，黄色区域是省外购入新能源发电成分，紫色曲线是全省实时供电负荷曲线。

表 6-6　　2017 年 6 月 17 日发用电量及最大负荷数据

| 最大负荷/万 kW | 727 | | | |
|---|---|---|---|---|
| 全网用电量/(万 kW·h) | 16842 | | | |
| 水电 | 发电量/(万 kW·h) | 14422 | 占比/% | 77.1 |
| 光伏 | | 2376 | | 12.7 |
| 风电 | | 482 | | 2.6 |
| 火电 | | 1422 | | 7.6 |
| 外购新能源电量 | 实时交易 6 笔，交易电量 1130 万 kW·h | | | |

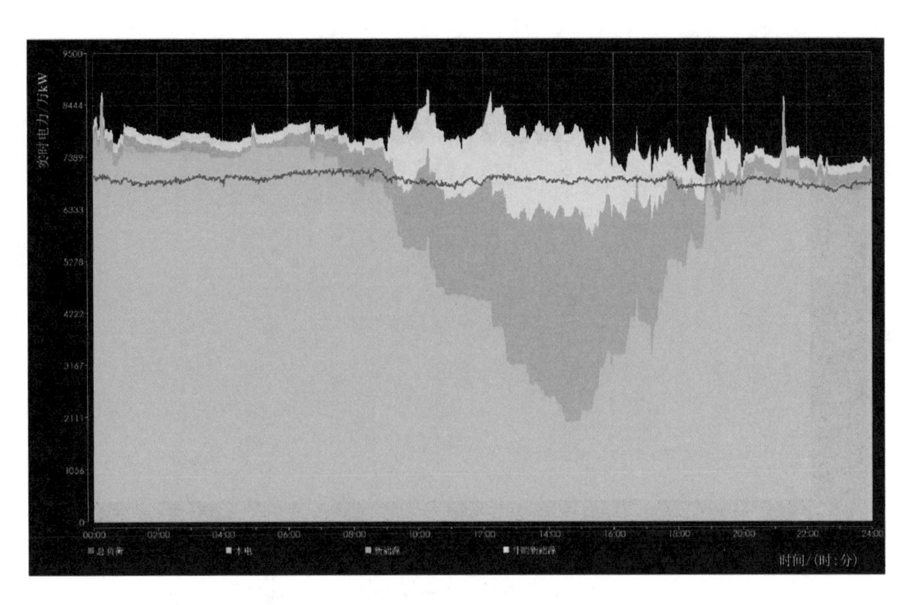


图 6-25　2017 年 6 月 17 日实时电力成分监控图

### 6.2.6.2　2017 年 6 月 20 日（新能源满足运行要求日）

2017 年 6 月 20 日，青海电网最大负荷 726 万 kW，用电量 16638 万 kW·h；水电最大出力 841 万 kW，发电量 14358 万 kW·h；新能源最大出力 464 万 kW，发电量 3959 万 kW·h，新能源电量占全网用电量的 23.8%，发用电量及最大负荷数据见表 6-7。清洁能源出力满足实时大于负荷 20 万 kW 以上和新能源电量大于用电量 20%的要求，实时电力成分监控图如图 6-26 所示。

表 6-7　　2017 年 6 月 20 日发用电量及最大负荷数据

| 最大负荷/万 kW | 726 | | | |
|---|---|---|---|---|
| 全网用电量/(万 kW·h) | 16638 | | | |
| 水电 | 发电量/(万 kW·h) | 14358 | 占比/% | 72.8 |
| 光伏 | | 3575 | | 18.1 |
| 风电 | | 384 | | 1.9 |
| 火电 | | 1431 | | 7.2 |

### 6.2.6.3　2017 年 6 月 23 日（提高新能源占比日）

2017 年 6 月 23 日，青海电网最大负荷 730 万 kW，用电量 17049 万 kW·h，水电最大出力 818 万 kW，发电量 12661 万 kW·h；新能源发电最大出力 462 万 kW，发电量 4026 万 kW·h；购入甘肃、宁夏、新疆新能源电量 2285 万 kW·h，新能源电量总计 6311 万 kW·h，占全网用电量的 37.0%，发用电量及最大负荷数据见表 6-8。满足清洁能源出力实时大于负荷 20 万 kW 和新能源电量大于用电量 20%的目标，实时电力成分监控图如图 6-27 所示。

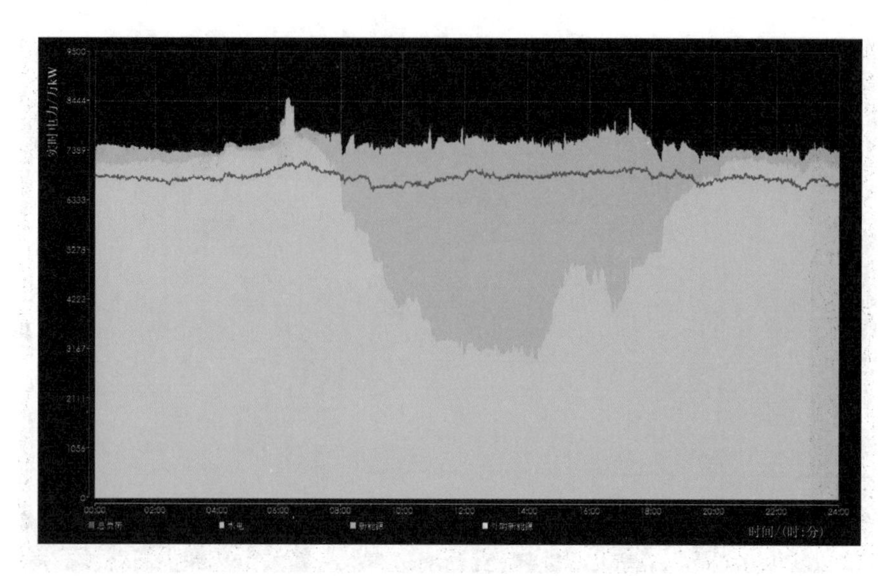


图6-26　2017年6月20日实时电力成分监控图

**表6-8　　2017年6月23日发用电量及最大负荷数据**

| 最大负荷/万kW | 730 | | | |
|---|---|---|---|---|
| 全网用电量/(万kW·h) | 17049 | | | |
| 水电 | 发电量/(万kW·h) | 12661 | 占比/% | 71.9 |
| 光伏 | | 3827 | | 19.0 |
| 风电 | | 403 | | 2.0 |
| 火电 | | 1440 | | 7.1 |
| 外购新能源电量 | 交易电量2285万kW·h | | | |

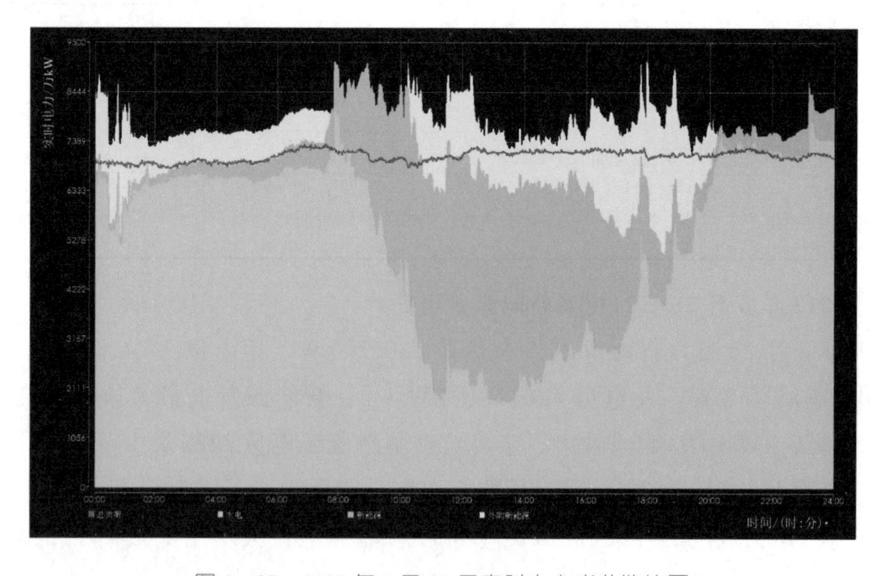


图6-27　2017年6月23日实时电力成分监控图

# 6.3 实践总结与主要成效

## 6.3.1 实践总结

“绿电 7 日”168h 全清洁能源供电取得圆满成功，检验了青海电网多能互补协调控制和新能源消纳的能力。同时不断总结经验，在不断提升清洁能源发展能力和发展水平上继续前行。

（1）新能源超短期预测准确率有待提高。全清洁能源供电期间，调度人员根据超短期新能源和负荷预测结果，判断未来 4h 内清洁能源出力是否满足供电需求，不足时联系西北区域内其他省开展实时交易购入新能源电力，保证每时每刻全清洁能源供电，新能源超短期预测的准确性非常重要。全清洁能源供电 7 日，超短期新能源预测准确率及超短期负荷预测准确率均达到 95%以上，能够保障电网清洁能源发电实时调整，但对于进一步精准开展电力交易还有优化空间，新能源超短期预测准确率有待进一步提高。

（2）亟须加强网架建设，提升新能源消纳能力。新能源远距离输送受断面稳定极限制约，发生一定程度的限电现象。全清洁能源供电期间，除 17 日未受限外，其余 6 日均存在受限情况。到 2020 年青海新能源装机将超过 3637 万 kW，最大负荷 1180 万 kW，每年清洁能源富余电量 520 亿 kW·h。清洁能源难以就地消纳，电网调峰能力不足矛盾更加凸显。只有通过加快建设特高压外送通道，才能实现清洁能源大规模、跨区域、远距离输送和大范围优化配置，满足清洁能源的大规模开发和利用。

（3）须加大电网调峰能力建设。龙羊峡水库是黄河流域的重要水利枢纽，关乎防凌、防汛、保灌溉等重大民生问题，出库流量严格限制，不仅为省内新能源进行结构性互补，且承担着西北电网重要的调峰调频任务，若长时间增大出库流量不但严重影响水库综合利用，也可能导致西北电网失去事故应急响应能力，这是此次全部清洁能源供电仅限定为 168h 的关键原因之一。因此，加快黄河流域水电站和抽水蓄能电站的规划建设，提高电网调峰调频能力，是促进青海新能源发展的重要条件。

（4）加快建立火电调峰补偿机制是保障。全部清洁能源供电期间，省内火电在保证电网安全稳定的前提下，按照最小出力运行，所发电量全部送出，对火电厂的经济效益影响较大，这也是全部清洁能源供电仅限定为 168h 的另一个关键原因。在尚未建立火电调峰补偿机制的情况下，会降低火电参与电网调峰的积极性，影响电网安全。

（5）优化智能控制先进技术。电网调度部门近年来持续强化技术创新，建立了涵盖新能源超短期预测、并网实时柔性控制、AGC 优化控制、供电成分实时监视及可购电力裕度告警等系统，实现发用电环节的精准监视、预判及控制，保障清洁能源发电最大化和输电断面利用最大化。持续深化新能源智能调度平台相关系统功能，优化新能源AGC控制策略，实现发用电环节的精准监视、预判及控制是长期任务。

### 6.3.2 主要成效

1. 顺应能源发展趋势，契合国家发展战略，符合国家电网发展战略

“绿电7日”期间，全部使用清洁能源供电，实现用电“零排放”，是紧紧围绕习近平总书记“五位一体”总体布局和“四个全面”战略布局，践行“创新、协调、绿色、开放、共享”五大发展理念的具体体现，是对国家能源革命和消费革命战略的积极响应和实践，是落实习近平总书记视察青海时提出“四个扎扎实实”重大要求的具体成果。与第十八届青洽会“开放合作、绿色发展”主题相一致，与青海省打造海西州、海南州“两个千万千瓦级”可再生能源基地、创建绿色能源示范省的发展战略高度契合。同时也是国家电网有限公司以五大发展理念为统领，深入推进“两个转变”，推动公司和电网科学发展的战略在青海的体现，是符合当前发展形势和战略需要的成功之举。此举在全国尚属首次，实现全清洁能源供电是对近年来青海电网发展建设和运行管理的一次重大考验，对于推动我国能源转型、推动青海节能减排和生态环境保护，支撑青海新能源电力的消纳与输送，促进清洁能源持续健康发展和高效利用意义重大。

2. 青海电网安全稳定运行经受住了考验

青海电网实现全清洁能源用电是对近年来电网发展建设和运行管理的一次重大考验。2014—2017年，青海电网的总装机容量增长了1555万kW，其中光伏装机容量增长816万kW。电网网架结构较好地保持了各电压等级协调发展。配合新能源装机容量的快速增长，国网青海省电力公司配套投资电网工程136亿元。深入开展青海电网运行特性分析研究，大力提高一、二次设备装备水平和运维管理水平，多措并举，确保了电网安全稳定运行，有力地支撑了青海新能源电力的消纳与输送，青海新能源的消纳始终处于国内领先水平。

3. 青海清洁能源多能互补优势逐渐显现，绿色能源示范省的建设初见成效

近年来通过大力发展清洁能源，加强电网建设，青海省光伏、风电、水电等均基本具备了多能互补优化运行保障可靠供电的能力。“绿电7日”期间青海用电负荷全部通过水电、光伏和风电供电。其中：白天光伏大发时段风电自然出力特性小，通过调节水电为光伏让出空间；其他时段由水电承担主力电源、风电提供重要电力补充。连续7日实际发电曲线显示，青海水电、光伏和风电之间互补特性明显，清洁能源多能互补优化运行优势明显。青海电网多能互补集成优化研究结果表明，青海省水电、光伏、光热、风电、抽蓄等多类型电源在月、日、时不同尺度均具有较好的互补特

性。依托海南州和海西州两个千万千瓦级绿色能源基地建设，青海打造包括水电、光伏、光热、风电、抽蓄等多种电源构成的绿色能源示范省初见成效。到2020年，青海绿色能源发电总装机容量达到3637万kW，各类电源布局更加合理，多能互补成效更加显著，可从根本上解决新能源发电间歇性强、可控性差等方面的固有劣势。届时，全省年总发电量达到1036亿kW·h，在满足青海用电需求的同时外送至我国中东部地区570亿kW·h清洁电量，预计每年可减少至我国中东部地区二氧化碳排放7000万t，为我国生态环保、节能减排发挥重要作用。

青海电网此次“绿电7日”全清洁能源供电实践具体有以下特点：

（1）全部清洁能源供电时间长。青海电网于2017年6月17日00：00至23日24：00共168h，实现连续7日100%清洁能源供电，刷新了世界纪录。

（2）调峰难度大。青海电网通过对光伏、风电和水电实施多能源协调控制，依靠省内水电平抑和调节新能源的波动，调峰手段有限，电网调控难度和运行风险大。

（3）供电实现零排放。青海“绿电7日”期间火电按最小出力运行并全额送外省，省内供电实现零排放。

（4）没有调峰补偿机制。青海尚未建立辅助服务市场，火电按计划调峰，对火电厂的经济效益影响较大。

第7章

# "绿电9日"全清洁能源供电

## 7.1 总体策划

### 7.1.1 组织思路

#### 7.1.1.1 "绿电9日"全清洁能源供电实践的提出

2017年在国家电网有限公司的帮助支持下，青海电网开展了连续7日168h全清洁能源供电，并取得圆满成功。这是青海公司以实际行动推进能源生产和消费革命，助力青海清洁能源示范省建设的具体实践，对全国乃至全球清洁能源持续发展都具有重要示范意义。

2018年为进一步提升全清洁能源供电工作成效，推广和扩大全清洁能源供电成果，计划在6月20日0：00至28日24：00开展连续9日216h青海全清洁能源供电新实践。主题是：以保安全、全清洁、市场化提高新能源消纳水平为目标，实施"绿电9日"供电新实践。"绿电9日"全部以水、风、光等清洁能源供电，实现用电零排放，与"绿电7日"相比，电网规模进一步扩大，全省电源装机达到2640万kW、负荷达到850万kW、日均电量1.89亿kW·h，分别增长了13%、17%和8%。其中新能源装机容量达1070万kW，增长了42%，占比达到40.6%，作为省内第二大电源，新能源装机容量已接近水电规模。

不同于2017年的"绿电7日"，"绿电9日"的主要创新在于引入实施火电调峰补偿和负荷参与调峰"两个机制"，深化应用青海新能源大数据中心建设成果和多能互补协调控制"两项技术"，丰富市场化交易品种，实现地区经济绿色发展新突破。

（1）引入"两个机制"，即采用经济手段引入火电调峰补偿机制和负荷中断调峰机制。实施火电调峰补偿机制，加大对火电机组调峰经济补偿力度，推进辅助服务交易市场建设，使火电调峰由计划向市场方式转变，促成火电企业主动参与电网调峰，拓展新能源消纳空间；挖掘省内用电市场，采用经济手段调整负荷曲线，刺激空闲产能和引导负荷错峰，增加电网白天时段的用电量，减少光伏调峰受限。通过以上措施进一步提升全清洁能源供电期间新能源发电占比，实现新能源最大化消纳的目标。

（2）应用“两项技术”。一是深化应用多能互补协调控制技术；二是全力推进新能源大数据中心建设。

（3）丰富“两种交易”。一是开展发电权交易；二是组织新能源企业与三江源地区电能替代项目直接交易。

“绿电9日”的策划开展，不仅是全清洁能源供电时间的延长，是对电力改革市场机制建设的实践验证，是对新能源发展方向与技术进步的实际检验，更是对能源生产和消费革命的再一次深入探索。

#### 7.1.1.2 “绿电9日”全清洁能源供电实现路径

为确保完成“绿电9日”全清洁能源供电目标，在青海省委省政府的大力支持和帮助下，国家电网有限公司国调、分调、省调三级调度上下联动，北京、青海两级电力交易平台协调运作，各发电企业通力协作，电力用户积极响应，圆满完成青海全清洁能源供电，达到预期目标。全清洁能源供电的实施主要有以下几方面工作。

（1）加强组织领导，建立工作保障机制。成立电网安全保障组、交易保障组、营销保障组和宣传报道组四个工作小组，明确职责，保证全过程协同高效、顺利实施。“绿电9日”全清洁能源供电机构设置框架图如图7-1所示。

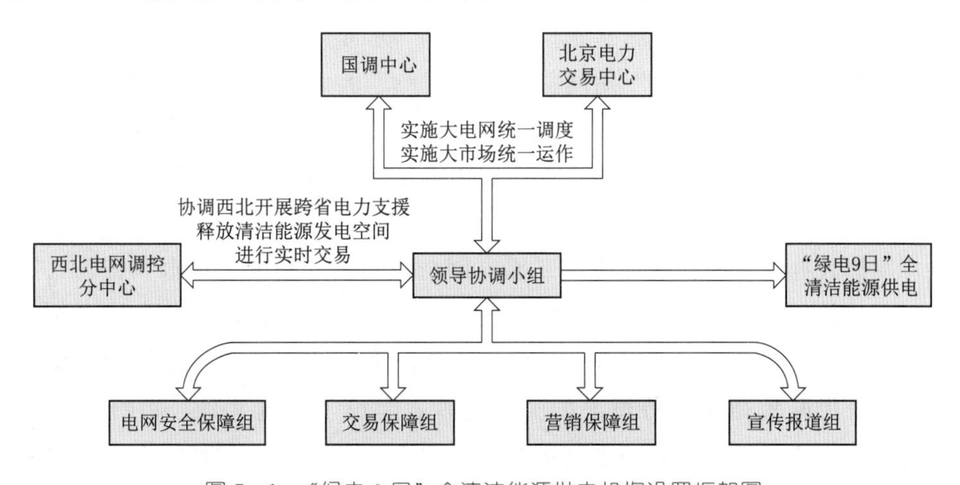


图7-1 “绿电9日”全清洁能源供电机构设置框架图

（2）开展电网安全校核，落实风险管控措施。加强输电线路及变电站设备的巡视维护，组织完成发、输、变电设备和调度技术支持系统的隐患排查整治。针对大量清洁能源电力长距离集中输送的问题，开展全网安全校核，梳理重载输送断面5个、重载线路4条、故障后可能造成清洁能源大量损失的线路或主变压器51项，并制定了相应的运维措施，降低电网运行风险。开展全清洁能源用电期间火电最小开机方式专项校核，将省内主力火电机组开机容量降低至60万kW，最小出力降到30万kW，出力仅占全省主力火电装机容量的9.5%，占全网负荷的3.5%，在2017年“绿电7日”

的基础上再降低50%左右，进一步释放省内新能源发电能力。合理安排电网运行方式，宁月电磁环网按照合环方式运行，不安排省际断面输变电设备、黄河大中型水电机组和110kV及以上送出线路检修，不安排新能源上网输变电设备检修，确保停电期间清洁能源电站全接线、全保护运行，保证清洁能源送出通道最大输送能力。严密监控电网送出和受入控制断面潮流，确保不超稳定极限，优化调整电网电压，保障电网安全。编制专项应急预案，开展联合反事故演练，确保全清洁能源供电万无一失。

（3）依托国家电网有限公司能源资源配置优势，实施全网统一调度。“绿电9日”期间，国、区域、省三级调度紧密配合，发挥国家电网跨省、跨大区能源资源优化配置的优势，优化调度方案。统筹国家、区域、省三级电力电量平衡，深入开展省内重要输电通道和省际断面极限安全校核分析。充分利用省际750kV通道和银东直流等通道开展跨省跨区电力交换。国家、区域、省三级调度联合开展反事故预想，明确调度原则，密切配合，在电网发生重大事故的情况下及时提供紧急支援，协同事故处置，为青海电网的安全运行提供了保障。“绿电9日”期间，省内用电负荷全部由水电和新能源平衡，省内用电量全部以水、风、光等清洁能源进行电力电量平衡，清洁能源发电总出力每时每刻高于负荷曲线，确保青海全清洁能源供电。保障电网安全的少量火电不参与省内电力电量平衡，签订交易合同全额外送陕西、山东、江苏等三省，参与三省的电力电量平衡。增加水库出库流量，期间龙羊峡水库日均出库流量达$850m^3/s$以上，较“绿电7日”期间提高$100m^3/s$。确保水电和新能源电力曲线实时高于电力负荷曲线。白天电网主要依靠自发的水电、风电、光伏平衡负荷，富余水电送省外；晚间除水电、风电平衡负荷外，省内不足部分由新疆、甘肃、宁夏风电送入进行补充。

（4）发挥大电网智能控制能力，开展电网精益调控。根据“绿电9日”方案，完善“青海清洁能源实时供电监视”模块，建设了“网源荷监视”和“新能源超短期接纳能力预测”模块，实现对电网发用电曲线、新能源预测发电和接纳能力、电力实时交易、火电及中断负荷调峰等情况的实时监视，建设“绿电9日”运行数据报表模块，实现全清洁能源供电期间的电网运行数据自动采集生成。组织人员学习“绿电9日”供电方案，制定了调度运行实时控制原则和流程，明确了运行期间清洁能源出力与用电负荷差值的两个控制限值和对应的调整策略。根据电网运行安排和安全校核结果，针对影响全清洁能源供电的故障编制专项应急预案，明确了保证电网安全和全清洁能源供电两者兼顾的处理原则，组织开展联合反事故演练，设置影响清洁能源送出的故障，深化各单位事故处理的协同配合机制。积极开展试运行工作，通过供电监视模块对电网发用电等情况进行实时监视，及时调整发电出力或开展调峰互济，并结合方案执行情况，分析运行过程中遇到的问题，提出相关修改建议。通过供电监视模块对电网进行实时监视，密切关注电网发用电曲线、电网新能源平衡能力等情况，及时调整青海发电出力或开展调峰互济。确保清洁能源发电出力实时大于用电负荷100万～200万kW以上，加强青海电网重要输电断面的实时监视，重点监视海西州送出、景黄受电、宁塔月送出等重过载断面，严格控制电网各断面潮流，确保断面不超稳定极限运行。通过潮流和电网在线分析系统开展电网实时运行分析，查找电网运行过程中的薄弱环节，加强薄弱环节的运行监视，提前做好预控措施，确保电网安全运行。

（5）突出市场化交易，打造多方共赢新局面。“绿电9日”期间交易公司与调控中心通过“早晚会”机制，密切跟踪天气变化，重点关注阴雨天气对电网运行和新能源发电的影响，跟踪交易计划实施情况，积极协调日前、实时交易工作，确保方案的落实。及时跟踪黄河上游水库运用，开展日滚动测算，密切关注刘家峡水位情况，针对后期可能的来水及出库情况与西北水调进行积极的沟通汇报，确保全月出库水量按计划执行。“绿电9日”期间，对关停的汉东、佐署、唐湖、宁北电厂等火电机组，通过市场化手段组织火电厂与新能源电站进行发电权交易，为清洁能源腾出接纳空间，共成交替代电量1.99亿kW·h，火电企业获得0.03元/(kW·h)的转让收益，获益597万元。将青海电网参与深度调峰的火电电量，通过市场交易的方式送往外省，通过北京交易平台组织青海火电外送山东、江苏和陕西。采用“价差平移”方式，青海首次开展三江源清洁供暖打捆与新能源直接交易，从2018年6月1日到30日，10家还在供暖的三江源取暖客户与海南地区新能源发电企业签订日前交易合同，进行直接交易，通过电价下浮0.03元/(kW·h)的方式，为取暖客户节省用电成本。

### 7.1.2 电网安全校核及方式安排

#### 7.1.2.1 运行方式安排

全清洁能源供电期间省内用电负荷全部由水电和新能源平衡，极端天气下新能源发电不足时，外购西北其他省份新能源予以补充。省内火电以交易方式全额送出，同时安排青海水电送银东电力30万kW以上，确保水电和新能源电力曲线要实时高于电力负荷曲线。

青海电网全部清洁能源供电期间，开展日间和夜间电网安全分析，对网内4个主要输电断面安全校核，梳理重载输变电设备27项，编制事故预案。宁月电磁环网按照合环方式运行，不安排省际断面输变电设备、黄河大中型电站机组和110kV及以上送出线路检修，不安排新能源上网输变电设备检修，确保停电期间清洁能源电站运行全接线、全保护运行，保证清洁能源送出通道最大输送能力。“绿电9日”期间运行方式安排如图7-2所示。

“绿电9日”期间，青海电网火电机组仅华电大通电厂2台机组开机运行，保持最大出力45万kW，同时佐署、宁北、唐湖、汉东火电厂共8台机组全停。要求华电

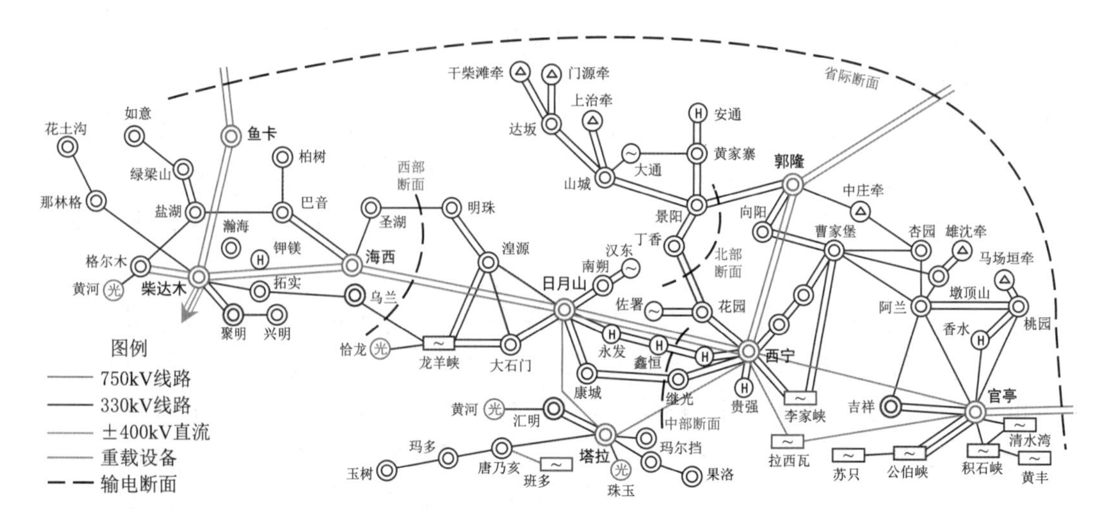

图7-2 2018年6月20—28日“绿电9日”期间运行方式安排图

大通电厂一台机组带50%负荷，另一台机组按照电网实际情况适时开展深度调峰。华电大通电厂要提前开展机组50%以下深度调峰试验和机组改造消缺。确保2018年6月19日前至少一台机组具备深度调峰能力。

#### 7.1.2.2 火电最小开机、出力安全校核

综合考虑青海北部供电断面和省际购电断面受入能力，“绿电9日”全清洁能源供电期间省内火电保持最小开机方式、最小技术出力运行。

目前西宁北部地区最大负荷为195万kW，为避免花丁双回线路 $N-1$ 故障引起另一回线路过载和宁郭双回线路 $N-2$ 故障引起花丁双回线路过载，需控制南北断面“花丁双回+郭景双回”130万kW，西宁北部地区电源出力达到65万kW，考虑北部大通河小水电夏季出力38万kW，考虑备用和余度还需要大通电厂2台机组运行，最小安全约束出力27万kW。安排佐署、宁北、唐湖、汉东电厂全部停机，全省公网火电最小出力可压到45万kW，比2017年“绿电7日”期间降低了37万kW。

#### 7.1.2.3 重载断面安全校核

青海电网主要负荷集中在西宁地区，位于青海电网的中东部，而光伏和风电装机主要位于电网的西部和南部，水电装机位于电网的东部，青海电网全清洁能源用电期间，存在清洁能源大量经海西、海南地区长距离集中输送的问题，期间青海电网存在5个主要输送断面：

(1) 省际输电断面。受郭武双回同杆 $N-2$ 故障后西宁北部电网低电压影响，北部电网的火电开机方式制约了青海电网受电极限，华电大通电厂2台机组、佐署1台机组开机运行方式下，省际购电能力320万kW，省际送电能力430万kW，全清洁能源供电期间送出电力需求在95万kW以上，当前省际断面满足电力平衡需求，不会造成省际联络线路重载。

(2) 海西州送出断面。目前海西州新能源送出断面受到新疆—西北电网一通道750kV线路同塔$N-2$故障引起海西州电压失稳的制约，断面送出能力为160万kW，断面内新能源装机容量达到532万kW，中午光伏大发时段无法实现新能源全部送出，新能源最大受限约80万kW，“绿电9日”期间中午时段该断面负载率将超过99.4%。

(3) 海南州新能源由宁塔月三角环网送电，新能源无断面受限。

(4) 宁塔月送出断面。宁月电磁环网按照合环方式运行，该断面不仅是青海负荷中心的重要供电通道，也是青海光伏外送的汇集通道，海西、恰龙、共和的光伏以及龙厂、汉东的火电全部汇集到此，发生750kV宁月双回同杆$N-2$故障，潮流全部转移至330kV通道输送，330kV线路过载。该断面极限为540万kW，“绿电9日”期间中午时段该断面最大达到460万kW，负载率将达到85%。

(5) 宁羊送出断面。宁羊送出断面极限为140万kW。受限主要原因为海西州光伏穿越功率与龙羊峡水电站出力及恰龙光伏电站出力叠加在一起，输送至青海中部主网，当海西州光伏满发、龙羊峡水电大发情况下，月源Ⅰ线负载率将达到93%。

重载断面安全校核结论：对全月火电各阶段开机方式进行安全校核，青海电网主要750kV、330kV输电通道线路及火电机组故障后电网校核均无安全问题。方案执行期间，青海电网发生宁月电磁环网330kV康继Ⅰ线或恒营Ⅱ线线路故障，为防止线路同塔$N-2$故障构成四级电网事件，需要将宁月电磁环网解环运行。解环后需控制西宁主变断面下送不超过200万kW，综合调整全网机组出力后，可以保证“绿电9日”正常进行；发生其他$N-1$故障（含同塔双回$N-2$故障、大机组故障）无需进行大的方式调整，该方案可持续执行。重要断面内线路及输变电设备见表7-1。

**表7-1　重要断面内线路及输变电设备**

| 序号 | 电压等级/kV | 线路 | 所属断面 |
|---|---|---|---|
| 1 | 750 | 宁月双回 | 宁塔月断面 |
| 2 | 750 | 宁塔线 | 宁塔月断面 |
| 3 | 750 | 月塔线 | 宁塔月断面 |
| 4 | 750 | 柴达木主变 | 海西断面 |
| 5 | 750 | 海西变主变 | 海西断面 |
| 6 | 330 | 康继Ⅰ线 | 宁塔月断面 |
| 7 | 330 | 恒营Ⅱ线 | 宁塔月断面 |
| 8 | 330 | 海圣Ⅰ线 | 海西断面 |
| 9 | 330 | 龙乌线 | 海西断面 |

#### 7.1.2.4　新能源上网输变电设备$N-1$安全校核

方案执行期间，青海电网设备发生$N-1$故障，清洁能源发电出力损失超过10

万 kW 的线路或主变共有 51 项，其中 330kV 线路 11 条，330kV 主变 18 台，110kV 线路 21 条；方案执行期间，水电大发，青海电网 330kV 及以上线路负载率达到 70%的线路共有 4 条。$N-1$ 故障引起清洁能源出力损失 10 万 kW 以上的线路或主变见表 7-2，负载率达到 70%以上的线路见表 7-3。

表 7-2　　$N-1$ 故障引起清洁能源出力损失 10 万 kW 以上的线路或主变

| 电压等级/kV | 线路或主变 | $N-1$ 故障损失出力/万 kW | 备注 | 电源性质 |
|---|---|---|---|---|
| 330 | 聚兴线 | 5 | | 光伏 |
| 330 | 巴柏线 | 6 | | 光伏 |
| 330 | 恰龙Ⅰ线 | 80 | | 光伏 |
| 330 | 产格Ⅰ线 | 42 | | 光伏 |
| 330 | 郡汇Ⅰ回 | 61 | | 光伏 |
| 330 | 盐坪Ⅰ回 | 42 | | 风电 |
| 330 | 塔切Ⅰ回 | 32 | | 风电 |
| 330 | 兴明1号、2号主变 | 23 | 稳控切除 | 光伏 |
| 330 | 柏树1号、2号主变 | 28 | 稳控切除 | 光伏 |
| 330 | 聚明1～4号主变 | 10 | 稳控切除 | 光伏 |
| 330 | 汇明1～4号主变 | 20 | 稳控切除 | 光伏 |
| 330 | 吉祥1号、2号主变 | 10 | 稳控切除 | 水电 |
| 330 | 乌兰1号、2号主变 | 10 | 稳控切除 | 光伏 |
| 330 | 流沙坪1号、2号主变 | 21 | 稳控切除 | 光伏 |
| 330 | 塔唐线 | 45 | | 水电 |
| 330 | 班唐线 | 36 | | 水电 |
| 330 | 孟驼Ⅰ线 | 22 | | 水电 |
| 330 | 公苏线 | 14 | | 水电 |
| 110 | 彩互Ⅱ回 | 12 | | 水电 |
| 110 | 格汇线 | 13 | | 光伏 |
| 110 | 聚汇线 | 25 | | 光伏 |
| 110 | 沐杏线 | 10 | | 光伏 |
| 110 | 瑄汇线 | 10 | | 光伏 |
| 110 | 蓓汇线 | 10 | | 光伏 |
| 110 | 诚汇线 | 10 | | 光伏 |
| 110 | 汉汇线 | 10 | | 光伏 |
| 110 | 奔汇线 | 10 | | 光伏 |
| 110 | 晖汇线 | 10 | | 光伏 |
| 110 | 际汇线 | 10 | | 光伏 |
| 110 | 泰汇线 | 10 | | 光伏 |

续表

| 电压等级/kV | 线路或主变 | $N-1$ 故障损失出力/万 kW | 备注 | 电源性质 |
|---|---|---|---|---|
| 110 | 晖汇Ⅱ回 | 10 | | 光伏 |
| 110 | 汉汇Ⅱ回 | 10 | | 光伏 |
| 110 | 勘汇线 | 20 | | 光伏 |
| 110 | 秦思线 | 14 | | 光伏 |
| 110 | 易思线 | 15 | | 光伏 |
| 110 | 博思线 | 1 | | 光伏 |
| 110 | 圣村线 | 11 | | 光伏 |
| 110 | 圣宏线 | 10 | | 光伏 |
| 110 | 岭邦线 | 10 | | 光伏 |

表 7-3　　负载率达到 70%以上的线路

| 线路名称 | 线路通流能力/万 kW | 预计实际载流量/万 kW | 负载率/% |
|---|---|---|---|
| 郡汇Ⅰ线 | 66 | 61 | 92.4 |
| 产格Ⅰ线 | 41 | 40 | 97.6 |
| 月源Ⅰ线 | 66 | 61 | 92.4 |
| 通黄线 | 66 | 47 | 71.2 |

#### 7.1.2.5 火电调峰补偿校核

"绿电 9 日"期间青海电网 4 座火电厂机组全停，由于电网安全运行约束仅保留华电大通 1 座火电 2 台机组运行，为进一步实施节能减排和调峰，在"绿电 9 日"期间，要求运行火电机组参与深度调峰。

由于当时青海电网电力辅助服务市场尚未开始建设，所以在"绿电 9 日"期间实施火电深度调峰补偿方案。

1. 补偿分摊原则

（1）火电机组有偿调峰基准定为其额定容量的 50%。

（2）实时深度调峰交易采用"阶梯式"报价方式和价格机制，火电企业分两档浮动报价，具体分档及报价上下限参见表 7-4。

表 7-4　　调峰交易具体分档及报价上下限

| 报价档位 | 火电厂负荷率 | 调峰报价/[元/(kW·h)] | |
|---|---|---|---|
| | | 上限 | 下限 |
| 第一档 | 40%≤负荷率<70% | 0.4 | 0 |
| 第二档 | 负荷率<40% | 1.0 | 0.4 |

（3）实时深度调峰交易模式为日前申报、日内调用。

（4）火电厂获得补偿费用根据开机机组不同时段调峰深度所对应的阶梯电价进行

统计，计算公式为

$$实时深度调峰获得费用=\sum_{i=1}^{2}(第\ i\ 档有偿调峰电量\times 第\ i\ 档实际出清电价)$$

(5) 实时深度调峰交易按照各档有偿调峰电量及对应市场出清价格进行结算。其中，有偿调峰电量是指火电厂在各有偿调峰分档区间内平均负荷率低于有偿调峰基准形成的未发电量，市场出清价格是指单位统计周期内同一档内实际调用到的最后一台调峰机组的报价。

2. 分摊结果

为保证电网安全运行，电力调度机构有权在特殊情况下根据电网调峰需求采取临时增加或减少运行机组调峰资源或安排机组应急启停调峰等措施。

发电企业负责厂内设备运行与维护，确保能够根据电力调度机构指令提供符合规定标准的调峰服务。

### 7.1.3 负荷预测

“绿电9日”期间，全网负荷预测需要重点考虑气象、新型制造业负荷及负荷预测情况等因素影响。

1. 气象因素

全清洁能源供电期间，青海电网处于全年最小负荷期间，通过对青海周边省份气象条件分析，期间各省新能源资源均较为富足，没有极端高温天气，负荷情况平稳，可以向青海电网提供新能源电力电量备用。

2. 新型制造业负荷影响

新型制造业依靠科技创新，可以降低能源消耗、减少环境污染、增加就业、提高经济效益、提升竞争能力，能够实现可持续发展，是目前发展前景较好的制造业方向。为保证负荷预测的准确性以及全清洁能源供电期间用户负荷稳定，对新型制造业日用电负荷及用电量进行预测，其预测情况见表7-5。

表7-5　“绿电9日”期间日用电负荷及用电量预测表

| 日　期 | 20 | 21 | 22 | 23 | 24 | 25 | 26 | 27 | 28 |
|---|---|---|---|---|---|---|---|---|---|
| 最大负荷预测/万kW | 104 | 106 | 104 | 105 | 108 | 107 | 106 | 108 | 108 |
| 最小负荷预测/万kW | 91 | 95 | 89 | 94 | 93 | 95 | 88 | 89 | 97 |
| 用电量预测/(万kW·h) | 2300 | 2320 | 2310 | 2330 | 2360 | 2380 | 2320 | 2330 | 2400 |

3. 负荷预测情况

综合计划检修、客户停产、新增负荷、天气变化等因素，“绿电9日”期间青海电网日均用电量1.96亿kW·h。青海电网日最大负荷及用电量预测见表7-6。

表 7-6　　“绿电 9 日”期间青海电网日最大负荷及用电量预测表

| 日　期 | 20 | 21 | 22 | 23 | 24 | 25 | 26 | 27 | 28 |
|---|---|---|---|---|---|---|---|---|---|
| 最大负荷预测/万 kW | 842 | 827 | 836 | 834 | 850 | 848 | 843 | 850 | 853 |
| 最小负荷预测/万 kW | 730 | 748 | 748 | 759 | 750 | 757 | 760 | 760 | 765 |
| 用电量预测/(万 kW·h) | 19170 | 19490 | 19350 | 19550 | 19540 | 19700 | 19440 | 19600 | 20060 |

“绿电 9 日”期间青海电网最大预测日负荷为 853 万 kW，最小预测日负荷为 730 万 kW，平均负荷为 760 万 kW，单日负荷最大峰谷差为 112 万 kW。“绿电 9 日”期间日负荷预测曲线如图 7-3 所示。

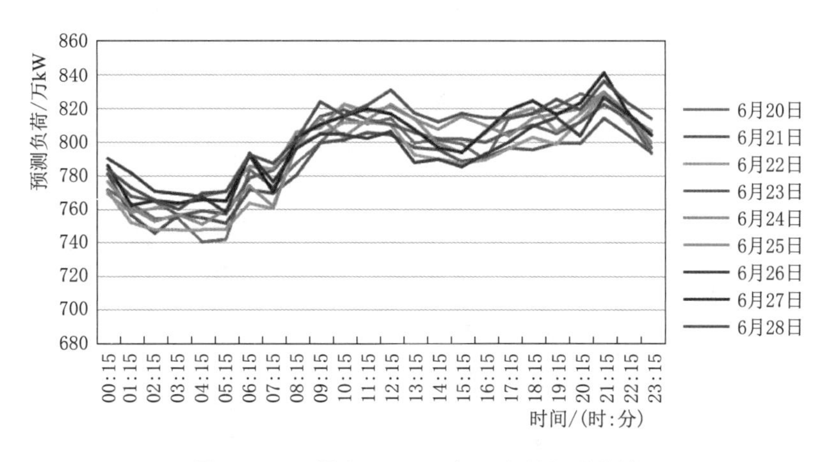


图 7-3　“绿电 9 日”期间日负荷预测曲线

## 7.1.4　清洁能源功率预测及发电计划

### 7.1.4.1　新能源发电计划

1. 天气情况预测

根据中尺度预报模式和实时四维资料同化技术模拟的集合数值天气预报信息，应用天气形势分析理论，结合青海高原高海拔特殊气象环境，对全清洁能源供电期间青海电网气象条件进行预测分析，预计“绿电 9 日”期间，青海电网全网风速、辐照度良好，但局部区域有小到中雨或者雷阵雨。

2. 新能源功率预测

(1) 光伏预测。“绿电 9 日”期间光伏发电短期和超短期预测功率曲线分别如图 7-4、图 7-5 所示。

2018 年 6 月 20—21 日，预测光伏最大出力可达 450 万 kW 左右，省内水电和新能源基本可以满足全省用电需求。

2018 年 6 月 22—25 日，预测光伏最大出力仅 350 万 kW 左右，难以满足省内用

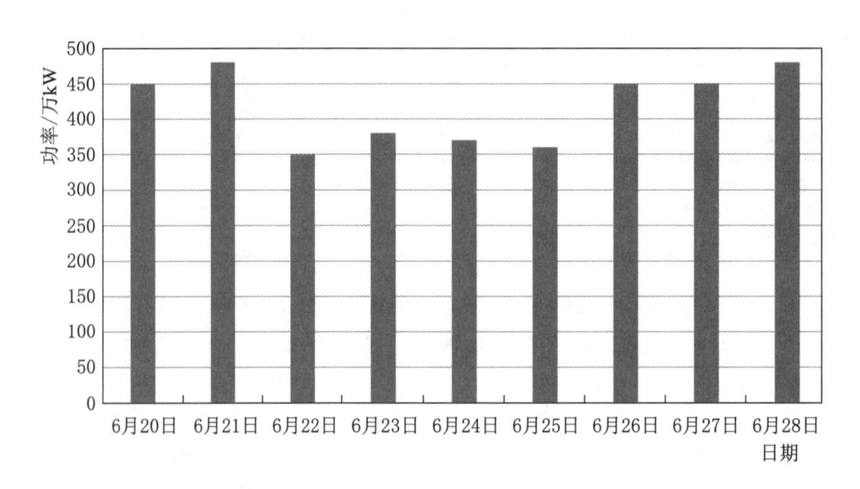


图7-4 "绿电9日"期间光伏短期预测功率曲线图

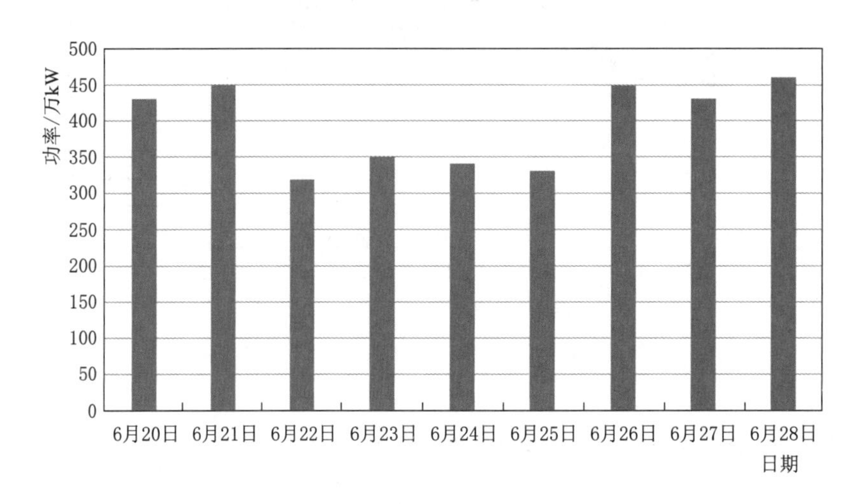


图7-5 "绿电9日"期间光伏超短期预测功率曲线图

电需求，应及时调整水电发电计划，增发水电，不足部分通过外购其他省区新能源作为补充。

2018年6月26—28日，预测光伏最大出力可达到450万kW左右，新能源出力表现为下降趋势，应及时滚动修正水电出力来实时平衡新能源出力的波动。

（2）风电预测。"绿电9日"期间，风电短期和超短期预测功率曲线如图7-6、图7-7所示。

总体而言，"绿电9日"期间风力发电曲线波动较大，白天风速较小、风资源较差，夜间风速较大、风资源较好，与光伏有较强的互补性。其中6月25日风电预测功率达到最低，仅有50万kW左右；27日夜间风电预测功率较大，预计可达到100万kW。由于青海省风电装机容量占比较低，风力发电曲线的波动对青海电网总体电力电量的平衡影响较小，在"绿电9日"期间主要作为光伏和水电的补充。

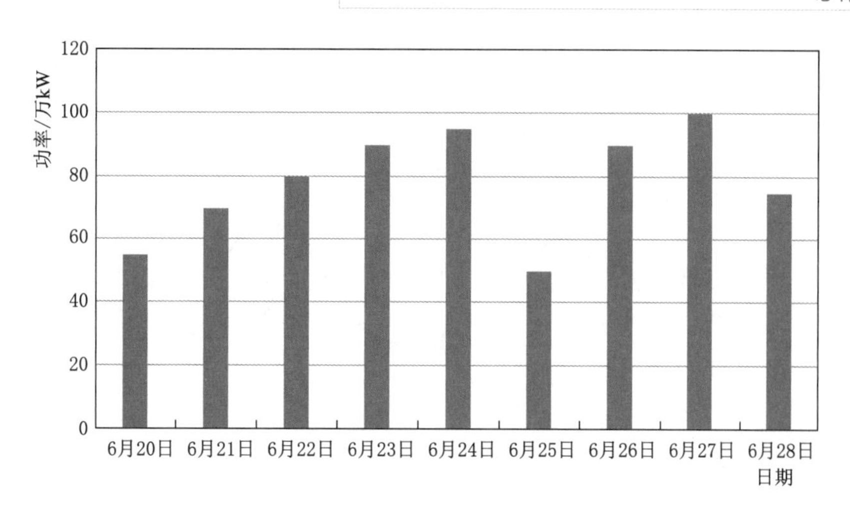


图7-6　“绿电9日”期间风电短期功率预测曲线图

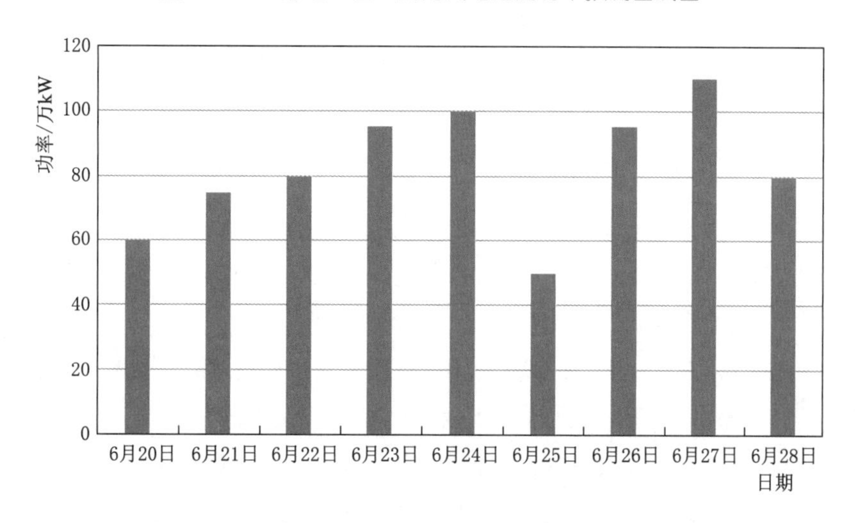


图7-7　“绿电9日”期间风电超短期预测功率曲线图

#### 7.1.4.2　水力发电计划

1. 水库运用计划

根据黄河上游水文站预测，预计“绿电9日”期间，黄河上游龙羊峡水电站来水量8.7亿$m^3$，平均来水流量1450$m^3/s$，水库入库流量780$m^3/s$。满足“绿电9日”期间水库运行需求，保证全月龙羊峡出库计划750$m^3/s$，对龙羊峡出库流量进行阶段性调整，龙羊峡日均下泄流量增加至860$m^3/s$，超出计划110$m^3/s$。在新能源出力受天气影响出现较大偏差时，需要加大黄河上游各电站的出库流量，弥补新能源出力不足，即使新能源日电量降至2000万kW·h，龙羊峡出库加大至950$m^3/s$，也能满足全清洁能源供电需要。其余时间，减小龙羊峡出库流量至690$m^3/s$。

2. 水电计划

综合天气状况、新能源出力特性和水库运用计划，安排水电在午间光伏大发时段配合新能源出力进行调峰。同时，在夜间无光伏发电情况下，水电大发满足全网用电负荷，并外送富余电量。"绿电9日"期间水电计划功率曲线如图7-8所示。

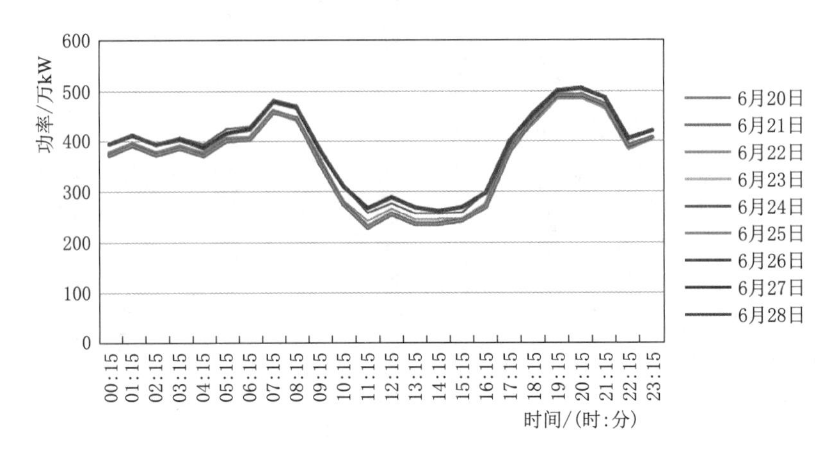


图7-8 "绿电9日"期间水电计划功率曲线

### 7.1.5 发用电平衡

在火电最小开机出力方式下，"绿电9日"期间全网最大购电能力：电力230万kW，日电量3450万kW·h左右；全网最大送电能力430万kW，日电量1亿kW·h左右。

方案执行期间，全天省际断面净送出75万kW（火电45万kW+黄河水电外送30万kW），净送出电量1800万kW·h，断面极限满足要求。预计方案执行期间，新能源最大出力600万kW，占午间全部负荷的70%；新能源最大日发电量5800万kW，最大占当日清洁能源发电量的30%，日均发电量5300万kW。"绿电9日"期间，电力、电量平衡总体情况见表7-7。

表7-7 "绿电9日"期间电力、电量平衡总体情况

| 电力平衡/万kW | | |
|---|---|---|
| 时间 | 夜间 | 白天 |
| 负荷 | 890 | 850 |
| 火电发电出力（火电开机95万kW） | 45万kW（负荷率75%，热备用15万kW） | |
| 光伏出力 | 0 | 520 |
| 风电出力 | 100 | 30 |
| 小水电出力 | 80 | 80 |
| 清洁能源外送 | 30 | 30 |
| 大中型水电出力 | 825 | 335 |

续表

| 电量平衡/(万 kW·h) | |
|---|---|
| 日均用电量 | 20500 |
| 火电电量 | 1080 |
| 新能源电量 | 5600 |
| 小水电电量 | 1800 |
| 送出电量 | 火电 1080＋水电 720 |
| 大中型水电总电量 | 13820 |
| 出库流量/($m^3$/s) | |
| 龙羊峡日均出库 | 860 |

1. 电量平衡

预计“绿电 9 日”期间，青海电网平均日用电量为 1.9 亿 kW·h。综合负荷预测、新能源功率预测、水库运用计划等情况，“绿电 9 日”期间省内清洁能源电量可以满足全部负荷电量供应，平均每日还需送出 3726 万 kW·h 电量，见表 7-8。

表 7-8　“绿电 9 日”期间全网电量平衡情况表　单位：万 kW·h

| 日期 | 水电 | 光伏 | 风电 | 本省清洁能源 | 日用电量 | 火电 | 总发电量 | 日前交易 | 富余电量 |
|---|---|---|---|---|---|---|---|---|---|
| 20 | 17885 | 3572 | 578 | 22035 | 19170 | 704 | 22739 | 0 | 3569 |
| 21 | 16830 | 4423 | 865 | 22118 | 19500 | 706 | 22824 | 0 | 3324 |
| 22 | 20292 | 2705 | 1316 | 24313 | 19360 | 726 | 25039 | 0 | 5679 |
| 23 | 18879 | 2778 | 1403 | 23060 | 19550 | 697 | 23757 | 0 | 4207 |
| 24 | 19853 | 3059 | 1120 | 24032 | 19540 | 730 | 24762 | 0 | 5222 |
| 25 | 19182 | 2966 | 964 | 23112 | 19700 | 707 | 23819 | 0 | 4119 |
| 26 | 15694 | 4274 | 1000 | 20968 | 19450 | 732 | 21700 | 0 | 2250 |
| 27 | 17875 | 3988 | 1209 | 23072 | 19600 | 706 | 23778 | 0 | 4178 |
| 28 | 14681 | 4522 | 1145 | 20348 | 20060 | 700 | 21048 | 0 | 988 |

2. 电力平衡

对每日发、用电量成分进行分解后，分时考虑电力匹配特性，预计“绿电 9 日”期间，电网最大负荷 760 万 kW，通过对水电出力的调节，可以满足新能源电力与负荷的匹配，见表 7-9。

表 7-9　“绿电 9 日”期间全网清洁能源与负荷电力平衡表　单位：万 kW

| 日期 | 时间 | 负荷 | 光伏 | 风电 | 水电 | 电力富余 |
|---|---|---|---|---|---|---|
| 20 | 白天 | 842 | 520 | 8 | 394 | 80 |
| | 夜间 | 733 | 0 | 78 | 989 | 334 |

续表

| 日期 | 时间 | 负荷 | 光伏 | 风电 | 水电 | 电力富余 |
|---|---|---|---|---|---|---|
| 21 | 白天 | 827 | 550 | 5 | 357 | 85 |
| | 夜间 | 748 | 0 | 85 | 1045 | 382 |
| 22 | 白天 | 836 | 417 | 15 | 601 | 197 |
| | 夜间 | 748 | 0 | 103 | 1034 | 389 |
| 23 | 白天 | 834 | 464 | 15 | 472 | 117 |
| | 夜间 | 759 | 0 | 115 | 991 | 347 |
| 24 | 白天 | 850 | 432 | 14 | 570 | 166 |
| | 夜间 | 753 | 0 | 121 | 1030 | 398 |
| 25 | 白天 | 848 | 437 | 11 | 436 | 36 |
| | 夜间 | 757 | 0 | 78 | 979 | 300 |
| 26 | 白天 | 843 | 517 | 12 | 320 | 6 |
| | 夜间 | 762 | 0 | 118 | 976 | 332 |
| 27 | 白天 | 850 | 517 | 5 | 382 | 54 |
| | 夜间 | 763 | 0 | 134 | 1003 | 374 |
| 28 | 白天 | 853 | 533 | 9 | 360 | 49 |
| | 夜间 | 765 | 0 | 99 | 1009 | 343 |

根据测算，“绿电9日”期间需送出最大电力398万kW，全清洁能源供电期间，清洁能源出力完全满足电力负荷，且每日都能达到电力外送要求。

## 7.2 “绿电9日”的实施

### 7.2.1 调度实施计划

#### 7.2.1.1 计划执行原则

（1）在考虑电网安全运行约束下，调整省内火电至最小运行方式，加大黄河上游水电下泄流量，通过采取青海火电以交易方式全额送出、撮合新能源跨省购入交易等措施，实现全省用电均由清洁能源（水电和新能源）实时提供。

（2）期间青海水电送银东电力30万kW以上，实时调整清洁能源出力确保青海清洁能源出力实时高于电力负荷曲线30万kW以上。

（3）期间保证新能源电量比例不低于28%（日均5600万kW·h），不足部分外购西北区域内其余省（自治区）新能源电力。

（4）各单位加强发输变设备的运行维护，对重要设备及线路进行特巡和测温，全力保证电网设备安全稳定运行。

在调度运行控制方案执行期间，当电网发生重大多重故障（如多条直流闭锁、重要联络线故障等）导致青海电网水电和新能源电力曲线长时低于电力负荷曲线时，终止运行。

#### 7.2.1.2 实时调控工作

1. 试运行工作

（1）19日试运行期间，青海不作为全网平衡省，西北分部安排刘家峡水电站为全网第一调频厂，其他直调水电站为全网第二调频厂，青海省调积极配合西北分部进行发电出力和运行方式调整，保证刘家峡水电站发电量偏差不大于100万kW·h。

（2）"绿电9日"期间，青海停止主控制区置换，仅允许通过实时双边交易购入甘肃、宁夏、新疆、陕西新能源电量。

（3）青海省调加强对"青海电网实时电力成分图"的监视，按照正常运行期间的要求执行，积极与西北网调沟通，对清洁能源发电进行合理预估，及时申请进行区内新能源交易，保证实时电力和电量满足要求。

2. 电网运行实时监控

（1）通过"青海电网实时电力成分图"对电网进行实时监视，密切关注电网发用电曲线、新能源及负荷预测结果、电力实时交易、火电及中断负荷调峰等情况，及时出力调整或进行交易，并满足下列条件：

1）青海水电出力＋青海新能源出力＋青海日前、实时购电电力全时段高于青海用电负荷30万kW以上。

2）新能源电量比例高于28%（日均5600万kW·h）。

（2）加强青海电网重要输电断面的实时监视，重点监视海西送出、景黄受电、宁月送出等重过载断面，提前做好预控措施，确保断面不超稳定极限运行。

（3）当青海水电出力＋青海新能源出力＋青海日前、实时购电电力出现低于青海用电负荷低于30万kW的趋势时，青海省调应及时向西北省调申请增加大型水电出力或积极寻求区内新能源交易。

（4）期间因新能源波动或设备故障导致广义联络线长时间偏差较大，青海省调调度人员应及时与西北分中心沟通，调整联络线计划或申请联络线免考核。

（5）综合考虑新能源功率预测和青海地区天气情况，调度人员预估青海新能源全天发电量，若新能源电量可能不满足高于28%（5600万kW·h）的比例，应提前向西北分部申请进行区内新能源交易，保证新能源电量满足要求。

（6）每日17时核对电网新能源发电量和外购电量，判断是否满足新能源电量高于28%（5600万kW·h）的比例要求，及时根据新能源电量缺额与其他省区开始实时交易，购入新能源。

3. 发电站做好设备特巡和生产保障工作

(1) 各水电站加强站内设备及上网线路的巡视和测温工作，加强水电机组和设备运行维护，做好水位及来水量监视预测，落实各项保电措施，确保水电机组全开满发能力。

(2) 各火电站加强站内设备及上网线路的巡视和测温工作，认真做好发电系统及辅机系统运行维护，保证燃料的充足供应，做好外来厂用电源保电工作，确保机组安全稳定运行。

(3) 各新能源电站做好站内发电设备及上网线路的特巡和测温工作，做好新能源发电功率预测工作，提高功率预测的准确率，为新能源最大消纳提供重要数据支持。

(4) 省调直调各水火电站及装机容量5万kW及以上新能源电站定时开展特巡工作，及时汇报站内设备情况和天气变化，各水火电站每日20：00向省调汇报巡视结果。

4. 密切关注天气变化，加强电网预控

各重要电站及新能源电站随时关注天气情况，及时与省调沟通，重点关注和分析大风、强降雨等恶劣天气对电网运行和新能源发电的影响，及时跟踪黄河上游水库运用计划，做好电网风险辨识和预控措施，做好电力电量平衡和断面潮流控制，保证电网持续供电。

5. 开展电网实时分析，查找电网薄弱点，进行电网预控

在方案执行期间根据电网实际运行方式，利用电网在线安全分析系统和潮流计算功能对电网进行实时分析，查找电网运行薄弱点，预判电网存在的安全风险，并根据计算结果合理调整运行方式，提前进行电网预控，确保电网安全稳定运行。

6. 积极做好调度工作

(1) 积极做好小水电、光伏等清洁能源优先调度工作，充分发挥水库的拦洪、错峰作用，科学调度水库，优化梯级运行，合理调整方式，减少弃水弃光，确保最大限度地消纳水电清洁能源。

(2) 强化电网运行控制，落实电网运行风险管控机制，对电网运行方式变化以及电网运行环境发生变化带来的安全风险，及时实施风险辨识、预警、预控。加强调控值班力量，精心调度、严密监控，加强重要设备、重要断面的运行监控，严禁超稳定极限运行；强化无功电压运行控制，严控中枢点电压水平。

#### 7.2.1.3 突发事件处理

1. 运行方式

“绿电9日”期间，火电开机方式为最小开机方式，华电大通1座火电2台机组运行，汉东、佐署、宁北、唐湖电厂全部停机。6月龙羊峡出库计划750$m^3/s$，“绿电9日”期间，对龙羊峡出库流量进行阶段性调整：2018年6月19—28日期间，龙羊峡日均下泄流量需增加至860$m^3/s$，超出计划110$m^3/s$。其余时间，减小龙羊峡出库流量至695$m^3/s$。

"绿电9日"期间，宁月电磁环网按照合环方式运行，不安排省际断面输变电设备、黄河大中型水电站机组和110kV及以上送出线路检修，不安排新能源上网输变电设备检修，确保停电期间清洁能源电站全接线、全保护运行，保证清洁能源送出通道最大输送能力。

2. 处理原则

全清洁能源供电作为青海电网一种极端特殊的运行方式，其电力组织、潮流分布等与电网正常运行时有所不同，当发生电网故障、新能源出力及负荷波动等突发事件时，易出现清洁能源出力小于用电负荷的情况，导致全清洁能源供电测试的失败。

全清洁能源供电前一周青海电网各发电厂完成本厂发电设备及上网线路检查消缺、隐患排查工作，确保清洁能源机组具备全开满发能力，火电机组具备最小开机方式下稳定运行能力；各运维单位完成本单位运维的重要输电断面和变电站内一、二次设备缺陷、隐患排查工作，对影响设备正常运行的缺陷和隐患及时进行整改，在运行期间对重要变电站及线路开展特巡工作。

"绿电9日"期间，对于电网设备发生故障异常，首先考虑停电后的设备潮流、电压、断面限额等情况，开展事故处理外，还需考虑故障异常对清洁能源出力、断面输送能力等的影响，提前根据清洁能源缺额向西北分中心申请增加水电出力，进行方式调整，并开展实时交易购入新能源电力，确保清洁能源出力满足供电要求。

"绿电9日"期间，若发生新能源出力、负荷波动较大或发输变设备故障停运（含同塔双回线路同时故障、大机组故障）造成清洁能源出力与用电负荷不平衡时，AGC系统立即增加大型水电厂机组出力（调节能力100万kW），保证清洁能源出力全时段高于用电负荷，调度人员应迅速确定清洁能源发电缺额，然后开展实时交易购入新能源电力进行补充，再根据实际情况进行下一步处理。

若发生重要输电断面内相关设备故障停运，造成断面送电能力降低，调度人员应先立即增加其他断面内大型水电站发电出力以满足设备停运后的全清洁能源供电要求，然后调整相关断面限值，将故障断面内清洁能源出力降至断面限额之内，再根据实际情况进行故障异常处理，同时根据清洁能源发电缺额开展交易购入新能源电力进行补充，确保清洁能源出力全时段高于用电负荷。

为防止调整过程中频率越限，应在通过AGC系统调整断面限值前向西北分中心汇报调整原因及调整量，待网调调频备用充足后逐步调整断面限值，直至调整至目标值，每次调整量不超过1500MW。

### 7.2.2 交易组织计划

1. 交易原则

为保证交易工作顺利进行，制定了日前及日内交易计划执行的目标，通过月内调整龙羊峡水库运行计划，“绿电9日”期间加大黄河上游水电厂下泄流量，将火电电量通过市场化交易手段全部送出，实现省内用电负荷全部由省内水电和新能源平衡的目标。期间新能源比例不低于28%，不足部分外购西北区域内新能源电量。日前及日内交易计划遵循以下原则：

（1）在全部清洁能源供电期间充分考虑电网负荷及天气变化情况，制定发电计划及外购计划时留有裕度，确保期间全部清洁能源能连续供电。

（2）6月月度交易计划制定过程中充分考虑清洁能源供电期间特殊运行方式，满足全网电力电量平衡。

（3）利用市场化手段实现火电全部送出，商订全部清洁能源供电期间短期购售电协议时，将公司经营效益损失降至最低。

2. 交易执行方案

（1）水库运用计划调整。提前协调保证全月龙羊峡出库计划750$m^3$/s，“绿电9日”期间，对龙羊峡出库流量进行阶段性调整：“绿电9日”期间，龙羊峡日均下泄流量需增加至850$m^3$/s，超出计划100$m^3$/s。其余时间，减小龙羊峡出库流量至700$m^3$/s。

（2）火电开机方式调整。综合考虑青海北部供电断面和省际购电断面受入能力，省内火电机组保持最小技术出力运行，确定火电开机方式为：华电大通1座火电2台机组运行，最小安全约束出力45万kW，安排佐署、宁北、唐湖、汉东电厂全部停机，全省公网火电最小出力可压到45万kW，比2017年“绿电7日”期间降低了37万kW。

（3）组织火电与水电打捆外送市场化交易。

1）区内消纳：按照火电与水电打捆送出方式，降低外送电价，增加市场竞争力，火电为华电大通火电厂，水电为黄河上游除龙羊峡外大型水电站。火电市场化电价以0.24元/(kW·h）为基准，水电市场化电价以0.23元/(kW·h）为基准测算。“绿电9日”期间火电出力按45万kW·h测算，期间发电量1亿kW·h，按照水火比例2∶3打捆外送，电厂出厂价0.236元/(kW·h)，外送电量1.66亿kW·h。为促成外送交易，青海公司不收取输电服务费。西北区域输电费按照0.02元/(kW·h）考虑，购电省落地电价0.256元/(kW·h)。考虑西北区域内各省电力消纳情况，甘肃、宁夏、新疆均为送出大省，无接纳需求。陕西夏季存在一定缺口，目前陕西省内购电均价在0.26元/(kW·h)，青海水火打捆送出存在价格优势，易达成跨省市场化外送交易。

2）区外消纳：火电按照市场化电价0.24元/(kW·h）作为基准，与龙羊峡电厂0.163元/(kW·h）进行打捆，水、火打捆比例2∶3，外送电量1.66亿kW·h。电厂送出价为0.209元/(kW·h)，与前期青海跨区外送成交价格基本持平，可通过参与银东直流送山东等交易形式跨区送出。

(4) 组织省内火电与新能源开展发电权交易。针对“绿电9日”实践工作，探索建立火电调峰补偿机制，推进辅助服务市场机制建设，使火电调峰逐步由计划方式向市场方式转变。火电企业将“绿电9日”期间因调峰需停机或压减发电出力，造成无法完成的直接交易合同电量通过发电权挂牌交易方式转让给新能源企业，火电获得合理的合同转让收益，新能源企业获得增发电量和合理的上网价格，同时保持火电企业与第三方的原直接交易合同电量和价格不变。预计方案实施期间，火电机组需压减出力40万kW，压减电量0.8亿kW·h。火电机组直接交易合同电价0.21元/(kW·h)，火电收益0.03元/(kW·h)，新能源上网电价0.18元/(kW·h)。

(5) 组织玛多县清洁供暖项目与海南州新能源开展现货交易。“绿电9日”期间，为进一步做好玛多县清洁供暖项目的推广实施，减少海南州新能源弃电量，由青海省电力公司代理玛多县清洁能源供暖项目与海南州新能源发电企业开展“三弃”电量日前现货挂牌交易。预计成交电量120万kW·h，建议新能源上网电价按照0.05元/(kW·h)挂牌组织，即电力用户每度电可降低用电成本0.037元/(kW·h)，节约电费44400元。

(6) 电力电量平衡方案。在火电最小开机出力方式下“绿电9日”期间全网最大购电能力：电力320万kW，日电量6000万kW·h左右；全网最大送电能力400万kW，日电量1亿kW·h左右。

(7) 交易协议签订。落实“绿电9日”期间青海电网新能源消纳比例不低于28%、不足时外购西北区域新能源电量的策略。根据方案执行期间可能存在的电量缺口，与西北分部及甘肃、宁夏、新疆电力公司商谈新能源外购事宜。

(8) 交易结算。根据“绿电9日”期间发电权交易，海南州新能源日前现货交易成交结果，青海电网外购西北区域新能源电量协议及青海电网水火打捆外送交易成交结果，完成电量电费结算工作。

方案执行期间，全天省际断面净送出115万kW（火电45kW+黄河水电外送70kW），净送出电量1800万kW·h，断面极限满足要求。

3. 市场化交易组织

(1) 跨省跨区外送计划。“绿电9日”期间外送电量2.41亿kW·h，其中，火电全额外送1亿kW·h，送江苏0.576亿kW·h，送山东0.035亿kW·h，送陕西0.4亿kW·h；水电外送1.41亿kW·h，黄河水电送山东1.33亿kW·h，李家峡核价电外送729万kW·h。具体交易结果如下：

1) 6月1—18日新能源送江苏1.3亿kW·h，6月19—28日火电送江苏0.576亿kW·h，合计1.876亿kW·h；

2) 6月10—30日水电送李家峡1.5亿kW·h，其中6月10—18日日均500万kW·h，6月19—30日日均875万kW·h；

3）6月1—30日黄河水电送山东4亿kW·h，6月19—28日火电送山东0.035亿kW·h，合计4.035亿kW·h；

4）6月10—18日新能源送陕西1亿kW·h，6月19—28日火电送陕西0.4亿kW·h，合计1.4亿kW·h。

（2）“绿电9日”期间火电与新能源发电企业完成发电权交易1.99亿kW·h。

（3）组织三江源地区供暖项目与海南地区新能源企业从2018年6月1日起开展直供电交易，参与直供电的采暖项目包括玛多地区5个用户5000kW负荷，以及黄南地区6个用户60kW负荷，日均用电量12.06万kW·h，预计全月直供电量362万kW·h。

### 7.2.3 风险管控措施

（1）“绿电9日”期间，省调调度人员通过实时监视、出力调整或外送交易，确保青海地理联络线实时送出大于100万kW，满足清洁能源出力全时段高于用电负荷70万kW以上。

（2）省调调度人员重点加强清洁能源出力与用电负荷的监视，“绿电9日”期间省内用电负荷全部由水电和新能源平衡，由于天气影响新能源发电不足时，优先增加省内水电出力。首先上调省内中小型水电出力至最大，若仍不能满足要求，申请网调上调青海大型水电出力。

（3）由于青海大型水电厂跨省调峰导致清洁能源出力与用电负荷差值出现低于70万kW的趋势时，省调调度人员应申请网调调整青海地理联络线外送计划，优先保障青海全清洁能源供电；清洁能源出力与用电负荷差值出现低于40万kW的趋势时，省调调度人员应立即申请网调下调西北其他省份水、火、新能源出力，并上调青海大型水电出力。

（4）省调调度人员加强青海电网重要输电断面的实时监视，重点监视海西送出、景黄受电、宁塔月送出等重过载断面，提前做好预控措施，确保断面不超稳定极限运行。省检修公司、各地市公司重点加强重载或大负荷输变电设备的监视和运维工作，确保最大限度地消纳水电及新能源。

（5）省调、各地调强化电网运行控制，落实电网运行风险管控机制，对电网运行方式变化以及电网运行环境发生变化带来的安全风险，及时实施风险辨识、预警、预控。加强调控值班力量，精心调度，加强重要设备、重要断面的运行监控，严禁超稳定极限运行；强化无功电压运行控制，严控中枢点电压水平。

（6）省调、各地调、省检修公司密切跟踪天气变化，加强与气象部门沟通，重点关注和分析大风、强降雨等恶劣天气对电网运行和新能源发电的影响，及时跟踪黄河上游水库运用计划，做好电力电量平衡，保证电网持续供电。

(7) 各供电公司营销部要主动掌握主要客户生产和用电情况，并及时向公司营销部汇报。

(8) 青海省调直调水电站和火电厂认真做好机组运维和保厂用电工作，落实各项保电措施，保障机组安全稳定运行；要求各直调光伏电站做好方案执行期间发电预测工作，提高发电预测的准确率。

(9) 各地调做好小水电、光伏等清洁能源优先调度，充分发挥水库的拦洪、错峰作用，科学调度水库，优化梯级运行，合理调整方式，减少弃水弃光，确保最大限度地消纳水电及清洁能源。

### 7.2.4 总体运行情况

"绿电 9 日"期间，发挥大电网优势，青海与西北其他省份大力开展新能源省间调峰互济，确保最大化消纳新能源。白天青海光伏大发时送入西北，夜间西北其他省风电较大时返还青海，双方进行电量调峰互济不产生交易电量。9 日之内主要与甘肃、宁夏、新疆发生调峰互济。

"绿电 9 日"期间，省内用电量全部以水、风、光等清洁能源进行电力电量平衡，清洁能源发电总出力每时每刻高于负荷曲线，确保青海全清洁能源供电。保障电网安全的少量火电不参与省内电力电量平衡，签订交易合同全额外送陕西、山东、江苏三省，参与三省的电力电量平衡。白天电网主要依靠自发的水、风、光平衡负荷，富余清洁能源送省外；晚间除水、风平衡负荷外，省内不足部分由新疆、甘肃、宁夏风电进行补充。"绿电 9 日"期间青海电网全清洁能源实时电力成分图如图 7-9 所示。

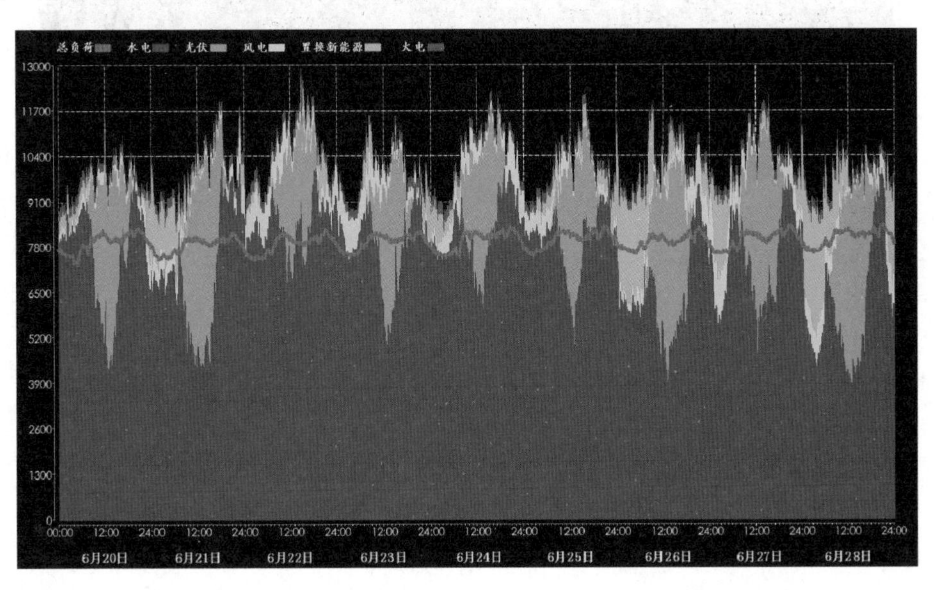


图 7-9 "绿电 9 日"期间青海电网全清洁能源实时电力成分图

#### 7.2.4.1 运行特点

(1) 2018 年"绿电 9 日"期间，全省用电全部由省内清洁能源满足，没有外购新能源。

(2) 2017 年"绿电 7 日"期间，西北电网调频放在刘家峡，青海境内清洁能源按照发电计划执行，出力较平稳。而"绿电 9 日"期间，由于刘家峡水库高位满发，不具备调频能力，西北电网调频放在拉西瓦，因此水电发电出力波动频繁且幅度较大，最大达到了 200 万 kW。在担负西北电网调频任务的同时还要实现全清洁能源供电，实时调控难度很大。两次全清洁能源供电典型日电力成分图对比如图 7-10 所示。

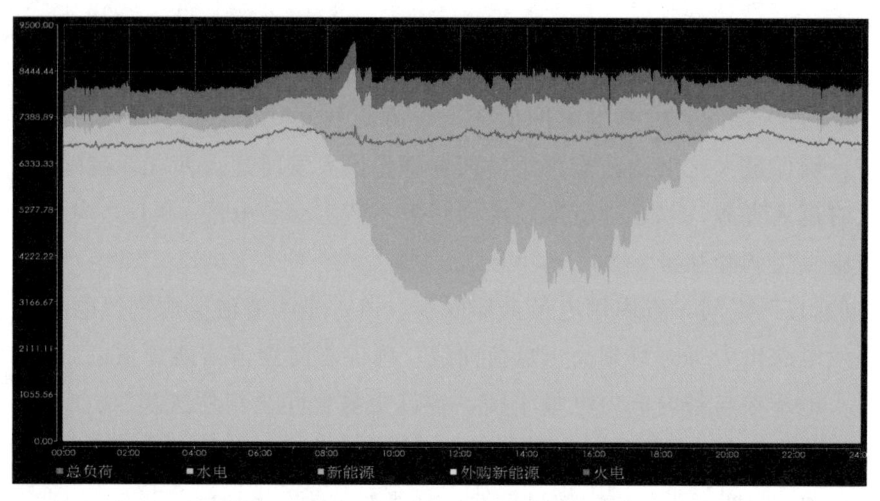


(a)"绿电7日"电力成分图（2017年6月21日）

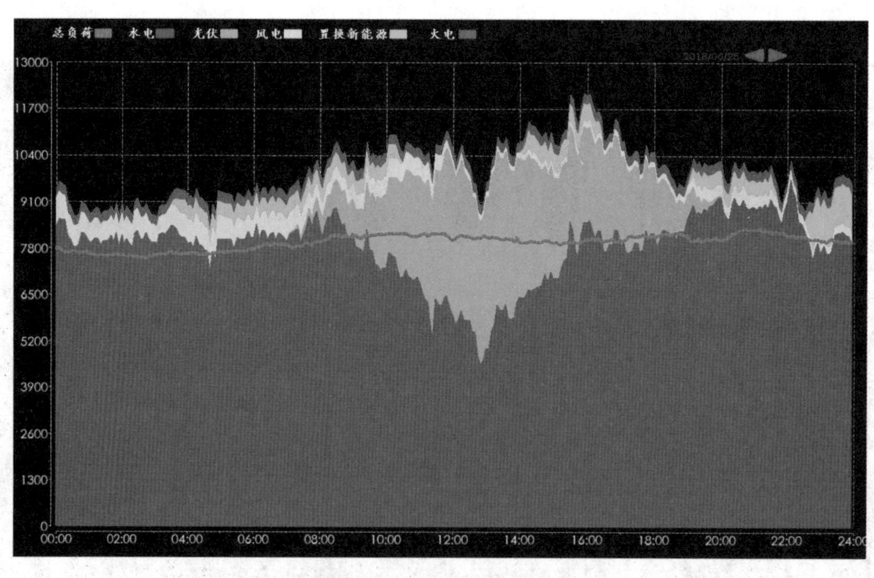


(b)"绿电9日"电力成分图（2018年6月25日）

图 7-10 电力成分对比图

(3) 供电时间更长，安全压力大。本次清洁能源连续供电时间达9日，期间火电机组按安全约束最小出力运行，电网局部网架结构薄弱，电网抗风险能力降低。

(4) “绿电7日”期间，只要做好省内新能源的功率预测，就能保证全清洁能源供电。而“绿电9日”期间，既要做好省内新能源功率预测，又要考虑西北其他省份新能源出力对青海的影响，需多方沟通协调。

(5) 解决好新能源高占比带来的调峰问题是“绿电9日”的基础和关键，利用市场化手段实现新能源最大化消纳是“绿电9日”的主要机制创新，利用多能互补协调控制技术和依托大数据平台提升新能源管控水平是“绿电9日”的主要技术创新。

#### 7.2.4.2 运行情况分析

1. 负荷预测情况

“绿电9日”期间，青海电网平均短期负荷预测准确率98.25%，最大预测偏差35万kW；平均超短期负荷预测准确率98.45%，最大预测偏差15万kW。

2. 新能源发电情况

“绿电9日”期间，青海电网短期光伏、风电预测准确率分别为94.12%和92.14%，最大预测偏差分别为113万kW和30万kW；超短期光伏、风电预测准确率分别为96.43%和95.55%，最大预测偏差分别为45万kW和18万kW；新能源综合短期预测准确率93.86%，最大偏差118万kW；超短期预测准确率96.2%，最大偏差32万kW。

3. 水库计划执行情况

“绿电9日”期间，龙羊峡水库出库流量见表7-10和图7-11。

表7-10　“绿电9日”期间龙羊峡水库出库流量　单位：$m^3/s$

| 日　期 | | 20日 | 21日 | 22日 | 23日 | 24日 | 25日 | 26日 | 27日 | 28日 |
|---|---|---|---|---|---|---|---|---|---|---|
| 流量 | 实际出库 | 1028 | 981 | 829 | 1094 | 1079 | 1035 | 1026 | 739 | 986 |
| | 计划出库 | 860 | 860 | 860 | 860 | 860 | 860 | 860 | 860 | 860 |

“绿电9日”期间，龙羊峡水库实际日均出库流量为977$m^3/s$，较计划增加117$m^3/s$，主要原因是新能源出力受天气影响导致较大偏差，需要加大黄河上游各电站的出库流量，弥补新能源出力不足。

4. 清洁能源置换电量和外送电量情况

“绿电9日”期间，青海电网共置换清洁能源电量22955万kW·h，外送清洁能源电量57225万kW·h，外送火电电量13528万kW·h。每日清洁能源置换电量和外送电量见表7-11。

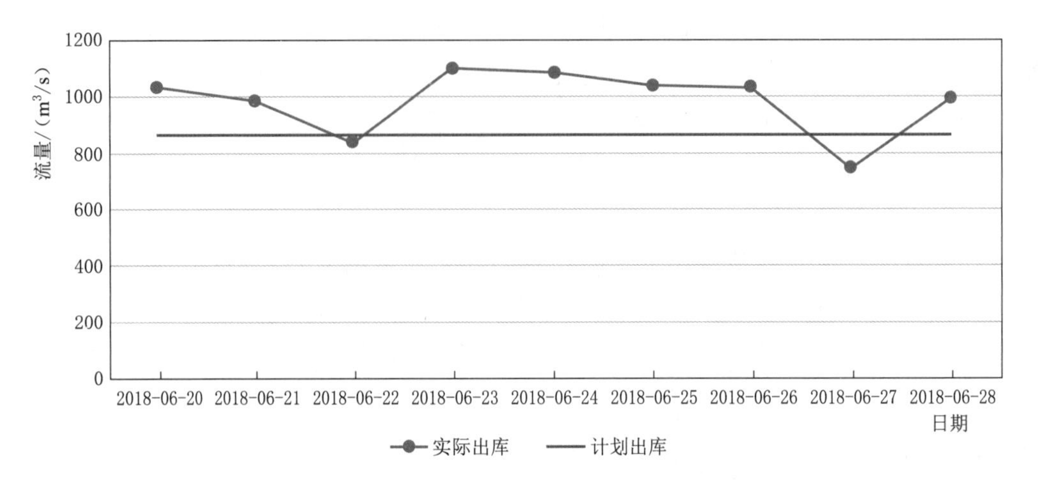


图 7-11 “绿电 9 日”期间龙羊峡水库出库流量图

**表 7-11　“绿电 9 日”期间置换电量和外送电量情况**　单位：万 kW·h

| 日　期 | 置换清洁能源电量 | 外送清洁能源电量 | 外送火电电量 |
|---|---|---|---|
| 6 月 20 日 | 511 | 2863 | 704 |
| 6 月 21 日 | 1442 | 2620 | 706 |
| 6 月 22 日 | 473 | 4958 | 726 |
| 6 月 23 日 | 378 | 3507 | 697 |
| 6 月 24 日 | 451 | 4488 | 730 |
| 6 月 25 日 | 632 | 3392 | 707 |
| 6 月 26 日 | 2826 | 1520 | 732 |
| 6 月 27 日 | 1114 | 3471 | 706 |
| 6 月 28 日 | 3044 | 283 | 700 |

## 7.2.5 典型日运行情况

以下选取三个典型日，对“绿电 9 日”期间电网每日运行情况进行详细论述，分别是新能源不满足运行要求日、新能源满足运行要求日以及增加新能源占比日。

### 7.2.5.1 2018 年 6 月 25 日（新能源不满足运行要求日）

6 月 25 日，青海全网最大负荷 848 万 kW，用电量 19719 万 kW·h，水电最大出力 979 万 kW，发电量 19182 万 kW·h；新能源最大出力 452 万 kW，发电量 3930 万 kW·h，占全网用电量的 19.9%；与新疆、甘肃、宁夏发生调峰互济新能源 7 笔，共计 647.5 万 kW·h，发用电量及最大负荷见表 7-12。全时段满足清洁能源出力实时大于负荷 20 万 kW，但不满足新能源电量大于用电量 20%的目标，实时电力成分监控图如图 7-12 所示，蓝色区域为省内水电发电成分，绿色和黄色区域是省内新能源发电成分，红色区域为火电发电成分，天蓝色为省间调峰互济置换新能源电力成分，紫色曲线是全省实时供电负荷曲线。

表 7-12　　6月25日发用电量及最大负荷数据

| 最大负荷/万 kW | 848 | | | |
|---|---|---|---|---|
| 全网用电量/(万 kW·h) | 19719 | | | |
| 水电 | 发电量/(万 kW·h) | 19182 | 占比/% | 80.5 |
| 光伏 | | 2966 | | 12.5 |
| 风电 | | 964 | | 4.0 |
| 火电 | | 707 | | 3.0 |
| 互济新能源 | 7笔，交换电量647.5万 kW·h | | | |

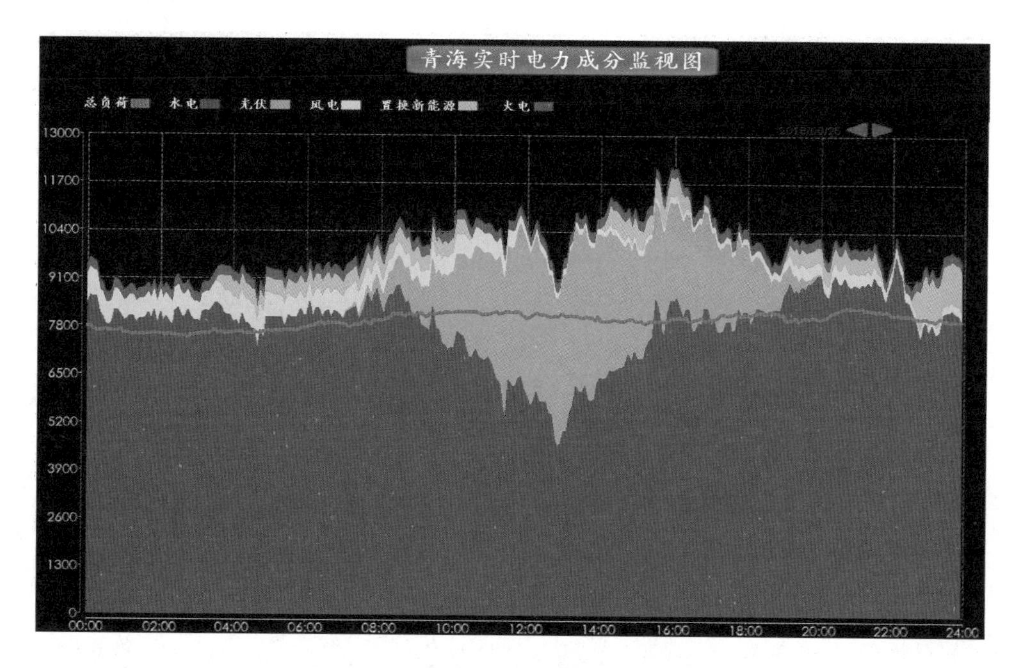


图 7-12　6月25日实时电力成分监控图

#### 7.2.5.2　2018年6月22日（新能源满足运行要求日）

6月22日，青海全网最大负荷828万kW，用电量19357万kW·h，水电最大出力1034万kW，发电量20292万kW·h；新能源最大出力445万kW，发电量4021万kW·h，占全网用电量的20.8%；与甘肃、宁夏、新疆发生调峰互济新能源11笔，共计470万kW·h，发用电量及最大负荷见表7-13。全时段满足清洁能源出力实时大于负荷20万kW，且满足新能源电量大于用电量20%的目标，实时电力成分监控图如图7-13所示，蓝色区域为省内水电发电成分，绿色和黄色区域是省内新能源发电成分，红色区域为火电发电成分，天蓝色为省间调峰互济置换新能源电力成分，紫色曲线是全省实时供电负荷曲线。

表7-13　　6月22日发用电量及最大负荷数据

| 最大负荷/万kW | 828 | | | |
|---|---|---|---|---|
| 全网用电量/(万kW·h) | 19357 | | | |
| 水电 | 发电量/(万kW·h) | 20292 | 占比/% | 81.0 |
| 光伏 | | 2705 | | 10.8 |
| 风电 | | 1316 | | 5.3 |
| 火电 | | 726 | | 2.9 |
| 互济新能源 | 11笔，交换电量470万kW·h | | | |

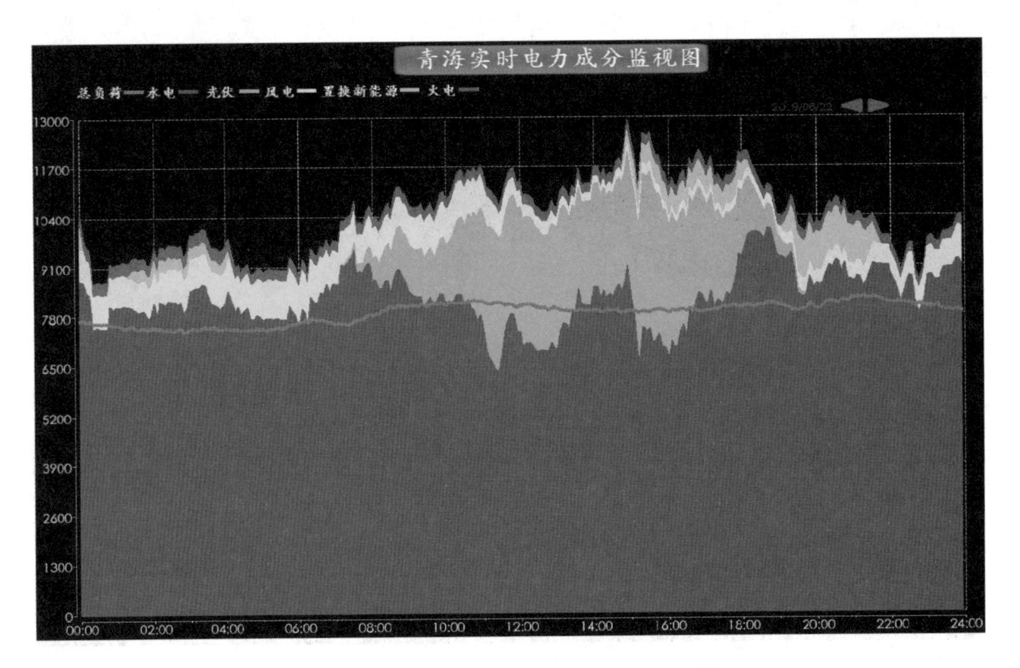


图7-13　6月22日清洁能源供电展示图

#### 7.2.5.3　2018年6月28日（提高新能源占比日）

6月28日，青海全网最大负荷854万kW，用电量20064万kW·h，水电最大出力1009万kW，发电量14681万kW·h；新能源最大出力546万kW，发电量5667万kW·h，占全网用电量的28.2%；与新疆、甘肃、宁夏发生调峰互济新能源24笔，共计3091万kW·h，发用电量及最大负荷见表7-14。全时段满足清洁能源出力实时大于负荷20万kW，且满足新能源电量大于用电量20%的目标，实时电力成分监视图如图7-14所示，蓝色区域为省内水电发电成分，绿色和黄色区域是省内新能源发电成分，红色区域为火电发电成分，天蓝色为省间调峰互济置换新能源电力成分，紫色曲线是全省实时供电负荷曲线。

表 7-14　　6 月 28 日发用电量及最大负荷数据

<table>
<tr><td>最大负荷/万 kW</td><td colspan="4">854</td></tr>
<tr><td>全网用电量/(万 kW·h)</td><td colspan="4">20064</td></tr>
<tr><td>水电</td><td rowspan="4">发电量<br>/(万 kW·h)</td><td>14681</td><td rowspan="4">占比<br>/%</td><td>69.8</td></tr>
<tr><td>光伏</td><td>4522</td><td>21.5</td></tr>
<tr><td>风电</td><td>1145</td><td>5.4</td></tr>
<tr><td>火电</td><td>700</td><td>3.3</td></tr>
<tr><td>互济新能源</td><td colspan="4">24 笔，交换电量 3091 万 kW·h</td></tr>
</table>

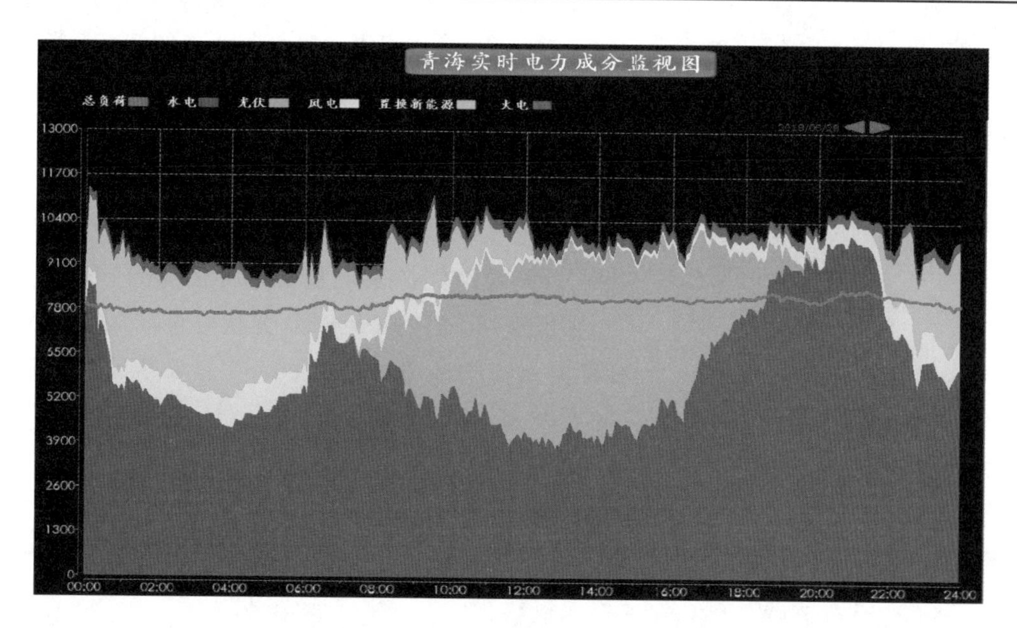


图 7-14　6 月 28 日实时电力成分监视图

## 7.3　实践总结与主要成效

### 7.3.1　实践总结

2017 年，青海实施“绿电 7 日”迈出了在探索能源转型道路的第一步，目前还面临着大电网基础薄弱、市场机制不完善等问题和挑战。“绿电 9 日”的实施是对青海电网发展和新能源机制、技术创新的实际检验。

“绿电 9 日”期间，全省发电量 20.95 亿 kW·h，清洁能源发电量占 96.9%（20.31 亿 kW·h）。其中水电发电量占 76.9%（16.12 亿 kW·h）、风电发电量占 4.6%（0.96 亿 kW·h）、太阳能发电量占 15.4%（3.23 亿 kW·h）、火电发电量占 3.1%（0.64 亿 kW·h）。火电发电量全额外送江苏、山东、陕西，省内用电全部由清洁能源提供。期间，青海累计用电 17.6 亿 kW·h，日均用电 1.96 亿 kW·h，比“绿电 7 日”期间增加 16.2%；全网最大负荷 853 万 kW，比“绿电 7 日”期间增加 17%，省内新能源最大出力 561 万 kW，比“绿电 7 日”期间增加 18.1%，省内火电最小出力仅为 25.5 万 kW，相比“绿电 7 日”期间降低 54.1%，累计发电量 0.64 亿 kW·h，火电发电占比仅为 3.1%，全部以市场化手段送出省外。“绿电 9 日”期间清洁能源累计供电量 17.6 亿 kW·h，相当于减少燃煤 80 万 t，减排二氧化碳 144 万 t。“绿电 9 日”期间，清洁能源发电量占比如图 7-15 所示。

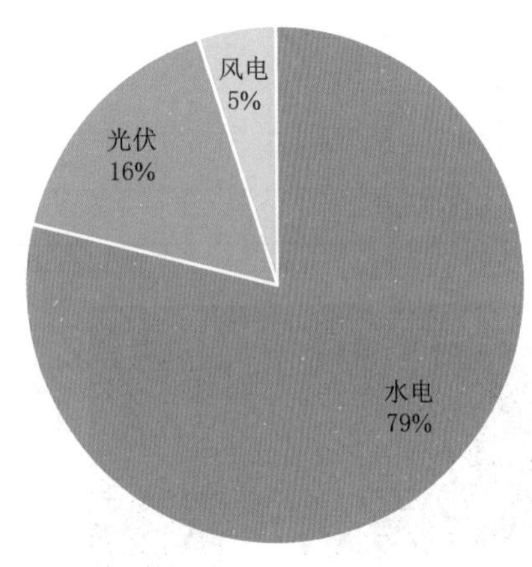


图 7-15 “绿电 9 日”期间，清洁能源发电量占比

“绿电 9 日”期间，充分发挥大电网调峰互济作用，在西北分调统一指挥下，开展调峰互济新能源 119 笔，总互济电量 1.1 亿 kW·h。期间青海电网最大用电负荷 853.8 万 kW，全省用电量 17.60 亿 kW·h，清洁能源发电量 20.31 亿 kW·h，其中，水电电量 16.12 亿 kW·h，光伏电量 3.23 亿 kW·h，风电电量 0.96 亿 kW·h。新能源电量占全部用电量的 23.8%，实现了高占比发电。清洁能源除满足省内供电外，还实现外送 2.71 亿 kW·h。对比“绿电 7 日”具体数据见表 7-15。

表 7-15　“绿电 7 日”与“绿电 9 日”总体数据对比

| 指　标 | “绿电 7 日”期间 | “绿电 9 日”期间 | 同比增加/% |
|---|---|---|---|
| 全网最大负荷/万 kW | 736.0 | 853.8 | 16.0 |
| 累计供电量/(亿 kW·h) | 11.78 | 17.60 | 49.4 |
| 日均用电量/(亿 kW·h) | 1.68 | 1.96 | 16.7 |
| 省内新能源最大出力/万 kW | 475 | 567 | 21.3 |
| 互济新能源 | 甘肃 64 笔，宁夏 41 笔，新疆 14 笔，总互济电量 1.1 亿 kW·h | | |

“绿电 9 日”期间，重点引入实施“两个机制”，深化应用“两项技术”，突出市场化“两种交易”，实现地区经济绿色发展新突破。

### 7.3.2 主要成效

1. 两个机制

(1) 实施调峰补偿机制。全清洁能源供电期间，需尽可能减少火电发电占比，这将对火电企业经济效益产生较大影响，因此需要建立火电调峰补偿机制，加大对火电机组调峰补偿力度。

1) 进一步完善“两个细则”火电调峰补偿内容和补偿力度，主要包括深度调峰服务补偿、启停调峰服务补偿、旋转备用服务补偿、有偿无功服务补偿等，通过经济手段调动并网发电机组的深度调峰潜力，促进风电、光伏等新能源消纳。

2）推进辅助服务交易市场建设，使火电调峰由计划向市场方式转变，有偿调峰服务在青海电力辅助服务市场交易中，主要应包含实时深度调峰交易、调停备用交易、可中断负荷交易和电储能交易。为保证市场交易顺利开展，有序实施，要妥善处理好跨区备用与现货交易、调峰辅助服务市场之间的衔接关系，形成具体的操作规程或市场规则。

3）尝试火电发电权交易，通过市场交易形式将火电机组发电空间出让给风电、光伏，促进新能源消纳。

对“绿电 9 日”期间并网机组实施调峰补偿，火电机组进行深度调峰，出力最低降至 25.5 万 kW。火电调峰补偿机制实施后与 2017 年“绿电 7 日”的效果相比，“绿电 9 日”期间，火电机组出力最多降低了 35 万 kW，平均降低 30 万 kW，火电机组电量累计减发 3722.9 万 kW·h，日均减发 413.7 万 kW·h，提升光伏消纳电量 4%。

图 7-16 为火电调峰补偿机制实施效果图，橙色曲线为 2017 年“绿电 7 日”期间火电上网出力平均值，紫色曲线为“绿电 9 日”期间火电上网平均出力，可以看出火电机组深度调峰，出力下降最大 35 万 kW，提升新能源消纳空间。

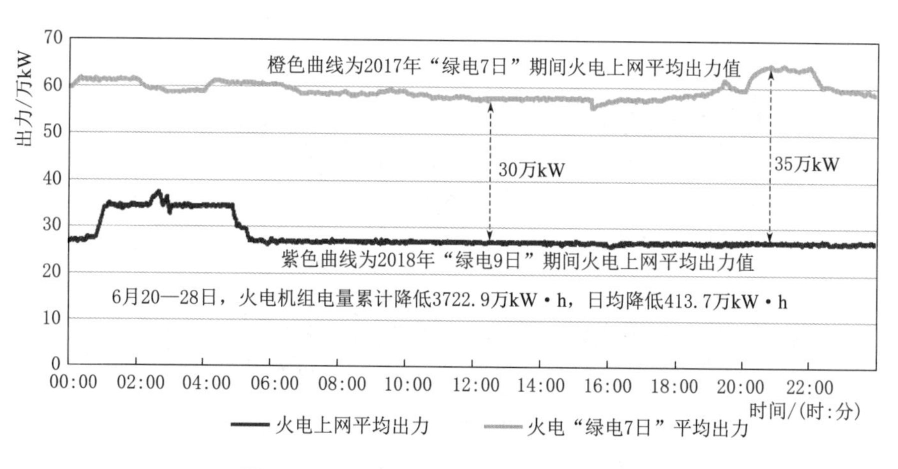


图 7-16 火电调峰补偿机制实施效果图

（2）实施负荷参与调峰机制。目前电网负荷结构中以大工业高耗能负荷为主，占比达到了 73%，其中仅电解铝占比就达到了 52%，其他一般工商业、居民用电、农业用电占比仅有 11%。受此影响，青海电网负荷一直相对稳定，负荷率维持在 96% 左右。各类负荷 2017 年用电量及占比见表 7-16。

在青海大工业负荷中电解铝、化工、水泥等行业负荷总体上较为平稳，负荷波动较小，同时也不具备可中断灵活调整错峰的性能。而铁合金负荷具备避峰技术，铁合金市场低迷情况下，企业为降低电价成本就会采取避峰生产。因此挖掘铁合金企业生产潜能，引导负荷错峰可以拓展新能源消纳空间。

表7-16　　各类负荷2017年用电量及占比

| 负荷类型 | 电解铝 | 铁合金 | 碳化硅 | 电石 | 水泥 | 钢铁 | 化肥 | 一般工商业 | 居民生活 | 农业 | 其他 |
|---|---|---|---|---|---|---|---|---|---|---|---|
| 年用电量/(亿kW·h) | 334 | 98 | 4 | 15 | 9 | 9 | 10 | 39 | 31 | 3 | 88 |
| 用电量占比/% | 52.19 | 15.31 | 0.63 | 2.34 | 1.41 | 1.41 | 1.56 | 6.09 | 4.84 | 0.47 | 13.75 |

青海电网铁合金负荷全部集中在西宁和海东地区，报装容量202.56万kVA，开炉容量157.43万kVA，停炉容量45.13万kVA，开炉率不足80%。1月铁合金企业生产情况见表7-17，西宁公司和海东公司一天硅铁负荷变化情况如图7-17所示。

表7-17　　1月铁合金企业生产情况　　单位：万kVA

| 地区 | 总容量 | 开炉容量 | 停炉容量 | 开炉率 |
|---|---|---|---|---|
| 西宁 | 101.54 | 72.06 | 29.48 | 70.97% |
| 海东 | 101.02 | 85.37 | 15.65 | 84.00% |
| 合计 | 202.56 | 157.43 | 45.13 | 77.70% |

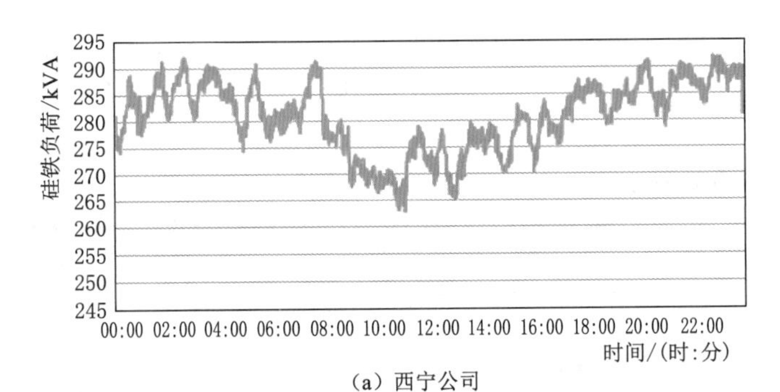


(a) 西宁公司

(b) 海东公司

图7-17　一天硅铁负荷变化情况

鉴于铁合金负荷可灵活中断调峰以及快速响应的特性，组织受限新能源（直购除外）与铁合金增量（直购除外）企业开展省内现货交易。目标是对白天时段（08：00—20：00）铁合金用电电价进行大幅折让，引导企业调整负荷曲线，刺激白天铁合金负荷避峰或增加产能，参与电网调峰，扩大新能源消纳空间。确定22家新型制造企业签订用电峰谷时段调整协议，白天平均增加负荷30万kW，相当于白天增加了光伏消纳空间30万kW。实现了源网荷协调友好互动，实现新能源、用户、电网三方共赢。“绿电9日”期间新型制造业在08：00—20：00负荷电量累计增加1548.1万kW·h，日均增加172万kW·h，提升光伏消纳电量3%。

图7-18为新型制造业负荷曲线。红色曲线为5月1—31日新型制造业负荷平均值，可以看出5月正常生产负荷为100万kW左右，每天09：00—21：00和18：00—23：00避峰生产负荷降至80万kW以下。蓝色曲线为2018年“绿电9日”期间新型制造业负荷平均值，通过对22家新型制造企业用电峰谷时段进行调整，避峰生产负荷恢复，全天总负荷电量基本不变，提升午间新能源消纳空间近30万kW，负荷调峰效果明显。

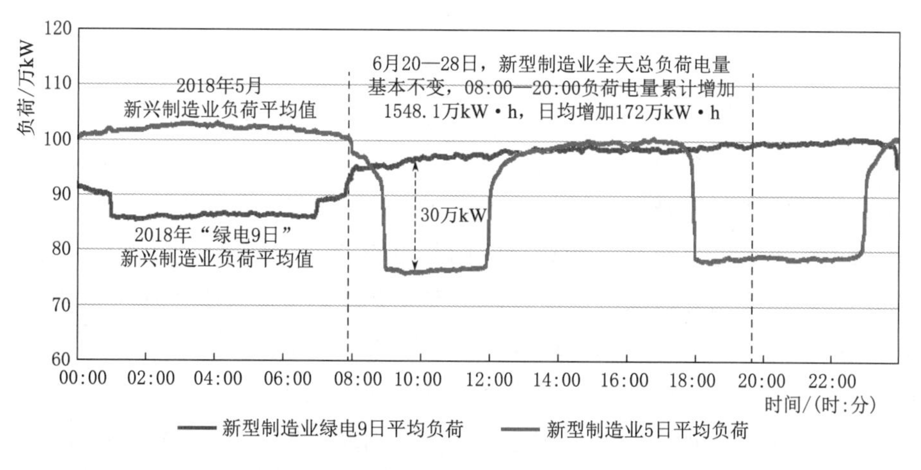


图7-18　负荷参与调峰机制实施效果图

图7-19为“两个机制”的实施带来的新能源接纳空间增加量。由于火电深度调峰、新型制造企业负荷调峰的双重作用，使“绿电9日”期间新能源接纳空间有了显著提升。通过“火电调峰补偿机制”和“负荷参与调峰机制”的实施，使新能源接纳空间最大提升约60万kW。“绿电9日”期间，新能源接纳空间累计增加5271万kW·h，日均增加585.7万kW·h，消纳能力增加7%。

2. 两项技术

（1）深化应用多能互补协调控制技术，充分利用青海光伏、风电和水电自然、多尺度的多能互补优化运行特性，以新能源和负荷短期、超短期功率预测为基础，实施水、风、光多能协调控制，水电快速跟踪响应，实现新能源优先发电。在保障最大限

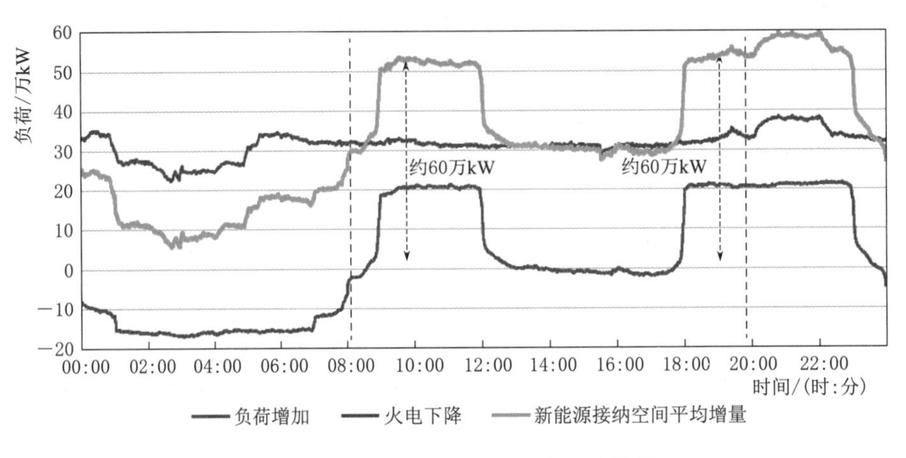


图7-19 负荷参与调峰机制实施效果图

度消纳新能源的前提下提高全省可靠供电的能力。

(2) 全力推进新能源大数据中心建设，开发针对新能源企业的集中监控、功率预测、设备健康管理、共享储能、备件联储等21项大数据业务应用。

3. 两种交易

(1) 开展发电权交易，从“绿电7日”到“绿电9日”，青海省电力公司对于火电的调峰手段逐渐由计划方式向市场化方式转变。“绿电9日”期间，青海省电力公司丰富交易品种，在广泛开展新能源省内电力直接交易、跨区跨省外送交易的基础上，对于关停的汉东、佐署、唐湖、宁北等电厂火电机组，青海省电力交易中心通过市场化手段组织了火电企业与新能源企业的发电权交易，为清洁能源腾出接纳空间。将青海电网参与深度调峰的火电电量，通过市场交易的方式送往外省0.64亿kW·h。

(2) 组织新能源企业与三江源地区电能替代项目直接交易，青海省电力公司组织了新能源企业与三江源地区清洁供暖项目的直接电力交易，采用“价差平移”方式，使三江源地区的居民真正享受到“绿电9日”带来的实惠。6月成交电量340.57万kW·h，新能源企业让利0.03元/(kW·h)，三江源清洁能源供暖项目通过平移资金减少用电成本10.22万元。此次用新能源支撑清洁电取暖，符合青海省政府“从经济小省向生态大省、生态强省的转变”的战略部署，同时，为清洁电取暖推广提供了思路和路径。“三江源”冬季寒冷，取暖期长，远离天然气和煤炭资源，清洁电取暖具有很大潜力，玉树、果洛大电网联网工程（同网同价）又为实现清洁电取暖提供了保障，清洁供暖与新能源直接交易将有效降低运行成本高，对推进清洁电取暖，优化青海产业结构，实现绿色发展起到积极作用。

4. 电力需求侧响应和清洁取暖

(1) 成功实践增加光伏消纳。“绿电9日”活动，青海首次实现对符合新型制造业的硅铁企业开展需求侧响应工作，通过可中断负荷管理，引导用户理性地处理负荷中断问题，从 2018 年 6 月 1—30 日，每日平均增加光伏消纳 70 万 kW·h，6 月增加光伏消纳 2100 万 kW·h。

1）意义重大。为使此次实践具有更好的示范推广成效，青海省电力公司营销部认真分析客户负荷曲线，选择可中断负荷且具有避峰用户的硅铁行业，并对全省 24 家运行硅铁企业遴选，选出 22 家具有余热发电、单耗低的新型制造业，进行峰谷时间段互换，利用价格杠杆实现需求侧响应，促使客户用电曲线与光伏发电曲线对应，增加光伏消纳。此次实践对解决硅铁企业避峰造成电网负荷曲线畸变、不利于光伏消纳和企业夜间生产安全隐患大的问题进行了有益实践，为今后工作提出了思路和方向。

2）效果明显。一是实现用户负荷曲线与光伏发电曲线对应，此次峰谷时间段互换，使 4 家（西宁福鑫硅业，海东华鑫、长源和恒利源）避峰企业每日 08：00—12：00 增加用电负荷 19 万 kW；其余 17 家电量变化不大，但也得到了有益尝试。如果按照 2018 年最严重（10 家 43.5 万 kW）避峰情况分析，避峰企业每日 08：00—12：00 可增加用电负荷 43.5 万 kW，月增加光伏消纳 0.5 亿 kW·h。二是避峰企业由晚上生产改为白天生产，降低企业安全隐患、降低企业运行成本，实现企业、政府与电力公司多赢。

（2）用清洁能源支持清洁取暖获得成功经验。“绿电 9 日”全清洁能源供电实践，青海首次实现清洁供暖打捆与新能源直接交易，这是用新能源支持清洁取暖的一次有益尝试，从 2018 年 6 月 1—30 日，10 家还在供暖的取暖客户直接交易电量 340.57 万 kW·h，直接交易促使电价下浮 0.03 元/(kW·h)，6 月份共为清洁电取暖用户节省取暖用电成本 10.22 万元。

第8章

# "绿电15日"全清洁能源供电

## 8.1 总体策划

### 8.1.1 组织思路

#### 8.1.1.1 "绿电15日"全清洁能源供电实践的提出

青海电网先后进行了2017年"绿电7日"和2018年"绿电9日"两次全清洁能源供电实践，取得了圆满成功。2017年"绿电7日"期间，青海电网最大用电负荷736万kW，全省用电量达到11.78亿kW·h，新能源供电量3.26亿kW·h，占全部用电量的27.7%。2018年"绿电9日"期间，全省最大负荷853万kW，累计用电17.6亿kW·h，光伏电量3.23亿kW·h，风电电量0.96亿kW·h，新能源电量占全部用电量的23.8%。全清洁能源供电期间，青海电网保持了安全稳定运行。

"绿电9日"期间，以新能源最大化消纳为目标，重点引入实施"调峰补偿机制"和"负荷参与调峰机制"，深化应用多能互补协调控制技术和全力推进新能源大数据中心建设，突出市场化"两种交易"，实现地区经济绿色发展新突破。

"绿电7日""绿电9日"仍存在以下不足：

(1) 仍有火电机组开机运行，"绿电7日"期间省内火电开机容量122万kW，"绿电9日"期间省内火电机组开机容量仍有60万kW。虽然通过市场化手段将火电电量交易到外省，但从技术角度看，未实现本质型全清洁能源供电。

(2) 部分时段风电光伏限电，新能源未能全额消纳。"绿电7日"期间光伏限电量345万kW·h，限电率1.31%；"绿电9日"期间风电光伏限电量876.6万kW·h，新能源限电率2.05%。

(3) 省间总交换电量大，超过20%；新能源占总发电量占比低，小于20%。"绿电7日"期间，省间总交换电量2.93亿kW·h，占总发电量的21.9%；"绿电9日"期间，省间总交换电量5.53亿kW·h，占总发电量的26.4%。"绿电7日"期间，新能源发电量2.59亿kW·h，占总发电量的比例只有19.4%；"绿电9日"期间，新能源发电量4.19亿kW·h，占总发电量的比例为19.996%。未能充分展示省内的自我平衡能力。

在充分总结“绿电7日”和“绿电9日”经验的基础上，为进一步挖掘青海能源资源禀赋优势，深入探索推进能源生产和消费革命实践路径，国家电网有限公司积极响应第二十届中国·青海绿色发展投资贸易洽谈会的“开放、创新，技术推动绿色发展”主题，以习近平新时代中国特色社会主义思想为指导，贯彻落实青海省“一优两高”和国家电网有限公司“三型两网、世界一流”战略部署，青海电力公司计划在2019年6月9日00：00至23日24：00开展“绿电15日——清洁能源在身边”活动，在青海电网开展连续15日360h的全清洁能源供电新实践，为进一步提升服务清洁能源发展水平、助力青海生态文明建设、打造能源转型新样板贡献电网智慧和解决方案。

“绿电15日”全清洁能源供电希望实现以下目标：

（1）省内火电机组出力为零，实现本质型全清洁能源供电。

（2）风电光伏不限电，新能源全额消纳。

（3）省间交换电量小于2%，实现全省电力电量自平衡。

（4）新技术和新商业模式的广泛应用。

为切实做好全清洁能源供电工作，青海省电力公司成立组织机构，设立领导小组和工作小组。本次实践通过开展技术攻关，发挥市场化机制，变革管理理念，实现“三个目标”“四个创新”和“五个共享”，让清洁能源环绕在身边，全民共享绿色发展成果，全面推动青海清洁能源示范省建设，彰显国家电网有限公司大力支持清洁能源发展、促进生态文明建设的责任央企形象和不断创新的精神。

#### 8.1.1.2 “绿电15日”全清洁能源供电实现路径

1. 三个目标

（1）打造国家清洁能源供电的“青海样本”。

（2）实现国网公司“三型两网”具体实践示范先行。

（3）落实青海省“一优两高”全民共享绿色发展成果。

2. 四个创新

（1）管理创新。借助泛在电力物联网，加强需求侧管理，发挥智慧车联网优势，营造优越的电动汽车营商环境，引导三江源客户深度参与，实现三江源蓄热电锅炉与弃电光伏直供。

（2）技术创新。开展输电线路载流量裕度动态监测、区域备自投、无常规电源的电压薄弱点支撑、区块链、共享储能等研究，为全清洁能源供电提供技术支撑。

（3）机制创新。开展铁合金行业参与负荷调峰机制，建立储能、储热、火电发电权和调峰辅助服务市场化交易机制，提升全网调峰能力，促进新能源消纳。

(4) 模式创新。建立基于智能合约的储能电站运行和交易模式，实现储能市场化交易；发挥智慧车联网优势，打造电动汽车共享经济模式；建立绿电指数评价模式，实现对青海绿色发展的整体评估。

3. 五个共享

(1) 能源共享。以能源互联网为基础，积极推动能源生产和消费革命，启动电力辅助服务市场，实现能源电力的共享经济模式。

(2) 数据共享。搭建面向社会的绿能大数据中心，实现电力数据开放共享，为政府、企业等各类需求方提供多元化数据服务。

(3) 平台共享。依托绿电大数据、智慧车联网和国网电商三个平台，通过资源优化配置，打通能源生产和消费产业链，实现上下游产业互惠互利，促进清洁能源高效利用。

(4) 储能共享。建立基于区块链技术的共享储能市场化交易模式，发挥共享储能、用户侧储能调峰能力，实现网—源—荷—储协同发展。

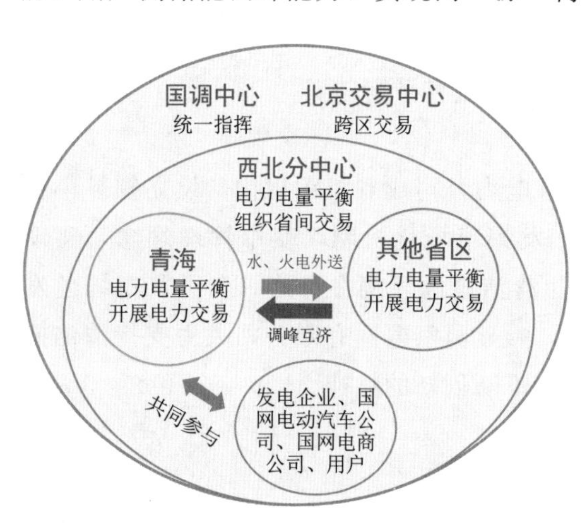


图 8-1 "绿电 15 日"全清洁能源各机构协调运作图

(5) 成果共享。结合青海省绿色发展的要求，订制多种"绿色套餐"，把共享延伸到需求侧，全民共享绿色发展成果，绿电惠及百姓生活，绿电走向未来。

"绿电 15 日"活动得到青海省委省政府、国家能源局西北监管局的大力支持。国调、西北网调、青海省调三级联动，北京、青海两级电力交易公司协调运作，相关省区电力公司鼎力支持，各发电集团通力合作，国网电商公司、国网电动汽车公司共同参与，电力用户积极响应，确保全过程紧张有序、顺利实施。"绿电 15 日"全清洁能源各机构协调运作如图 8-1 所示。

#### 8.1.1.3 总体策划

1. 技术推动生产，进一步降低对火电机组的依赖

通过挖掘线路输电能力和转移负荷中心负荷进一步降低对火电机组的依赖：

(1) 部署输电线路载流量裕度动态监测装置。通过采集 330kV 花丁双回线路两侧电流、电压，监测导线运行温度和导线所在的环境气象等数据，由载流量裕度模型分析系统计算出输电线路的载流量裕度，在保障设备安全的基础上挖掘线路输电能力。

（2）110kV变电站加装区域备自投装置。在东关、彭家寨、公园、江河和马坊5座110kV变电站加装区域备自投装置，实现长链式串供变电站线路快速互备，解决长链式供电系统单侧供电的可靠性问题，降低负荷中心供电压力。

2. 技术及商业模式创新

（1）无常规电源的负荷中心电压支撑技术。研究实施基于移动式储能的负荷中心关键节点电压支撑技术，选择电压支撑的关键变电站，利用海西鲁能多能互补电站的储能设备，安装部署一定容量的即插即用式移动储能系统，为负荷中心提供电压支撑，优化系统潮流分布。

（2）共享储能促进新能源消纳的市场化模式。研究开展独立并网储能电站与新能源电站的双边或竞价交易机制；研究构建“新能源电站—储能电站—调控中心—负荷”广泛互联的泛在电力物联网；使用区块链底层技术，研究实施基于智能合约的储能电站运行和交易模式，实现储能电站充放电量的智能研判和智能结算。

（3）绿电产品认证的商业模式。以“绿电15日，清洁能源在身边”为主题，在互联网上建立“青海绿电”网站和微信公众号，研究开展“绿电15日”专属绿证的认证和交易模式，试点推出绿电期间青海电网与用电企业联合冠名的绿色产品以及个人购买绿电证书网络分享等活动，探索绿证收入补偿火电及储能贡献的新型商业模式，提高“绿电15日”的社会参与度，实现“绿电”活动的可延续、可推广、可复制。

（4）基于清洁能源发展指数的“绿电15日”实施效果评估。提出清洁能源发展指数，以青海电网三次清洁能源供电实践为具体案例，分析青海清洁能源供电系统的发展情况，计算青海清洁能源发展指数，全面客观评估“绿电15日”整体性能和实施效果。

3. 精准需求侧管理助力清洁发展

（1）特殊行业执行部分峰谷时间段互换。“绿电15日”当月对铁合金行业开展需求响应峰谷时间段互换，规模由“绿电9日”的22家硅铁企业扩大到铁合金行业，增加光伏消纳电量规模由平均每天70万kW·h提升到180万kW·h，效果提升近3倍。

（2）置换弃光、弃风电量支持清洁电取暖。“绿电15日”当月采取置换铁合金行业峰谷时间段互换减少的弃光、弃风电量，与4月（取暖期）三江源地区集中电取暖进行打捆直接交易，发挥弃光、弃风电量比正常直接交易电量成本更低的优势，较大幅度降低清洁电取暖用电成本，加大对清洁电取暖的支持力度。

（3）开展负荷侧蓄能技术应用。开展储能技术发展与应用课题研究，利用研究成果，在“绿电15日”活动中促使三江源地区蓄热电锅炉运行与光伏发电联动，实现综合能源技术应用新突破，进一步推进清洁能源支持清洁取暖发展，清洁取暖有利于清洁能源消纳的良性循环理念。

4. 确保“绿电 15 日”期间电网安全运行

为保障“绿电 15 日”期间电网的安全稳定运行，须提前谋划，加大黄河上游水电厂下泄流量，将火电电量通过市场化交易手段全部送出，实现省内用电负荷全部由省内水电和新能源平衡。同时做好协同运行控制方案及重要发输变电设备的隐患排查，火电全停期间做好省际及北部断面及电压控制，确保电网安全稳定运行。

### 8.1.2 电网安全校核及方式安排

#### 8.1.2.1 运行方式安排

青海电网“绿电 15 日”全清洁能源供电期间，青海电网火电机组仅大通 1 座火电 1 台机组运行，其余火电机组全停；水电及新能源依照天气及电力电量平衡情况，最大达到全开机运行。为降低西宁北部电网运行压力，需将景阳 110kV 线路公园、江河、东关变转由杨乐系统供电，将丁香 110kV 线路羚羊、浦宁、兴旺变转由泉湾系统供电，将丁香 110kV 线路马坊、彭家寨、谦和、文苑、西钢部分负荷转由花园系统供电，所转移负荷 12 万 kW 均可通过备自投或区域备自投提高供电可靠性。负荷转移后西宁北部地区最大负荷预计 174 万 kW，按照宁月电磁环网不同运行方式，相应控制措施见表 8-1。

表 8-1　　不同运行方式下的控制措施　　单位：万 kW

| 西宁北部负荷 | 宁月电磁环网 | 宁塔月断面 | 李家峡出力 | 大通出力 | 小水电出力 |
|---|---|---|---|---|---|
| 174 | 合环 | 540 | — | 15 | 35 |
| | 解环 | 490 | 110 | — | 35 |

考虑全清洁能源供电期间宁塔月断面输送能力和宁月电磁环网解环方式下李家峡水电站出力要求，建议宁月电磁环网合环运行，且不安排省际断面和省内 750/330kV 重要输变电设备、黄河大中型电站机组和 110kV 及以上送出线路检修，不安排新能源上网输变电设备检修，保证清洁能源送出通道最大输送能力。宁月电磁环网合环运行方式下，西宁北部地区负荷每增加 5 万 kW，大通火电厂出力需增加 7 万 kW，当西宁北部负荷超过 183 万 kW·h，宁月电磁环网需解环运行，同时调整李家峡电厂出力以控制西宁两台主变下网功率不超过 200 万 kW。

#### 8.1.2.2 火电最小开机、出力安全校核

综合考虑青海北部供电断面和省际购电断面受入能力，“绿电 15 日”全清洁能源供电期间省内火电机组仅大通火电厂单机运行。西宁北部电网运行方式调整、负荷转移后预计地区最大负荷 172 万 kW，为避免花丁双回线路 $N-1$ 故障引起另一回线路过载和宁郭双回 $N-2$ 故障引起花丁双回线路过载，需控制南北断面“花丁双回+郭

景双回”130 万 kW，需要西宁北部地区电源出力达到 53 万 kW 以上，考虑北部大通河小水电夏季出力 38 万～42 万 kW，需大通火电厂单机运行，最小安全约束出力 15 万 kW，安排佐署、宁北、唐湖、汉东电厂可以全部停机。

#### 8.1.2.3 重要断面安全校核

青海电网主要负荷集中于青海电网的中东部，而光伏和风电装机主要位于电网的西部和南部，全清洁能源用电期间，新能源经海西、海南地区长距离集中输送至负荷中心或省外，主要有省际输电、海西送出、塔拉送出、宁塔月送出、龙羊送出、花丁双回 6 个输送断面。

1. 省际输电断面

（1）断面能力及受制因素。青海省际受入断面受郭武双回同杆 $N-2$ 故障后西宁北部电网低电压影响，省内火电机组仅大通火电厂单机运行期间，青海省际最大受电能力为 200 万 kW。青海省际送出与新疆、甘肃共用武白—官东断面，受 750kV 武白双回同杆 $N-2$ 故障后 750kV 官东双回线路过载制约，断面最大输送能力为 700 万 kW。

（2）负载率分析。全清洁能源供电期间，青海新能源、水电大发，新疆、甘肃风电大发时段武白—官东断面满载运行。

（3）断面内主要设备故障后措施。全清洁能源供电期间，发生 750kV 武白双回同杆 $N-2$ 故障后需预控 750kV 官东双回线路功率不超过 360 万 kW，综合调整全网机组出力后，可以保证“绿电 15 日”正常进行。

2. 海西州送出断面

（1）断面能力及受制因素。海西州送出断面受新疆—西北电网一通道 750kV 线路同塔 $N-2$ 故障和吉泉直流闭锁故障引起海西州电压失稳的制约，断面最大输送能力为 240 万 kW。

（2）负载率分析。海西州送出断面内新能源装机为 751.6 万 kW，中午光伏大发时段无法实现新能源全部送出，新能源最大受限约 80 万 kW，中午时段该断面负载率将超过 99.6%。

3. 塔拉送出断面

（1）断面能力及受制因素。塔拉送出断面受 750kV 武白 $N-2$ 故障和宁塔 $N-1$ 故障后海南州低电压问题制约，断面最大输送能力为 300 万 kW。

（2）负载率分析。塔拉送出断面内新能源装机容量为 609 万 kW，中午光伏大发时段无法实现新能源全部送出，新能源最大受限约 80 万 kW，中国青海结构调整暨投资贸易洽谈会（简称青洽会）期间中午时段该断面负载率将超过 99.2%。

（3）断面内主要设备故障后措施。全清洁能源供电期间，发生 750kV 月塔双回线路或宁塔线 $N-1$ 故障后，需控制塔拉外送断面功率不超过 265 万 kW。综合调整海南地区新能源出力后，可以保证"绿电15日"正常进行。

4. 宁塔月送出断面

(1) 断面能力及受制因素。宁月电磁环网合环运行方式下，受制于750kV宁月双回同杆$N-2$故障后330kV康继Ⅰ线过载问题，该断面极限为540万kW。

(2) 负载率分析。宁塔月断面承担海西、海南地区的清洁能源、恰龙、龙厂以及甘肃、新疆、西藏三省（自治区）穿越功率的汇集送出任务，中午光伏大发时段无法实现新能源全部送出，新能源最大受限约50万kW，青洽会期间中午时段该断面负载率将超过99.2%。

(3) 断面内主要设备故障后措施。宁月电磁环网发生330kV康继Ⅰ回或恒营Ⅱ回线路故障，为防止线路同塔$N-2$故障构成四级电网事件，需要将宁月电磁环网解环运行。电磁环网其余设备故障只需调整相应断面限额，无须进行大的方式调整。

5. 龙羊送出断面

(1) 断面能力及受制因素。龙羊送出断面受330kV月源双回线路$N-1$故障后月源运行线路过载问题制约，断面输电极限为175万kW。

(2) 负载率分析。龙羊送出断面主要汇集海西州光伏穿越功率与龙羊峡水电出力及恰龙光伏出力输送至青海中部主网，龙羊峡水电站、恰龙光伏电站大发情况下，断面负载率将超过99.5%。

6. 花丁双回断面

(1) 断面能力及受制因素。发生330kV花丁线路$N-1$故障，花丁运行线路过载，花丁双回线路最大输送能力为85万kW。

(2) 负载率分析。西宁北部地区负荷集中，电源有限，全清洁能源供电期间，西宁北部火电机组仅大通电厂单机运行，断面负载率将超过99.5%。

(3) 断面内主要设备故障后措施。发生大通电厂机组$N-1$故障，为防止330kV花丁线路$N-1$故障后切负荷风险，需要将宁月电磁环网解环运行，解环后控制西宁主变断面下送不超过200万kW，综合调整水电机组出力后，可以保证"绿电15日"正常进行。

重载断面安全校核结论：青海电网主要750kV、330kV输电通道线路及大型水电机组故障后电网校核均无安全问题。除以上所列故障外，发生其他$N-1$故障（含同塔双回$N-2$故障、大机组故障）无须进行大的方式调整，该方案可持续执行。

#### 8.1.2.4 新能源上网输变电设备安全校核

清洁能源供电期间，青海电网设备发生$N-1$故障，清洁能源发电出力损失超过10万kW的线路或主变共有65项，其中750kV主变压器2台，330kV线路17条，330kV变压器19台，110kV线路27条，见表8-2；清洁能源供电期间，水电大发，青海电网330kV及以上线路负载率达到70%的线路共有3条，见表8-3。

**表 8-2　$N-1$ 故障引起清洁能源出力损失 10 万 kW 以上的线路或主变**

| 电压等级/kV | 线路/主变压器 | $N-1$ 故障损失出力/万 kW | 备注 | 电源性质 |
|---|---|---|---|---|
| 750 | 塔拉 1～2 号主变压器 | 36 | 稳控切除 | 光伏+风电 |
| 330 | 聚兴线 | 56 | | 光伏 |
| 330 | 鲁望线 | 30 | | 光伏+风电 |
| 330 | 柴望线 | 60 | | 光伏+风电 |
| 330 | 巴柏线 | 65 | | 光伏 |
| 330 | 恰龙 1 线 | 80 | | 光伏 |
| 330 | 产格 1 线 | 42 | | 光伏 |
| 330 | 郡汇 1 回 | 61 | | 光伏 |
| 330 | 盐坪 1 回 | 42 | | 风电 |
| 330 | 塔切 1 回 | 32 | | 风电 |
| 330 | 塔珠线 | 85 | | 光伏 |
| 330 | 塔思线 | 65 | | 光伏 |
| 330 | 拓文线 | 24 | | 光伏 |
| 330 | 莫仁线 | 25 | | 风电 |
| 330 | 塔唐线 | 45 | | 水电 |
| 330 | 班唐线 | 36 | | 水电 |
| 330 | 孟驼 1 线 | 22 | | 水电 |
| 330 | 公苏线 | 14 | | 水电 |
| 330 | 聚明 1～4 号主变压器 | 16 | 稳控切除 | 光伏 |
| 330 | 兴明 1 号、2 号主变压器 | 23 | 稳控切除 | 光伏 |
| 330 | 汇明 1～4 号主变压器 | 23 | 稳控切除 | 光伏 |
| 330 | 吉祥 1 号、2 号主变压器 | 10 | 稳控切除 | 水电 |
| 330 | 乌兰 1 号、2 号主变压器 | 10 | 稳控切除 | 光伏 |
| 330 | 流沙坪 1 号、2 号主变压器 | 21 | 稳控切除 | 光伏 |
| 330 | 拓实 1 号、2 号主变压器 | 14 | 稳控切除 | 光伏 |
| 330 | 那仁风电场 1 号主变压器 | 25 | | 风电 |
| 110 | 彩互Ⅱ回 | 12 | | 水电 |
| 110 | 格汇线 | 13 | | 光伏 |
| 110 | 聚汇线 | 25 | | 光伏 |
| 110 | 沐杏线 | 10 | | 光伏 |
| 110 | 瑄汇线 | 10 | | 光伏 |
| 110 | 蓓汇线 | 10 | | 光伏 |
| 110 | 诚汇线 | 10 | | 光伏 |
| 110 | 汉汇线 | 10 | | 光伏 |

续表

| 电压等级/kV | 线路/主变压器 | $N-1$ 故障损失出力 /万 kW | 备注 | 电源性质 |
|---|---|---|---|---|
| 110 | 奔汇线 | 10 | | 光伏 |
| 110 | 晖汇线 | 10 | | 光伏 |
| 110 | 际汇线 | 10 | | 光伏 |
| 110 | 泰汇线 | 10 | | 光伏 |
| 110 | 晖汇 2 回 | 10 | | 光伏 |
| 110 | 汉汇 2 回 | 10 | | 光伏 |
| 110 | 勘汇线 | 20 | | 光伏 |
| 110 | 秦思线 | 14 | | 光伏 |
| 110 | 易思线 | 15 | | 光伏 |
| 110 | 博思线 | 18 | | 光伏 |
| 110 | 圣村线 | 11 | | 光伏 |
| 110 | 圣宏线 | 10 | | 光伏 |
| 110 | 岭邦线 | 10 | | 光伏 |
| 110 | 煦文线 | 10 | | 光伏 |
| 110 | 威文线 | 10 | | 光伏 |
| 110 | 望驰线 | 10 | | 光伏 |
| 110 | 集南 1 线 | 10 | | 光伏 |
| 110 | 集南 2 线 | 10 | | 光伏 |
| 110 | 集北 1 线 | 10 | | 光伏 |

**表 8-3　负载率达到 70%以上的清洁能源输送线路**

| 电压等级 /kV | 线路名称 | 线路通流能力 /万 kW | 预计实际载流量 /(万 kW·h) | 负载率 /% |
|---|---|---|---|---|
| 330 | 产格 1 线 | 41 | 40 | 97.6 |
| 330 | 恰龙 1 线 | 85 | 81 | 95.3 |
| 330 | 郡汇 1 线 | 66 | 61 | 92.4 |

#### 8.1.2.5　电网运行检修校核

青海电网全清洁能源供电期间不安排省际断面输变电设备、黄河大中型电站机组及新能源上网输变电设备检修，确保停电期间清洁能源电站运行，保证清洁能源送出通道最大输送能力。停电计划经优化后，共安排 5 项 330kV 设备停电工作。

(1) 6 月 10—13 日曹家堡变 5 号主变压器、6 月 17—20 日曹家堡变 4 号主变压器停电。完善曹家堡变 4 号、5 号主变压器充氮灭火装置功能、本体及三侧所属设备消缺、主变压器三侧设备保护二次回路检查，开关实控试验、同期功能试验。

（2）6月14—20日花土沟变330kV 1号和3号母线停电。花土沟变电站扩建间隔设备与330kV 1号和3号母线对接、交接试验、耐压试验；花土沟变电站330kV 1号和3号母线间隔设备例行检修、试验、间隔设备保护定检、测控装置校验、保信子站及省调监控信息核对。

（3）6月14—20日花土沟变2号主变压器停电。花土沟变电站2号主变压器充氮灭火装置功能完善；2号主变压器及所属三侧间隔设备例行检修、例行试验；间隔设备绝缘子清扫、喷涂PRTV涂料3号主变压器及所属三侧间隔保护定检、测控装置校验、保信子站及省调监控信息核对，开关实控试验，同期功能验证。

（4）6月14—20日330kV林土1线停电。330kV林土1线共计45基耐张塔更换瓷复合绝缘子、线路登塔检查及消缺；线路两侧间隔设备例行检修、试验；间隔设备绝缘子清扫、喷涂PRTV涂料、两侧间隔设备保护定检、测控装置校验、保信子站及省调监控信息核对、开关实控试验、同期功能验证。

### 8.1.3 负荷预测

2019年“绿电15日”期间，预计青海全网负荷最大达到850万kW。全网负荷主要集中在青海东部，其中西宁北部地区工业负荷集中，网架结构较弱，运行压力较大。为降低西宁北部电网运行压力，将景阳系统110kV公园、江河、东关变转由杨乐系统供电，将丁香系统110kV羚羊、浦宁、兴旺变转由泉湾系统供电，将丁香系统110kV马坊、彭家寨、谦和、文苑、西钢部分负荷转由花园系统供电，所转移负荷均可通过备自投或区域备自投提高供电可靠性，负荷转移后西宁北部地区最大负荷预计172万kW。

“绿电15日”期间，全网负荷预测需要重点考虑气象因素、新型制造业负荷及其他负荷等因素影响。

#### 8.1.3.1 气象因素

“绿电15日”期间，青海电网处于全年最小负荷期间，通过对青海周边省份气象条件分析，期间各省新能源资源均较为富足，没有极端高温天气，负荷情况平稳，可以向青海电网提供新能源电力电量备用。

#### 8.1.3.2 新型制造业负荷影响

为保证负荷预测的准确性，以及全清洁能源供电期间用户负荷稳定，对新型制造业日用电负荷和日用电量进行预测。“绿电15日”期间全网日负荷及用电量预测见表8-4。

#### 8.1.3.3 全清洁能源供电期间负荷预测情况

综合计划检修、客户停产、新增负荷、天气变化等因素，2019年6月9—23日青海电网日均用电量约1.9亿kW·h。“绿电15日”期间全网日最大负荷及用电量预测见表 8-5。

表 8-4　"绿电 15 日"期间全网日负荷及用电量预测表

| 日期 | 最大负荷预测/万 kW | 最小负荷预测/万 kW | 用电量预测/(万 kW·h) |
|---|---|---|---|
| 9 | 117 | 96 | 2503 |
| 10 | 122 | 97 | 2618 |
| 11 | 125 | 101 | 2674 |
| 12 | 126 | 92 | 2645 |
| 13 | 125 | 101 | 2673 |
| 14 | 123 | 96 | 2623 |
| 15 | 125 | 94 | 2685 |
| 16 | 126 | 105 | 2748 |
| 17 | 129 | 101 | 2775 |
| 18 | 131 | 101 | 2776 |
| 19 | 131 | 106 | 2842 |
| 20 | 131 | 106 | 2796 |
| 21 | 132 | 105 | 2716 |
| 22 | 131 | 104 | 2816 |
| 23 | 130 | 102 | 2793 |

表 8-5　"绿电 15 日"期间全网日最大负荷及用电量预测表

| 日期 | 最大负荷预测/万 kW | 最小负荷预测/万 kW | 用电量预测/(万 kW·h) |
|---|---|---|---|
| 9 | 820 | 730 | 18760 |
| 10 | 830 | 720 | 19090 |
| 11 | 840 | 720 | 18940 |
| 12 | 820 | 720 | 18750 |
| 13 | 830 | 710 | 18910 |
| 14 | 830 | 710 | 18930 |
| 15 | 830 | 730 | 18900 |
| 16 | 830 | 720 | 18910 |
| 17 | 840 | 730 | 19000 |
| 18 | 840 | 730 | 19200 |
| 19 | 850 | 730 | 18920 |
| 20 | 830 | 730 | 18950 |
| 21 | 830 | 730 | 18940 |
| 22 | 830 | 720 | 18750 |
| 23 | 830 | 730 | 18920 |

2019 年 6 月 9—23 日期间青海电网最大预测负荷为 850 万 kW，最小预测负荷为 710 万 kW，平均负荷为 770 万 kW，单日负荷最大峰谷差为 120 万 kW。"绿电 15 日"

期间日负荷预测电力曲线如图 8-2 所示。

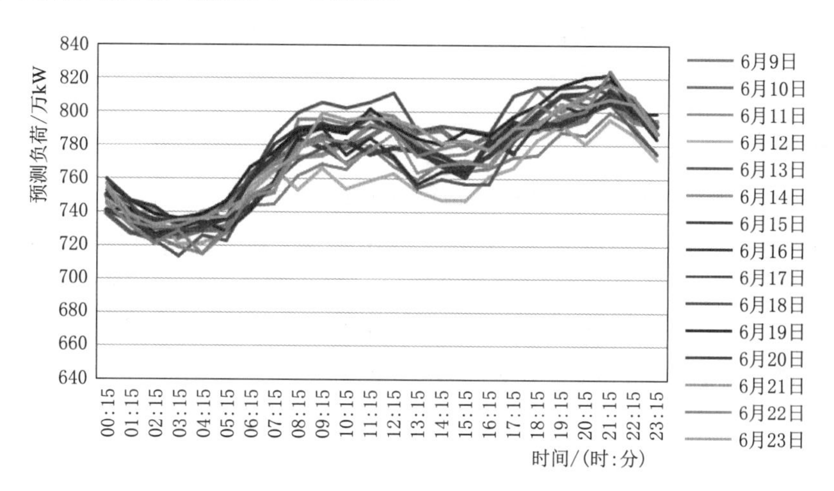


图 8-2 “绿电 15 日”期间日负荷预测电力曲线

## 8.1.4 清洁能源功率预测及发电计划

### 8.1.4.1 新能源发电计划

1. 天气情况预测

根据中尺度预报模式，和实时四维资料同化技术模拟的集合数值天气预报信息，应用天气形势分析理论，结合青海高原高海拔特殊气象环境，对全清洁能源供电期间青海电网气象条件进行预测分析，“绿电 15 日”期间，青海电网全网风速、辐照度良好，但局部区有小到中雨或者雷阵雨。

2. 新能源功率预测

(1) 光伏预测。

2019 年 6 月 9—11 日，预测光伏最大出力可达 450 万 kW 左右，省内水电和新能源基本可以满足全省用电需求。

2019 年 6 月 12 日、22 日，预测光伏最大出力可达 550 万 kW 左右，省内水电和新能源完全可以满足全省用电需求。

2019 年 6 月 13 日、17 日、19 日、23 日，预测光伏最大出力仅达到 400 万 kW 左右，应及时调整水电发电计划，增发水电，以满足全省用电需求。

2019 年 6 月 14—16 日、20 日、21 日，预测光伏最大出力可达 450 万 kW 左右，省内水电和新能源基本可以满足全省用电需求。

(2) 风电预测。“绿电 15 日”期间风力发电曲线波动较大，白天风速较小、风资源较差，夜间风速较大、风能资源较好，与光伏有较强的互补性。其中 6 月 11 日风电预测功率达到最低，仅有 70 万 kW 左右；13 日夜间风电预测功率较大，预计可达到280万kW。由于青海省风电装机占比较低，风力发电曲线的波动，对青海电网总体电力电量的平衡影响较小，在全清洁能源供电期间主要作为光伏和水电的补充。

#### 8.1.4.2 水力发电计划

1. 水库运用计划

根据黄河上游水文站预测，预计全清洁能源供电期间，黄河上游龙羊峡水电站来水量11.4亿$m^3$，平均来水流量1650$m^3/s$，水库入库流量860$m^3/s$。满足“绿电15日”期间水库运行需求，保证全月龙羊峡出库计划900$m^3/s$，在新能源出力受天气影响出现较大偏差时，需要加大黄河上游各电站的出库流量，弥补新能源出力不足，即使新能源日电量降至3000万kW时，龙羊峡出库加大至1030$m^3/s$，也能满足全清洁能源供电需要。

2. 水电计划

综合天气状况、新能源出力特性和水库运用计划，安排水电在午间光伏大发时段配合新能源出力进行调峰。同时，在夜间无光伏发电情况下，水电大发满足全网用电负荷，并外送富余电量。

### 8.1.5 发用电平衡

在火电最小开机、出力方式下，2019年6月9—23日全网最大购电能力200万kW，日电量2400万kW·h左右；青海电网送出与甘肃河西送出共用“750kV武白双回＋官东双回”断面，断面最大输送能力700万kW，满足“绿电15日”全清洁能源供电期间全网送出需求。

方案执行期间，按龙羊峡出库流量1020$m^3/s$测算，全天省际断面净送出（火电＋黄河水电）270万kW左右，最大送出电力455万kW，净送出电量6480万kW·h，断面极限满足要求。“绿电15日”期间电力、电量平衡表见表8-6。

表8-6　“绿电15日”期间电力、电量平衡表

| 电力平衡/万kW | | |
|---|---|---|
| | 夜间 | 白天 |
| 负荷 | 850 | 790 |
| 大中型水电出力 | 800 | 440 |
| 光伏出力 | 0 | 650 |
| 风电出力 | 100 | 60 |
| 小水电出力 | 80 | 80 |
| 火电发电出力（火电开机30万kW） | 15（负荷率50%） | 15（负荷率50%） |
| 水电外送＋火电外送 | 130＋15＝145 | 440＋15＝455 |

续表

| 电量平衡/(万 kW·h) | |
|---|---|
| 日均用电量 | 18900 |
| 火电电量 | 360 |
| 大中型水电总电量 | 16320 |
| 新能源电量 | 6500 |
| 小水电电量 | 2200 |
| 水电外送＋火电外送电量 | 6120＋360＝6480 |
| 出库流量/($m^3$/s) | |
| 龙羊日均出库 | 1020 |

预计方案执行期间，新能源最大出力 650 万 kW，占午间全部负荷的 80%；新能源最大日发电量 7800 万 kW·h，最大占当日清洁能源发电量的 26%，日均发电量 6500 万 kW·h。

1. 电量平衡

预计“绿电 15 日”期间，青海电网平均日用电量为 1.89 亿 kW·h。综合负荷预测、新能源功率预测、水库运用计划等情况，全清洁能源供电时段省内清洁能源电量可以满足全部负荷电量供应，平均每日还需送出电量 7587 万 kW·h。“绿电 15 日”期间全网电量平衡情况见表 8-7。

表 8-7　“绿电 15 日”期间全网电量平衡情况表　单位：万 kW·h

| 日期 | 水电 | 光伏 | 风电 | 省内清洁能源 | 日用电量 | 火电 | 总发电量 | 日前交易 | 富余电量 |
|---|---|---|---|---|---|---|---|---|---|
| 9 | 18880 | 4527 | 1373 | 24780 | 18758 | 475 | 25255 | 0 | 6497 |
| 10 | 18629 | 3975 | 2545 | 25149 | 19092 | 520 | 25669 | 0 | 6577 |
| 11 | 18262 | 4476 | 872 | 23610 | 18940 | 504 | 24114 | 0 | 5174 |
| 12 | 15660 | 5936 | 2662 | 24158 | 18757 | 504 | 24662 | 0 | 5905 |
| 13 | 16034 | 5055 | 3723 | 24812 | 18915 | 446 | 25258 | 0 | 6343 |
| 14 | 18517 | 3232 | 5257 | 27006 | 18933 | 484 | 27490 | 0 | 8557 |
| 15 | 20250 | 4986 | 2234 | 27470 | 18900 | 440 | 27910 | 0 | 9010 |
| 16 | 20980 | 4317 | 2206 | 27503 | 18915 | 442 | 27945 | 0 | 9030 |
| 17 | 19430 | 3692 | 2418 | 25540 | 19003 | 451 | 25991 | 0 | 6988 |
| 18 | 21881 | 2663 | 2017 | 26561 | 19203 | 478 | 27039 | 0 | 7836 |
| 19 | 21526 | 3304 | 917 | 25747 | 18927 | 495 | 26242 | 0 | 7315 |
| 20 | 20706 | 3871 | 2316 | 26893 | 18947 | 468 | 27361 | 0 | 8414 |
| 21 | 20837 | 4592 | 1776 | 27205 | 18944 | 490 | 27695 | 0 | 8751 |
| 22 | 20749 | 5354 | 1015 | 27118 | 18749 | 447 | 27565 | 0 | 8816 |
| 23 | 19952 | 4385 | 2743 | 27080 | 18923 | 445 | 27525 | 0 | 8602 |

2. 电力平衡

对每日发、用电量成分进行分解后，分时考虑电力匹配特性，预计全清洁能源供电期间，电网最大负荷 760 万 kW，通过对水电出力的调节，可以满足新能源电力与负荷的匹配，见表 8-8。

表 8-8 "绿电 15 日" 期间全网清洁能源与负荷电力平衡表 单位：万 kW

| 日期 | 时间 | 负荷 | 光伏出力 | 风电出力 | 水电出力 | 电力富余 |
|---|---|---|---|---|---|---|
| 9 | 白天 | 820 | 564 | 1 | 314 | 59 |
| | 夜间 | 728 | 0 | 161 | 1078 | 511 |
| 10 | 白天 | 835 | 534 | 36 | 338 | 73 |
| | 夜间 | 723 | 0 | 195 | 1074 | 546 |
| 11 | 白天 | 837 | 541 | 7 | 351 | 62 |
| | 夜间 | 726 | 0 | 116 | 1047 | 437 |
| 12 | 白天 | 825 | 620 | 36 | 337 | 168 |
| | 夜间 | 721 | 0 | 264 | 1054 | 597 |
| 13 | 白天 | 834 | 560 | 43 | 405 | 174 |
| | 夜间 | 709 | 0 | 326 | 911 | 528 |
| 14 | 白天 | 834 | 466 | 49 | 518 | 199 |
| | 夜间 | 715 | 0 | 325 | 1077 | 687 |
| 15 | 白天 | 833 | 553 | 45 | 552 | 317 |
| | 夜间 | 729 | 0 | 164 | 1091 | 526 |
| 16 | 白天 | 831 | 531 | 47 | 592 | 339 |
| | 夜间 | 724 | 0 | 157 | 1083 | 516 |
| 17 | 白天 | 837 | 496 | 33 | 490 | 182 |
| | 夜间 | 730 | 0 | 196 | 1076 | 542 |
| 18 | 白天 | 838 | 404 | 14 | 614 | 194 |
| | 夜间 | 728 | 0 | 158 | 1102 | 532 |
| 19 | 白天 | 846 | 457 | 7 | 590 | 208 |
| | 夜间 | 735 | 0 | 139 | 1051 | 455 |
| 20 | 白天 | 830 | 555 | 32 | 452 | 209 |
| | 夜间 | 731 | 0 | 185 | 1045 | 499 |
| 21 | 白天 | 833 | 574 | 44 | 507 | 292 |
| | 夜间 | 735 | 0 | 121 | 1069 | 455 |
| 22 | 白天 | 833 | 648 | 4 | 472 | 291 |
| | 夜间 | 720 | 0 | 123 | 1068 | 471 |
| 23 | 白天 | 834 | 587 | 38 | 449 | 240 |
| | 夜间 | 727 | 0 | 176 | 1085 | 534 |

根据测算，"绿电 15 日"期间需送出最大电力 687 万 kW，清洁能源出力完全满足电力负荷，且每日都能达到电力外送要求。

# 8.2 "绿电 15 日"的实施

## 8.2.1 调度实施计划

### 8.2.1.1 计划执行原则

1. 正常方式执行原则

（1）全清洁能源供电期间，刘家峡电厂作为西北第一调频厂，其他直调水电厂担负第二调频任务。

（2）全清洁能源供电期间，青海电网不开展实时双边交易，仅通过控制区置换消纳甘肃、宁夏、新疆、陕西富余新能源电力。

（3）全清洁能源供电期间，省调调度人员实时监视 D5000 系统"青海实时电力成分监视图"，并通过调整出力或开展交易确保以下内容：

1）对单一省的日前＋实时购电电力小于该省新能源出力。

2）青海水电出力＋青海新能源出力＋青海日前、实时购电电力全时段高于青海用电负荷 70 万 kW。

2. 偏差调整原则

（1）当某省新能源出力减青海购该省电力不足 50 万 kW，且从趋势上即将不满足正常方式执行时，青海省调调度人员应提前 30min 申请分中心调减对该省的购电交易计划，为了保证水库运用计划，申请增加对其他省的购电交易。

（2）当青海水电出力＋青海新能源出力＋青海日前、实时购电电力减青海用电负荷后不足 70 万 kW 且有继续降低的趋势时，省调调度人员可采取增加直调机组出力、申请网调增加调管水电机组出力或通过控制区置换购入甘肃、宁夏、新疆、陕西富余新能源电力。

3. 方案终止原则

当西北电网发生多条直流闭锁、重要联络线故障等重大、多重故障，导致"青海水电出力＋青海新能源出力＋青海日前、实时购电电力全时段高于青海用电负荷"无法满足时，全清洁能源供电终止。

### 8.2.1.2 实时调控工作

（1）深化大电网智能调控技术创新，促进清洁能源安全消纳，采取以下具体措施：

1）强化"泛在电力物联网"概念在调控端的实践运用，实现"网源荷储"等多维电网运行信息的全面感知和整合互动，依托大电网智能调控平台立体化呈现青海电网清洁能源实时发用电详情，集成“网源荷信息动态展示”“新能源超短期预测及发电空间展示”“清洁取暖增发负荷展示”“新型制造业增发负荷展示”“储能电站充放电状态展示”“重载断面动态载流量展示”等多项功能性模块，从电力生产、传输和消费层面多角度为调度人员进行实时清洁能源互补调度和新能源超前配置辅助决策以及电网薄弱环节调整与预控提供了有力支撑。

2）注重“绿电”数据价值挖掘，新增“绿电 15 日”运行数据统计与分析功能，实现全清洁能源供电期间各类电网运行数据的自动采集与整合，对每日“绿电”运行中各能源电力电量占比、新型制造业负荷增量、电力交易及水情信息、节能减排信息以及同期信息进行多维度的量化对比和分析评价，直观呈现“绿电 15 日”成效。

3）持续推进多能源互补协调控制系统的创新升级，结合青海电力辅助服务市场运营规则，将储能电站控制策略纳入系统控制中，将火电深调与辅助服务市场竞价机制相结合，在电网多维信息全面感知的基础上，进行水光风能的自动反馈控制，做到各类型能源供电的平滑过渡和互补优化控制，实现电网安全与经济运行的有机结合，进一步拓展新能源省内消纳空间，有力提升“绿电 15 日”期间新能源发电占比。

4）坚持树立区域调峰资源共享意识，深化大电网实时平衡能力监视与实时交易应用革新，完善区内调峰资源共享与预警机制，充分发挥区内调峰资源优化配置优势，促进清洁能源消纳多级调度的协同快速响应。

（2）加强实时调控过程管控，确保全清洁能源平稳供电，采取以下具体措施：

1）制定“绿电 15 日”调度实时运行控制方案和清洁能源供电专项应急预案，明确了全清洁能源供电运行期间清洁能源协同互补调度原则和调整控制策略，并针对影响全清洁能源供电的故障开展联合演练，深化各单位事故处理的协同配合机制。

2）将电网安全稳定在线分析机制与多能源互补协调控制有机结合，通过实时开展电网运行分析，对电网运行薄弱环节进行预判，并及时将相应调整策略融入多能源互补协调控制中，在安全的基础上平稳进行清洁能源供电。

3）依托大电网智能调度控制系统实时对网内新能源受阻因素进行综合研判，超前调用备区内调峰资源，积极拓展新能源消纳空间，全力提升新能源发电占比。

4）密切关注黄河上游水库运用、全省天气以及网内负荷增量情况，合理判断全省水光风互补特性，在面临严峻汛情以及全网调频任务的双重压力下，通过积极与西北分中心开展水光协同互补调度，超前平抑清洁能源供电波动，实现了全清洁能源平稳供电和新能源发电高占比。

#### 8.2.1.3 突发事件处理

2019 年“绿电 15 日”期间，西宁北部火电仅大通火电厂单台机组运行，西宁北部受电断面控制难度大；当电网发生故障造成新能源送出能力大幅降低时，电网全清洁能源供电将面临较大压力。为更好地应对西宁北部断面、新能源送出断面发生的各类故障，制定了反事故预案。

1. 西宁北部受电断面预案

**预案1.1：花丁N－1故障：花丁运行线路满载**

（1）立即增加华电、纳子峡、石头峡出力，控制郭景双回＋花丁运行线路的功率不大于110万kW。

（2）向西北网调汇报故障情况，控制750kV宁郭双回＋330kV花丁运行线路的功率不大于200万kW，视情况向网调申请降低拉西瓦、李家峡等水电站出力并开展购入新能源交易，保证在调整期间清洁能源出力一直大于全网用电负荷。

（3）通知省检修公司对故障线路进行带电查线，通知两侧变电站检查故障设备。

（4）检查故障线路两侧设备正常后，视保护动作情况、故障测距、天气情况对线路试送电一次，如果试送成功则恢复电网正常方式，试送不成功，根据现场要求配合相应设备状态转换，进一步进行故障点的排查工作。

**预案1.2：华电大通火电厂机组故障**

网内无线路及主变压器过载，各厂站母线电压均在正常范围内。花丁双回潮流较重，再发生花丁N－1故障后运行线路存在过载风险。

（1）立即增加纳子峡、石头峡出力，尽可能控制花丁双回线路的功率不大于85万kW。

（2）增加尼那出力，控制宁花双回＋郭景双回线路的功率不大于155万kW。

（3）省际受电断面限值下降至135万kW，根据地理联络线计划开展送出交易或取消购入交易，但应同时向网调申请增加网内水电出力，保证在调整期间清洁能源出力一直大于全网用电负荷。

（4）如果青海华电大通火电厂故障机组短时不能恢复供电，应向网调申请宁月电磁环网解环，具体步骤如下：

1）宁月断面按照310万kW控制，向网调申请增加网内水电出力或开展购入新能源交易，保证在调整期间清洁能源出力一直大于全网用电负荷。

2）控制龙羊峡、李家峡水电站的合计开机数不大于4台。

3）将330kV康继Ⅰ线康城侧3307开关转热备用。

4）将330kV继营线继光侧3308开关恢复运行。

5）将330kV恒康线康城侧3353开关恢复运行。

6）将330kV恒营Ⅱ线营庄侧3311、3312开关转热备用。

7）将330kV宁继Ⅰ线继光侧3310开关恢复运行。

8）将330kV宁营Ⅱ线西宁侧3391开关恢复运行。

9）解除对龙羊峡、李家峡水电站开机数的限制。

10）退出宁月电磁解环安全稳定控制系统的宁月电磁合环压板，宁月断面按照解环方式进行控制，修改AGC控制断面，将750kV宁月双回＋宁塔Ⅰ线＋330kV康继Ⅰ线＋恒营Ⅱ线断面的限值逐步调整为540万kW。

（5）在宁月电磁环网解环运行期间，控制西宁变主变压器下送功率在200万kW以内。在网调调整李家峡水电站出力时，省调应加强对花丁双回潮流的监视。

（6）当华电华电大通火电厂故障机组恢复并网后，恢复系统正常方式。

2. 新能源送出断面预案

**预案2.1：宁月*N*－2故障**

康继Ⅰ线过载，稳控装置动作切除恰龙光伏、龙羊峡水电机组、海西州光伏，网内其余线路潮流正常。

（1）修改AGC控制断面，将750kV宁月双回＋宁塔Ⅰ线＋330kV康继Ⅰ线＋恒营Ⅱ线断面限值逐步调整为210万kW，控制330kV月发双回＋月康双回断面在190万kW以内，向网调申请增加网内水电出力或开展购入新能源交易，保证在调整期间清洁能源出力一直大于全网用电负荷。

（2）核实稳控装置动作情况，向网调汇报故障情况及稳控动作情况，通知海西地调在未得到省调通知前不得恢复稳控装置所切出线，做好保厂用电措施。

（3）通知省检修公司对宁月双回线路进行带电查线，并加强750kV月塔双回、宁塔Ⅰ线、330kV康继Ⅰ线、恒营Ⅱ线线路巡视，通知运维人员加强站内运行设备巡视。

（4）现场按网调指令对线路进行试送，若双回试送成功则恢复系统正常方式并将AGC控制断面中750kV宁月双回＋宁塔Ⅰ线＋330kV康继Ⅰ线＋恒营Ⅱ线断面限值逐步修改540万kW；若仅单回试送成功，则将宁月断面AGC控制限值逐步修改为510万kW，控制宁月单回功率在290万kW以内，恢复系统正常方式；若双回线均试送不成功，则根据网调指令配合相应设备状态转换，进一步进行故障点的排查工作。

**预案2.2：宁塔Ⅰ线故障**

网内无线路及主变压器过载，各厂站母线电压均在正常范围内。

（1）修改新能源AGC控制断面，将750kV宁月双回＋宁塔Ⅰ线＋330kV康继Ⅰ线＋恒营Ⅱ线断面限值调整为280万kW，向网调申请增加网内水电出力或开展购入新能源交易，保证在调整期间清洁能源出力一直大于全网用电负荷。

（2）向网调汇报事故情况，视断面功率情况申请降低龙羊及恰龙光伏电站出力配合断面调整。

（3）通知省检修公司对宁塔Ⅰ线线路进行带电查线，并加强750kV宁月双回、月塔双回线路巡视，通知运维人员加强站内运行设备巡视。

（4）现场按网调指令对线路进行试送，如果试送成功则恢复系统正常方式，并将

AGC控制断面中750kV宁月双回+宁塔Ⅰ线+330kV康继Ⅰ线+恒营Ⅱ线断面限值修改为540万kW；试送不成功，则根据现场要求配合相应设备状态转换，进一步进行故障点的排查工作。

3. 月海（柴海）$N-1$故障

网内无线路及主变压器过载，各厂站母线电压均在正常范围内。

（1）修改新能源AGC控制断面限值，控制海西地区送出功率断面在100万kW以内，向网调申请增加网内水电出力或开展购入新能源交易，保证在调整期间清洁能源出力一直大于全网用电负荷。

（2）调整海西地区330kV变电站无功补偿装置运行方式，控制海西地区330kV电压在正常范围之间，必要时向网调申请投退柴达木换流站电抗器。

（3）通知省检修公司对故障线路进行带电查线。

（4）现场按网调指令对线路进行试送，若试送成功则恢复所限光伏出力。试送不成功，则根据现场要求配合相应设备状态转换，进一步进行故障点的排查工作。

4. 塔拉主变压器$N-1$故障

塔拉变单主变压器运行，光伏大发期间塔拉变750kV稳控装置动作根据过载量切除思明（110kV出线）、汇明（110kV出线）、切吉西（分支线路）、黄河共和（分支线路），使运行主变压器不过载。果洛联网工程及塔拉周边新能源汇集站仅通过塔拉变运行主变压器与主网相连，存在五级电网风险。

（1）修改新能源AGC控制断面限值，控制塔拉主变压器送出断面在185万kW以内，向网调申请增加网内水电出力或开展购入新能源交易，保证在调整期间清洁能源出力一直大于全网用电负荷。

（2）及时发布电网风险预警，通知果洛地调做好局部电网孤网运行或全停的事故预案。

（3）网调根据现场相关保护动作和设备检查情况决定是否试送，主变压器送电前应注意确认无剩磁，并按西北电网大型主变压器充电方案操作。

（4）若主变压器试送失败、无法判断故障点或判断出的故障点无法隔离，通知省检修公司抢修故障主变压器，尽快恢复供电，主变压器送电成功后逐步恢复电网至正常运行方式。

（5）主变压器恢复供电后，恢复正常运行方式。

### 8.2.2 交易组织计划

通过落实龙羊峡水库运行计划，2019年"绿电15日"期间加大黄河上游水电厂下泄流量，将火电电量通过市场化交易手段全部送出，实现省内用电负荷全部由省内水电和新能源平衡的目标。

#### 8.2.2.1 交易原则

（1）在全部清洁能源供电期间充分考虑电网负荷及天气变化情况，制定月度电量交易计划时留有裕度，确保期间全部清洁能源能连续供电。

（2）6 月月度交易计划制定过程中充分考虑清洁能源供电期间特殊运行方式，满足全网电力电量平衡。

（3）利用市场化手段实现火电全部送出，实现多方共赢。

#### 8.2.2.2 交易执行方案

（1）水库运用计划落实。提前协调，保证全月龙羊峡出库计划不低于 900$m^3/s$，确保全清洁能源供电期间，实现省内用电负荷全部由省内水电和新能源平衡的目标。

（2）火电开机方式调整。考虑青海北部供电断面约束，综合考虑青海北部供电断面约束，省内火电机组保持最小技术出力运行，确定火电开机方式为：华电大通火电厂单台机组运行，安排佐署、宁北、唐湖、汉东火电厂全部停机，全省电网火电最小出力可压到 15 万 kW，比 2018 年"绿电 9 日"期间降低了 30 万 kW。

（3）组织火电与富余水电打捆外送市场化交易。6 月龙羊峡出库按照 1030$m^3/s$ 测算，全月富余电量 22 亿 kW·h，其中年度外送已组织电量 8 亿 kW·h，仍需寻求 14 亿 kW·h 外送市场。

1）区外消纳：按照火电与水电打捆送出方式，降低外送电价，增加市场竞争力，火电为华电大通火电厂，水电为黄河上游除龙羊峡外大型电厂。火电市场化电价以 0.27 元/(kW·h) 为基准，水电市场化电价以 0.2 元/(kW·h) 为基准测算。2019 年 6 月 9—23 日火电平均出力按 21 万 kW·h 测算，期间电量 0.76 亿 kW·h，按照水火打捆外送，电厂出厂价 0.225 元/(kW·h)，全月剔除年度交易，外送富余电量 14 亿 kW·h。可通过北京交易平台参与月度外送浙江、上海等交易形式跨区送出。

2）区内消纳：考虑西北区域内各省电力消纳情况，甘肃、宁夏、新疆均为送出大省，无接纳需求。陕西夏季存在一定缺口，目前陕西要求外购购电均价不高于 0.27 元/(kW·h)，青海水火打捆送出存在价格优势，易达成跨省市场化外送交易。火电市场化电价以 0.27 元/(kW·h) 为基准，水电市场化电价以 0.2 元/(kW·h) 为基准测算。水电与火电打捆外送，电厂出厂价 0.22 元/(kW·h)，全月剔除年度交易，外送富余电量 14 亿 kW·h。

（4）三江源清洁供暖用电。利用青海省储能技术发展与应用课题研究成果，发挥经济、技术手段，全力将三江源地区清洁能源采暖电价降至 0.29 元/(kW·h)。同时将海南地区由于通道受阻的弃光电量低电价上网，提升发电利用小时数，实现双赢。预计期间果洛地区蓄热电锅炉用电量约 450 万 kW·h，选取恰龙水光互补光伏电站利用弃光电量与清洁供暖项目开展现货交易。采用"价差平移"模式传导让利资金到用户侧，满足采暖电价降至 0.29 元/(kW·h) 的要求。

## 8.2.3 电网运行方式分析

### 8.2.3.1 西宁—郭隆系统电网情况

1. 网架结构

2019 年 6 月"绿电 15 日"期间，郭隆—官亭 750/330kV 电磁环网解环运行，西宁—日月山 750/330kV 电磁环网考虑解环、合环两种运行方案，西宁—郭隆系统网架结构如图 8-3 所示。

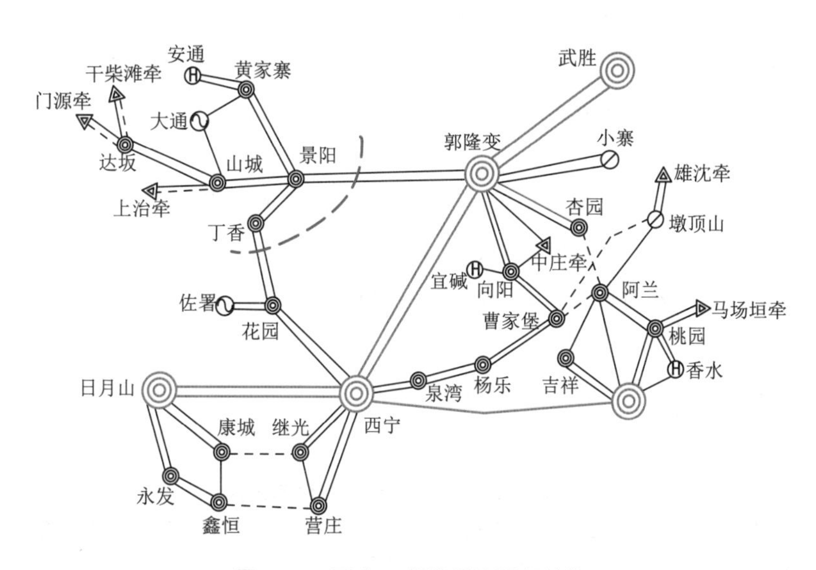


图 8-3　西宁—郭隆系统网架结构

2. 负荷水平

按 2019 年西宁北部电网负荷推算，"绿电 15 日"期间西宁—郭隆系统供电负荷 445 万 kW，其中西宁北部地区负荷 185 万 kW，其余负荷 260 万 kW，具体见表 8-9 和表 8-10。

**表 8-9　2019 年"绿电 15 日"期间西宁北部电网负荷**

| 变电站 | | 负荷 | | 变电站 | 负荷 | |
|---|---|---|---|---|---|---|
| | | 有功/万 kW | 无功/Mvar | | 有功/万 kW | 无功/Mvar |
| 山城 | | 0 | 0 | 安通 | 23 | 60 |
| 黄家寨 | 铝厂Ⅰ期 | 20 | 65 | 达坂 | 10 | 40 |
| | 铝厂Ⅱ期 | 20 | 65 | 景阳 | 46 | 140 |
| | 桥铝 | 24 | 80 | 丁香 | 36 | 110 |
| | 黄家寨 | 6 | 20 | | | |
| 合计 | | 有功/万 kW | | | 无功/Mvar | |
| | | 185 | | | 580 | |

**表 8-10　　2019 年“绿电 15 日”期间西宁—郭隆系统除北部外负荷**

| 变电站 | 有功/万 kW | 变电站 | 有功/万 kW |
|---|---|---|---|
| 花园 | 28.0 | 向阳 | 21.0 |
| 泉湾 | 21.0 | 宜碱 | 20.0 |
| 杨乐 | 38.0 | 杏园 | 16.0 |
| 继光 | 17.0 | 曹家堡 | 10.0 |
| 营庄 | 89.0 | | |
| 合计有功负荷/万 kW | | 260 | |

西宁北部地区负荷较重，但电源较为有限，需依靠断面外部组织电力进行供电，北部电网输电通道长期保持较大功率运行，为缓解通道运行压力，考虑将部分西宁北部电网负荷转移。

(1) 负荷转移方案。将景阳系统 110kV 公园、江河、东关 2.5 万 kW 负荷转由杨乐系统供电，将丁香系统 110kV 羚羊、浦宁、兴旺 1.5 万 kW 负荷转由泉湾系统供电、将丁香系统 110kV 马坊、彭家寨 2.5 万 kW、西钢 6.5 万 kW 负荷转由花园系统供电，其中 110kV 公园、江河、东关、马坊、彭家寨可通过区域备自投提高长串供电可靠性，负荷转移后西宁北部电网供电负荷 172 万 kW，西宁—郭隆系统除北部外负荷为 273 万 kW，见表 8-11 和表 8-12。

**表 8-11　　负荷转移后，西宁北部电网供电负荷**

<table>
<tr><th colspan="2" rowspan="2">变 电 站</th><th colspan="2">负 荷</th><th rowspan="2">变电站</th><th colspan="2">负 荷</th></tr>
<tr><th>有功/万 kW</th><th>无功/Mvar</th><th>有功/万 kW</th><th>无功/Mvar</th></tr>
<tr><td colspan="2">山城</td><td>0</td><td>0</td><td>安通</td><td>23.0</td><td>60.0</td></tr>
<tr><td rowspan="4">黄家寨</td><td>铝厂Ⅰ期</td><td>20.0</td><td>65.0</td><td>达坂</td><td>10.0</td><td>40.0</td></tr>
<tr><td>铝厂Ⅱ期</td><td>20.0</td><td>65.0</td><td>景阳</td><td>43.5</td><td>150.0</td></tr>
<tr><td>桥铝</td><td>24.0</td><td>80.0</td><td>丁香</td><td>25.5</td><td>90.0</td></tr>
<tr><td>黄家寨</td><td>60.0</td><td>20.0</td><td></td><td></td><td></td></tr>
<tr><td colspan="3" rowspan="2">合 计</td><td colspan="2">有功/万 kW</td><td colspan="2">无功/Mvar</td></tr>
<tr><td colspan="2">172</td><td colspan="2">535</td></tr>
</table>

**表 8-12　　负荷转移后，西宁—郭隆系统除北部外负荷**

| 变电站 | 有功/万 kW | 变电站 | 有功/万 kW |
|---|---|---|---|
| 花园 | 37.0 | 向阳 | 21.0 |
| 泉湾 | 22.5 | 宜碱 | 20.0 |
| 杨乐 | 40.5 | 杏园 | 16.0 |
| 继光 | 17.0 | 曹家堡 | 10.0 |
| 营庄 | 89.0 | | |
| 合计有功负荷/万 kW | | 273 | |

（2）负荷转移存在问题。花园变共有 3 台主变压器，每台主变压器容量 24 万 kVA，由于 110kV 母线短路电流超标，花园变 3 号主变压器处于热备用状态。西宁北部负荷转以后，花园变最大负荷达到 37 万 kW，发生花园主变压器 $N-1$ 故障后，运行主变压器最大过载至 1.7 倍。

（3）负荷转移后预控措施。为控制花园主变压器 $N-1$ 故障后，运行主变压器过载至 1.2 倍以内，根据龙羊峡水电站出库不同，考虑采取以下预控方案：

预控方案一：龙羊峡大出库，全天可保持龙羊峡 3 台水电机组及以上开机，控制尼那电厂（装机容量 16 万 kW）出力在 11 万 kW 以上。

预控方案二：龙羊峡小出库，将花园变 110kV 的 2 号、3 号母线与 1 号母线分列运行，花园变 2 号、3 号主变压器带 110kV 的 2 号、3 号母线运行，1 号主变压器带 110kV 的 1 号母线运行，将西钢 6.5 万 kW 负荷经 110kV 花钢 2 回线路由花园变 1 号主变压器供电，其余负荷由 2 号、3 号主变压器供电，同时控制尼那电厂出力在 4.5 万 kW 以上。

#### 8.2.3.2 宁月电磁环网解环、合环方案下花丁 $N-1$ 分析

西宁北部负荷转移 13 万 kW，即北部供电负荷为 172 万 kW，分析“绿电 15 日”期间宁月电磁环网不同运行方式下，大通火电厂开机对 330kV 花丁双回及其他相关断面控制措施。

1. 宁月电磁环网解环运行

（1）大通火电厂无机组运行。大通火电厂和宁北火电厂均无机组运行，北部水电出力 35 万 kW，李家峡水电站出力 103 万 kW 方式下，330kV 花丁双回线路潮流为 69 万 kW，西宁两台主变压器下网功率为 200 万 kW。此时发生 330kV 花丁 $N-1$ 故障，花丁运行线路不过载；发生西宁主变压器 $N-1$ 故障，西宁运行主变压器过载至 1.3 倍以内。

（2）大通火电厂单台机组运行。大通火电厂单台机组出力 14 万 kW，宁北火电厂无机组运行，北部水电出力 35 万 kW，李家峡水电站出力 90 万 kW 方式下，330kV 花丁双回线路潮流为 61.5 万 kW，西宁两台主变压器下网功率为 200 万 kW。此时发生 330kV 花丁 $N-1$ 故障，花丁运行线路不过载；发生西宁主变压器 $N-1$ 故障，西宁运行主变压器过载至 1.3 倍以内。

（3）大通火电厂 2 台机组运行。大通火电厂 2 台机组运行出力 28 万 kW，宁北火电厂无机组运行，北部水电出力 35 万 kW，李家峡水电站出力 80 万 kW 方式下，330kV 花丁双回线路潮流为 52 万 kW，西宁两台主变压器下网功率为 200 万 kW。此时发生 330kV 花丁 $N-1$ 故障，花丁运行线路不过载；发生西宁主变压器 $N-1$ 故障，西宁运行主变压器过载至 1.3 倍以内。

2. 宁月电磁环网合环运行

（1）大通火电厂无机组运行。大通火电厂和宁北火电厂无机组运行，北部水电出

力 35 万 kW，330kV 花丁双回线路潮流为 88 万 kW，此时发生 330kV 花丁 $N-1$ 故障，花丁运行线路功率 81 万 kW。

（2）大通火电厂单台机组运行。大通电厂单台机组运行出力 14 万 kW，宁北火电厂无机组运行，北部水电出力 35 万 kW，330kV 花丁双回线路潮流为 82 万 kW，此时发生 330kV 花丁 $N-1$ 故障，花丁运行线路功率 74 万 kW。

（3）大通火电厂 2 台机组运行。大通电厂 2 台机组运行出力 28 万 kW，宁北火电厂无机组运行，北部水电出力 35 万 kW，330kV 花丁双回线路潮流为 75 万 kW，此时发生 330kV 花丁 $N-1$ 故障，花丁运行线路功率 67 万 kW。

#### 8.2.3.3 结论

“绿电 15 日”期间若不考虑调整电网运行方式，综合上述分析，同时考虑 330kV 花丁单回线路允许运行功率，负荷转移后西宁北部电网供电负荷见表 8-13。

表 8-13　负荷转移后西宁北部电网供电负荷

<table>
<tr><th rowspan="2">花丁单回线路最大允许功率/万 kW</th><th rowspan="2">西宁北部负荷/万 kW</th><th rowspan="2">宁月电磁环网</th><th colspan="2">断面控制限额</th><th rowspan="2">开机建议</th></tr>
<tr><th>西宁两台主变压器下送/万 kW</th><th>花丁双回功率/万 kW</th></tr>
<tr><td rowspan="2">80</td><td>≥170</td><td>解环运行</td><td>200</td><td rowspan="2">85</td><td>1. 前 14 日建议大通火电厂 2 台机组运行，控制北部总出力 60 万 kW 以上，控制李家峡水电站出力 80 万 kW 以上；<br>2. 第 15 日火电全停，控制北部水电 35 万 kW 以上，李家峡水电站出力 105 万 kW 以上</td></tr>
<tr><td><170</td><td>合环运行</td><td></td><td>1. 前 14 日建议大通火电厂 2 台机组运行，控制北部总出力 50 万 kW 以上；<br>2. 第 15 日火电全停，控制北部水电 35 万 kW 以上</td></tr>
<tr><td rowspan="2">85</td><td>≥175</td><td>解环运行</td><td>200</td><td rowspan="2">90</td><td>1. 前 14 日建议大通火电厂 2 台机组运行，控制北部总出力 60 万 kW 以上，控制李家峡水电站出力 80 万 kW 以上；<br>2. 第 15 日火电全停，控制北部水电 35 万 kW 以上，李家峡水电站出力 105 万 kW 以上</td></tr>
<tr><td><175</td><td>合环运行</td><td></td><td>1. 前 14 日建议大通火电厂 2 台机组运行，控制北部总出力 50 万 kW 以上；<br>2. 第 15 日火电全停，控制北部水电 35 万 kW 以上</td></tr>
</table>

### 8.2.4 风险管控措施

（1）为确保青海电网水电出力尽量不受外省干扰发生大的波动，全清洁能源供电期间，刘家峡水电站作为西北第一调频厂，其他直调水电站担负第二调频任务。

（2）提高青海清洁能源本省利用水平，“绿电 15 日”期间，青海电网不进行控制区置换，仅通过实时双边交易购入西北其余各省新能源电量。

（3）省调、各供电公司和省检修公司强化电网运行控制，落实电网运行风险管控机制，对电网运行方式变化以及电网运行环境发生变化带来的安全风险，及时实施风险辨识、预警、预控。加强调控值班力量，精心调度、严密监控，加强重要设备、重要断面的运行监控，严禁超稳定极限运行；强化无功电压运行控制，严控中枢点电压水平。

（4）省调加强青海电网重要输电断面的实时监视，重点监视海西送出、塔拉送出、景黄受电、宁塔月中部送出等重过载断面，提前做好预控措施，确保断面不超稳定极限运行。

（5）省调控中心、各供电公司、省检修公司密切跟踪天气变化，加强与气象部门沟通，重点关注和分析大风、强降雨等恶劣天气对电网运行和新能源发电的影响，加强新能源功率预测工作，及时跟踪黄河上游水库运用计划，做好电力电量平衡，保证电网持续供电。

（6）省调直调水火电厂认真做好机组运维和保厂用电工作，落实各项保电措施，保障机组安全稳定运行；各直调光伏电站做好方案执行期间发电预测工作，提高发电预测的准确率。

（7）各供电公司做好小水电、光伏等清洁能源优先调度工作，充分发挥水库的拦洪、错峰作用，科学调度水库，优化梯级运行，合理调整方式，确保最大限度地消纳水电及清洁能源。

（8）方案执行期间，当电网发生重大多重故障（如多条直流闭锁、重要联络线故障等）导致青海电网水电和新能源电力曲线长时低于电力负荷曲线时，方案终止。

## 8.2.5 总体运行情况及分析

### 8.2.5.1 总体运行情况

在电网运行控制方面，加强输电通道和调峰能力建设，通过大电网实现全网统一调度和跨省跨区交易。开展水、风、光多能互补协调控制，保障全清洁能源供电顺利实施。进一步扩大新能源装机容量，达 1314 万 kW，占比 45.8%，同时将火电出力降低至电网安全约束要求的最小值，只在电压支撑最薄弱的北部电网保留 20 万 kW，较 2018 年“绿电 9 日”火电再降 22%，仅占全网发电出力的 2%，为新能源消纳腾出更多空间。“绿电 15 日”期间青海电网全清洁能源供电电力成分图如图 8－4 所示。“绿电 15 日”期间青海电网发用电综合图如图 8－5 所示。与 2018 年“绿电 9 日”相比清洁能源发电成为省内第一大电源类型，火电最小出力进一步降低至 20 万 kW，占全网 2%。

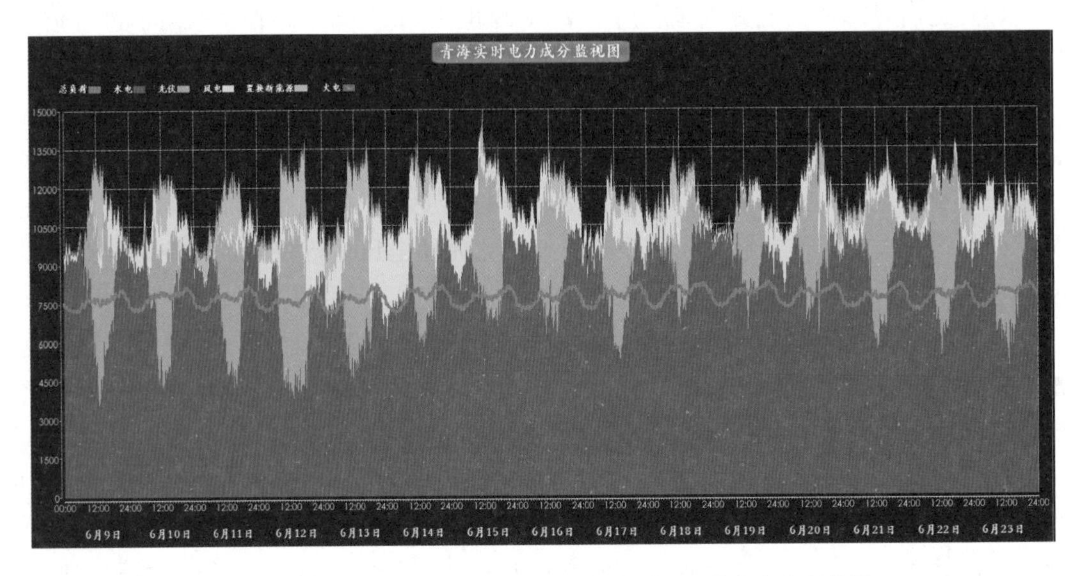


图 8-4 “绿电 15 日”期间青海电网全清洁能源供电电力成分图

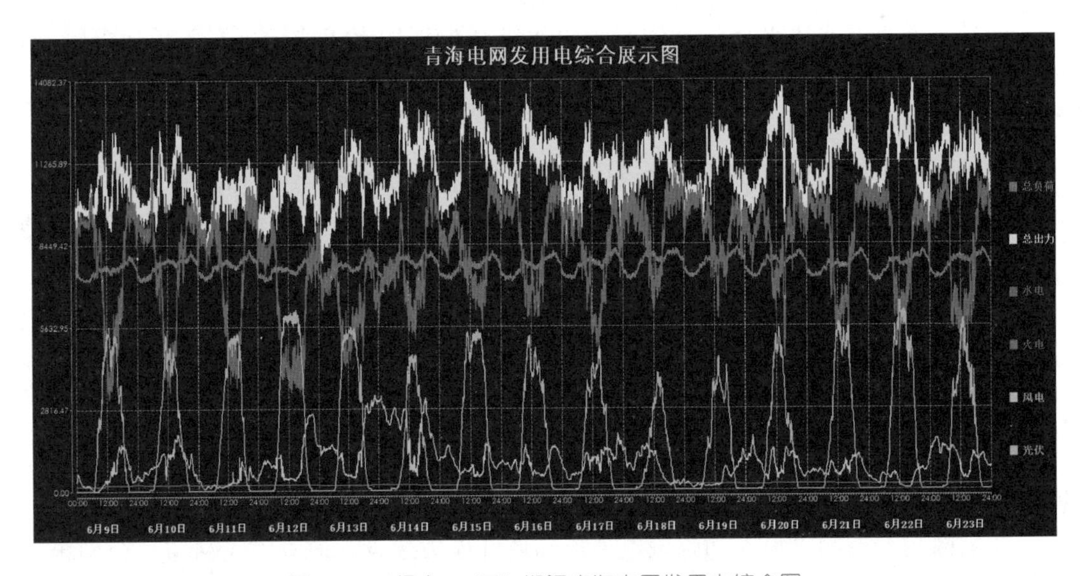


图 8-5 “绿电 15 日”期间青海电网发用电综合图

电力电量平衡方面，增加水库出库流量，龙羊峡水库日均出库达 1030$m^3/s$。新能源最大出力 680 万 kW，占午间全部负荷的 85%，新能源日最大发电量 7800 万 kW·h，较 2018 年“绿电 9 日”增加 47%。“绿电 15 日”期间，全网日最大负荷 847 万 kW，日最大用电量 1.94 亿 kW·h，省际断面日均净送出电量 7330 万 kW·h，11 亿 kW·h 富余清洁能源和火电电量全部通过市场交易方式实现外送。

安全保障方面，开展规划、调控等关键技术攻关，为青海清洁能源发展规划、光伏大规模高效消纳和电网安全稳定运行提供坚强支撑。加强重要通道、断面、站点、线路运行维护和状态监控，完成发、输、变电设备和调度技术支持系统的隐患排查整治，主电网保持全接线、全保护运行，确保全清洁能源供电安全。

#### 8.2.5.2 运行情况分析

1. 负荷预测情况

"绿电 15 日"期间，青海电网平均短期负荷预测准确率 98.75%，最大预测偏差 32 万 kW；平均超短期负荷预测准确率 98.85%，最大预测偏差 13 万 kW。

2. 新能源发电情况

"绿电 15 日"期间，青海电网短期光伏、风电预测准确率分别为 94.52% 和 92.84%，最大预测偏差分别为 110 万 kW 和 28 万 kW；超短期光伏、风电预测准确率分别为 96.88% 和 95.95%，最大预测偏差分别为 43 万 kW 和 15 万 kW；新能源综合短期预测准确率 94.41%，最大偏差 98 万 kW；超短期预测准确率 96.62%，最大偏差 28 万 kW。

3. 水库计划执行情况

"绿电 15 日"期间，龙羊峡水库的实际出库量和计划出库量见表 8-14 和图 8-6。

表 8-14 "绿电 15 日"期间龙羊峡水库出库流量 单位：$m^3/s$

| 日期 | 实际出库流量 | 计划出库流量 | 日期 | 实际出库流量 | 计划出库流量 |
|---|---|---|---|---|---|
| 9 | 1033 | 900 | 17 | 1029 | 900 |
| 10 | 968 | 900 | 18 | 1029 | 900 |
| 11 | 990 | 900 | 19 | 1226 | 900 |
| 12 | 936 | 900 | 20 | 1695 | 900 |
| 13 | 801 | 900 | 21 | 1877 | 900 |
| 14 | 1007 | 900 | 22 | 2002 | 900 |
| 15 | 1033 | 900 | 23 | 2004 | 900 |
| 16 | 1027 | 900 | | | |

"绿电 15 日"期间，龙羊峡水库实际日均出库流量为 $1243m^3/s$，较计划增加 $343m^3/s$，主要原因是新能源出力受天气影响出现较大偏差，需要加大黄河上游各电站的出库流量，弥补新能源出力不足。

4. 清洁能源置换电量和外送电量情况

"绿电 15 日"期间，青海电网共置换清洁能源电量 12076 万 kW·h，共外送清洁能源电量 213667 万 kW·h，外送火电电量 14178 万 kW·h。"绿电 15 日"期间每日外送电量和置换电量情况见表 8-15。

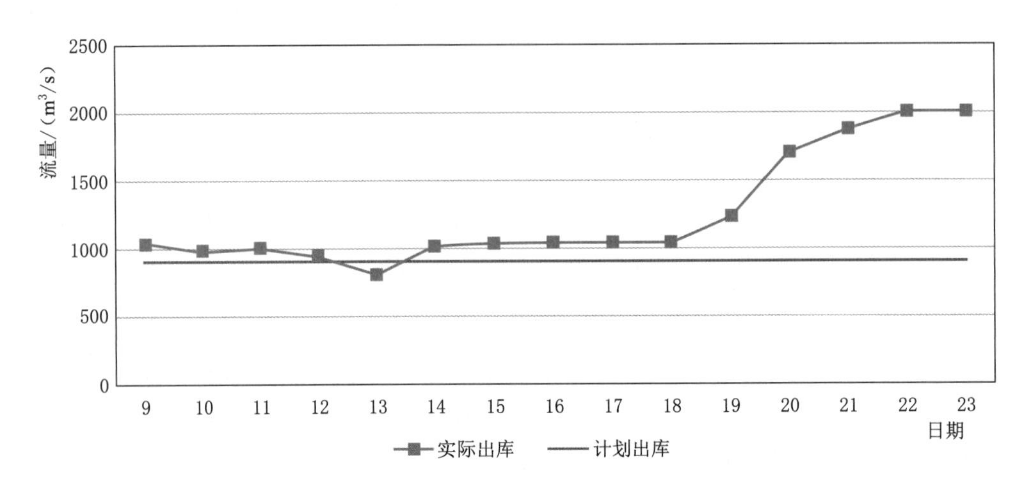


图8-6 "绿电15日"期间龙羊峡水库出库流量图

表8-15 "绿电15日"期间每日外送电量和置换电量情况 单位：万kW·h

| 日期 | 置换清洁能源电量 | 外送清洁能源电量 | 外送火电电量 |
|---|---|---|---|
| 9 | 902 | 6023 | 475 |
| 10 | 524 | 6057 | 520 |
| 11 | 1769 | 4671 | 504 |
| 12 | 2035 | 5500 | 504 |
| 13 | 2044 | 5897 | 446 |
| 14 | 436 | 8072 | 484 |
| 15 | 203 | 8570 | 440 |
| 16 | 461 | 8589 | 442 |
| 17 | 930 | 6537 | 451 |
| 18 | 812 | 7357 | 478 |
| 19 | 112 | 6821 | 495 |
| 20 | 666 | 7946 | 468 |
| 21 | 227 | 8261 | 490 |
| 22 | 876 | 8370 | 447 |
| 23 | 70 | 8157 | 445 |

## 8.2.6 典型日运行情况

2019年"绿电15日"期间，新能源发电量总体满足每日运行要求，以下选取两个典型日对电网每日运行情况进行详细论述，分别是新能源占比最低日和新能源占比最高日。

#### 8.2.6.1　2019 年 6 月 19 日（新能源占比最低日）

2019 年 6 月 19 日，青海全网最大负荷 846 万 kW，用电量 18927 万 kW·h，水电最大出力 1051 万 kW，发电量 21526 万 kW·h；新能源最大出力 504 万 kW，发电量 4221 万 kW·h，占全网用电量的 22.3%，2019 年 6 月 19 日发用电量及最大负荷数据见表 8-16。全时段满足清洁能源出力实时大于负荷 20 万 kW 以及新能源电量大于用电量 20%的目标。2019 年 6 月 19 日实时电力成分监控图如图 8-7 所示，蓝色区域为省内水电发电成分，绿色和黄色区域是省内新能源发电成分，红色区域为火电发电成分，紫色曲线是全省实时供电负荷曲线。

表 8-16　　2019 年 6 月 19 日发用电量及最大负荷数据

| 最大负荷/万 kW | 846 | | | |
|---|---|---|---|---|
| 全网用电量/(万 kW·h) | 18927 | | | |
| 水电 | 发电量/(万 kW·h) | 21526 | 占比/% | 82.0 |
| 光伏 | | 3304 | | 12.6 |
| 风电 | | 917 | | 3.5 |
| 火电 | | 495 | | 1.9 |

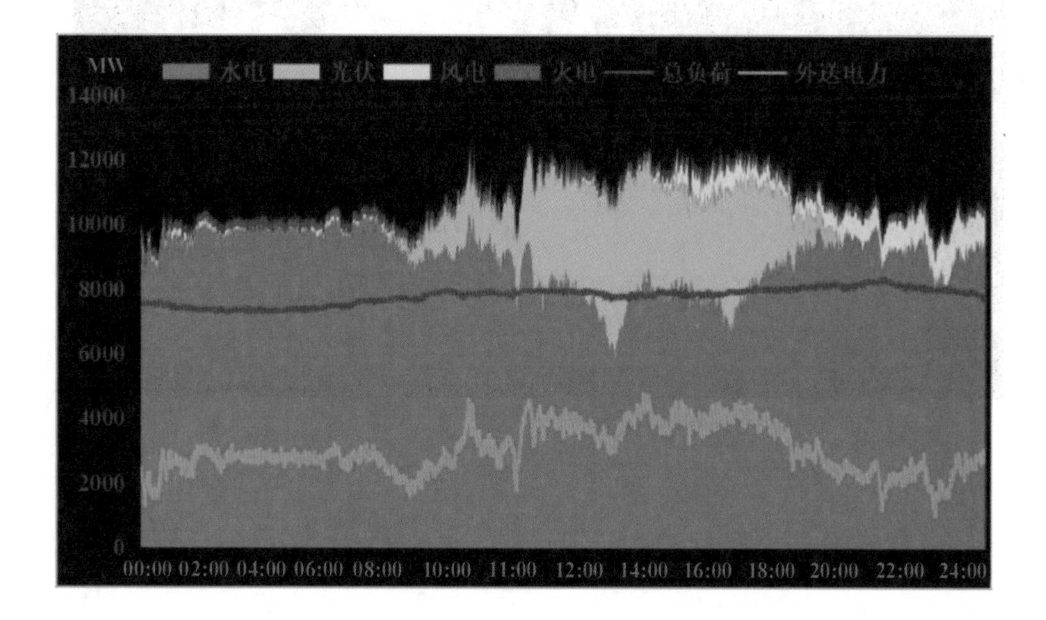


图 8-7　2019 年 6 月 19 日实时电力成分监控图

#### 8.2.6.2　2019 年 6 月 13 日（新能源占比最高日）

2019 年 6 月 13 日，青海全网最大负荷 834 万 kW，用电量 18915 万 kW·h，水电最大出力 911 万 kW，发电量 16034 万 kW·h；新能源最大出力 614 万 kW，发电量 8778 万 kW·h，占全网用电量的 46.4%，2019 年 6 月 13 日发用电量及最大负荷见表 8－17。全时段满足清洁能源出力实时大于负荷 20 万 kW，且满足新能源电量大于用电量 20%的目标，2019 年 6 月 13 日实时电力成分监控图如图 8－8 所示，蓝色区域为省内水电发电成分，绿色和黄色区域是省内新能源发电成分，红色区域为火电发电成分，粉色曲线是全省实时供电负荷曲线。

表 8－17　　2019 年 6 月 13 日发用电量及最大负荷数据

| 最大负荷/万 kW | 834 | | | |
|---|---|---|---|---|
| 全网用电量/(万 kW·h) | 18915 | | | |
| 水电 | 发电量<br>/(万 kW·h) | 16034 | 占比<br>/% | 63.5 |
| 光伏 | | 5055 | | 20.0 |
| 风电 | | 3723 | | 14.7 |
| 火电 | | 446 | | 1.8 |

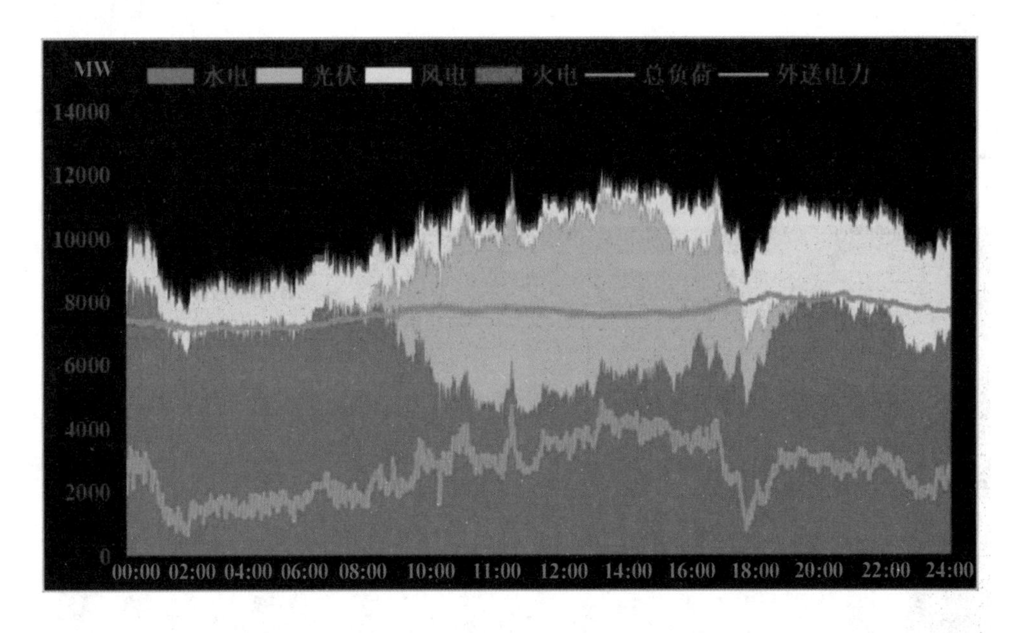


图 8－8　2019 年 6 月 13 日实时电力成分监控图

## 8.2.7　实践总结与主要成效

### 8.2.7.1　实践总结

2019 年“绿电 15 日”期间，青海全省用户全部以水、风、光等清洁能源供电，实现用电零排放。期间青海电网最大用电负荷 847 万 kW，全省用电量 28.39 亿 kW·h，全省发电量 39.79 亿 kW·h，清洁能源占 98.2%。其中水电占 73.4%、风电占 8.6%、太阳能占 16.2%、火电占 1.8%。新能源发电量占全部用电量的 34.7%，实现了高占比发电。火电发电占比仅为1.8%，全部以市场化交易方式送出省外，期间省内电力供应全部由清洁能源提供，电网保持安全运行，全省供电秩序正常。

与2018年“绿电9日”相比，“绿电15日”成效更为突出，主要有以下方面：

（1）“绿电15日”期间新能源占比更大。新能源装机1391万kW，占比达46.7%。最大出力664万kW，占午间全部负荷的83.8%，日最大发电量8778万kW·h，较2018年“绿电9日”增加54.9%，消纳水平更高。

（2）国内首套750kV主通道送出能力提升、750kV香加输变电等重大工程相继投运，青海新能源主要断面送出能力由160万kW提升至240万kW，较2018年“绿电9日”提高50%，电网规模进一步扩大，配置能力进一步增强。

（3）火电出力再降22%，仅占全网发电的2%，为新能源消纳腾出更多空间，光伏日消纳电量较2018年“绿电9日”增长19.6%。

（4）运行控制更难，清洁能源周期性、间歇性波动特性对电网扰动大，在省内所有输送断面接近极限运行的情况下，调峰电源容量仅占总装机40%，电压、频率、源荷实时平衡控制难度大。

“绿电15日”期间，青海省内清洁能源累计供电量28.39亿kW·h，相当于减少燃煤129万t，减排二氧化碳232万t。清洁能源除满足省内供电外，外送华东、华北、华中及西北地区，山东、河南、陕西、上海等8个省（自治区、直辖市），外送电量10.68亿kW·h。

“绿电15日”期间，青海首创提出“绿电指数”概念，并首次开展“水火打捆”外送，实现多方共赢，进一步创新火电电量外送模式。

（1）开展绿电指标体系构建研究，提出了科学的指标构建方法和计算模型。该体系包括1个一级指标、3个二级指标和31个三级指标。一级指标即“绿电指数”，综合评价电力清洁化程度，绿电指数越高代表电力越清洁。二级指标对应电力生产、传输、消费三个环节，确定为“绿电开发”“绿能共享”“绿色生活”三个指标。三级指标从绿色电力发展情况、资源开发利用效率、消纳水平、电网传输效率和配置能力、技术进步、各类排放情况等多个维度对绿色电力发展水平和发展质量进行综合测评。指标计算模型的搭建涉及指标值计算、指标评分、权数设置等多个步骤，每个步骤均遵循科学性、准确性原则，最终形成了绿电指数计算模型，并开发了绿电指数计算软件，为能源清洁转型提供了可量化的数据参考。

（2）针对省内火电企业经营亏损与水电大量富余的实际情况，首次开展“水火打捆”外送交易模式，提高青电外送市场竞争力。2019年“绿电15日”期间0.71亿kW·h火电电量通过与水电打捆模式全额送往浙江、江苏、陕西等购电大省。在缓解火电企业经营压力的同时，也解决了富裕水电的消纳困难，实现多方共赢。

#### 8.2.7.2 主要成效

1. 四个创新

（1）技术创新，包括以下四个方面：

1）实施保证电网安全稳定的新技术。在北部电网加装载流量裕度动态监测装置，实现重载线路运行状态动态监视。西宁北部地区负荷较重，北部电网仅靠四回 330kV 线路与主网相连，通道运行压力大，330kV 花丁双回长期重载运行。为减轻线路重载压力，青海电网在 330kV 花丁双回线路加装输电线路载流量裕度动态监测装置，实时采集线路两侧电流、电压数据，挖掘线路潜能，充分利用线路输电能力，有效提升电网运行安全。装置投运后，实时监测 330kV 花丁双回运行参数，计算线路建议载流量，实时控制花丁运行线路运行功率，将线路运行能力发挥到最大，2019 年“绿电 15 日”期间花丁双回动态载流量监测图如图 8－9 所示。

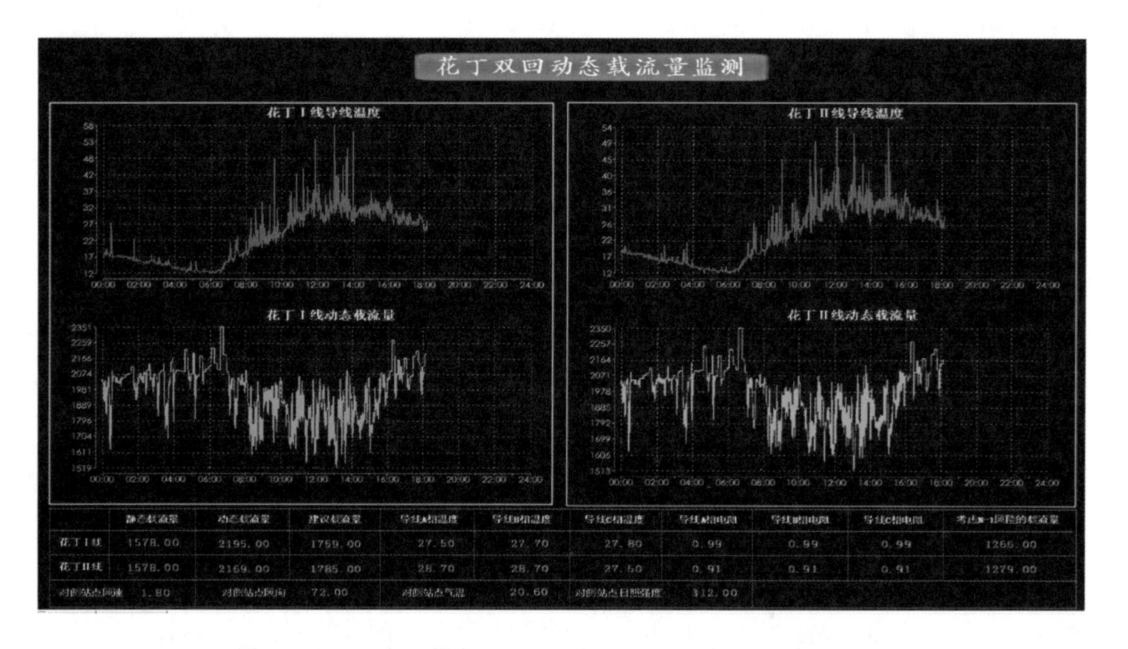


图 8－9 2019 年“绿电 15 日”期间花丁双回动态载流量监测图

2）110kV 变电站加装区域备自投装置。“绿电 15 日”期间，针对西宁地区 110kV 电网长链式供电系统，青海电网采用区域备自投技术，实现长链式串供变电站线路快速互备，解决长链式供电系统单侧供电的可靠性问题，降低负荷中心供电压力，保证地区负荷供电安全。区域备自投装置投运后，将西宁北部景阳、丁香系统 12 万 kW 负荷倒至花园、泉湾、杨乐系统运行，减轻了西宁北部的运行压力。110kV 变电站加装区域备自投装置如图 8－10 所示。

3）无常规电源的电压薄弱点电压支撑技术提升新能源消纳能力。研究实施基于移动式储能的关键节点电压支撑技术，利用位于西北电网电压最薄弱点海西鲁能多能

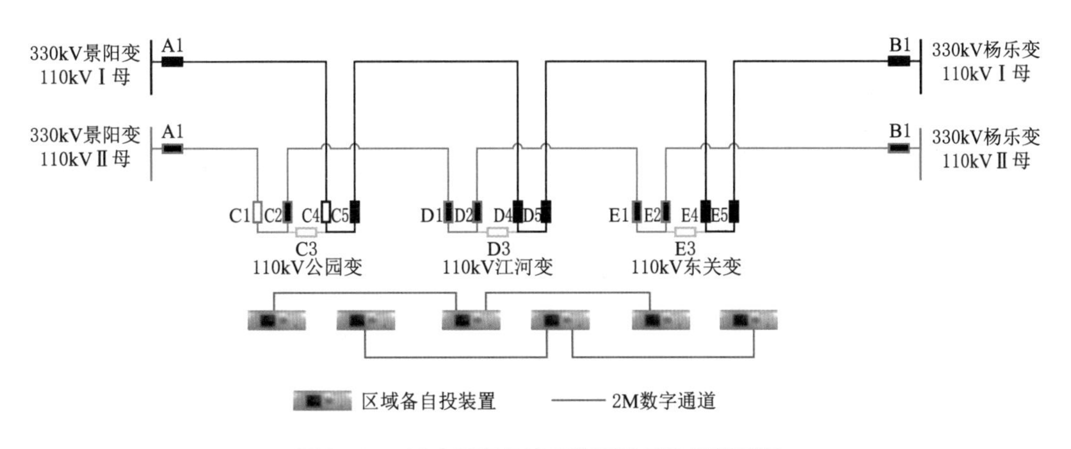


图 8-10 110kV 变电站加装区域备自投装置图

互补电站的储能设备，将储能设备接入 330kV 鲁能多能互补电厂 AVC 系统，参与电压协调控制。储能设备接入 330kV 鲁能多能互补电厂 AVC 系统后，330kV 鲁能多能互补电厂能很好地跟踪 AVC 主站下达的目标电压，为柴达木地区提供了电压支撑，提高了新能源基地电压控制水平，提升了新能源消纳能力。储能 AVC 电压曲线如图 8-11 所示。"绿电 15 日"期间，330kV 新鲁多能互补电厂实际运行电压曲线能很好地跟踪 AVC 主站下达的目标电压曲线，基本两条曲线完全重合，且日间光伏大发时间段 330kV 新鲁多能互补电厂亦能保持在较高的电压水平运行，两条曲线如图 8-12 所示，红色曲线为新鲁多能互补电厂 330kV 6 号母线电压设定值，绿色曲线为测量值。

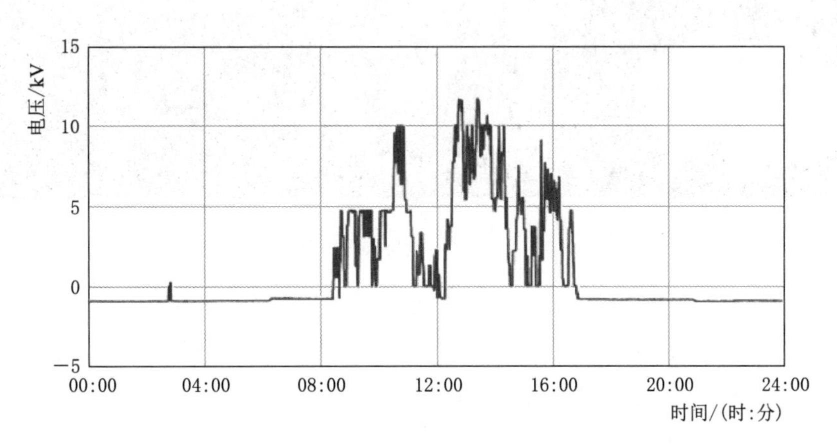


图 8-11 储能 AVC 电压曲线

4）建设基于区块链技术的市场化交易平台。创建基于区块链技术、融通电力辅助服务支持系统、调度控制系统和交易系统的新型平台，实现多个交易主体间的智能合约、诚信交易、信息透明化等功能，在区块链中精确记录能量流、信息流、资金流，为多品种电力交易提供技术支持。共享储能区域链应用平台如图 8-13 所示。

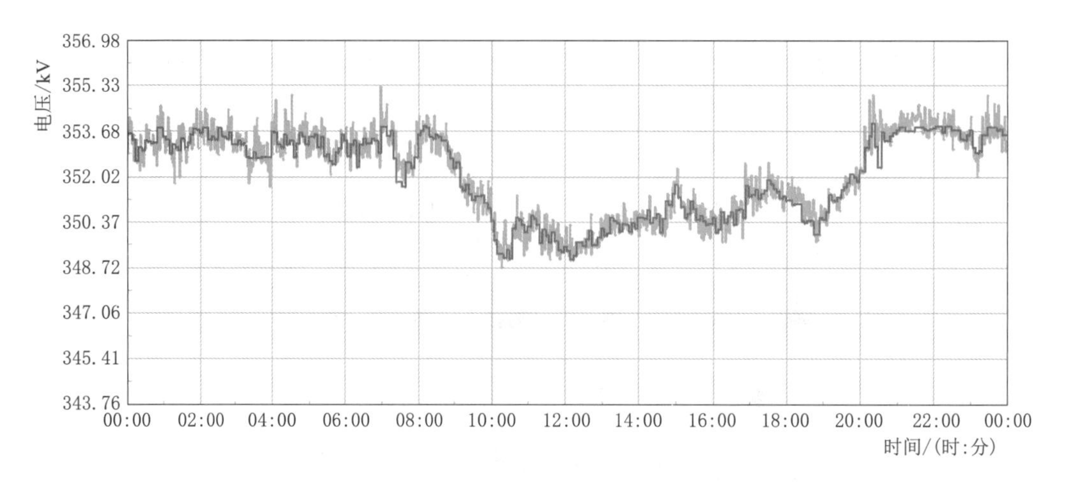


图 8-12 "绿电 15 日"期间 330kV 新鲁多能互补电厂实际运行电压与设定值对比图

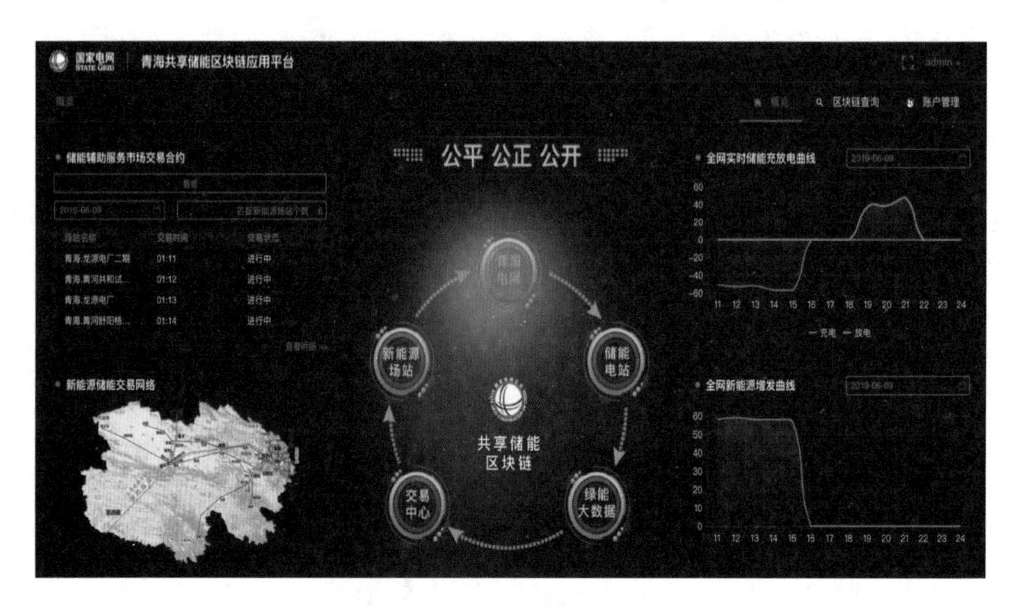


图 8-13 共享储能区域链应用平台

(2) 机制创新,包括以下三个方面:

1) 不断丰富交易品种,建立电力辅助服务交易。完善市场化交易机制,依托坚强智能电网,三级调度和两级交易协同运作,建立跨区、跨省、省内多品种交易机制,不断开拓新能源消纳市场,形成了长短期结合、跨省区协同、多主体竞价的市场化交易机制。共享储能区域链应用平台如图 8-14 所示。

2) 调动需求响应,实施峰谷互换"绿色套餐"。充分调动上下游企业参与调峰积极性,深入挖掘用户侧潜力,扩大大工业负荷参与规模。2019 年"绿电 15 日"期间,积极引导负荷侧 30 家企业 157 万 kW 负荷参与峰谷时间段互换"绿色套餐",可使 37 万 kW 避峰负荷由夜间生产转移至 09:00—12:00 运行,增加光伏日消纳电量 110 万

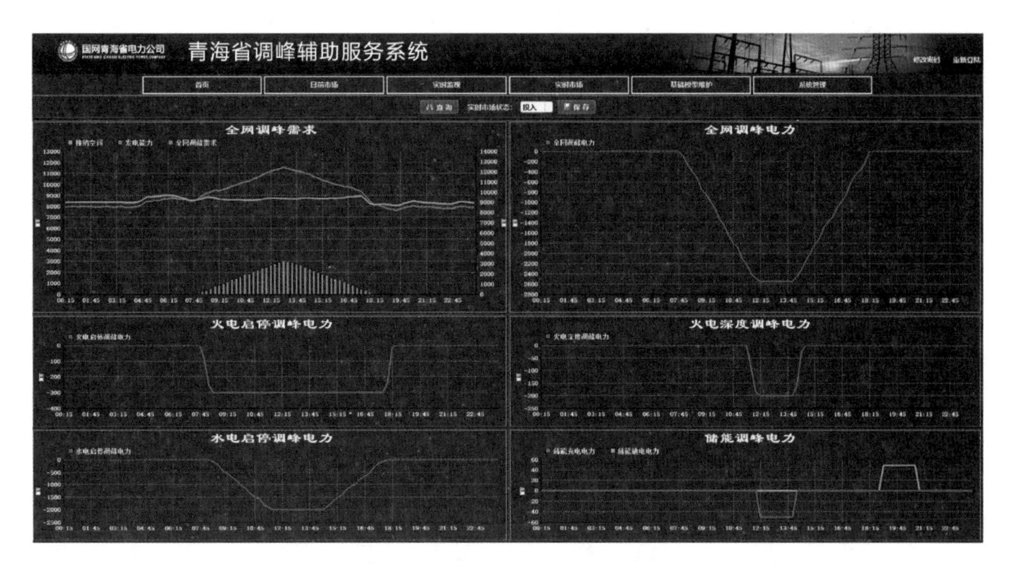


图 8-14　共享储能区域链应用平台

kW·h，累计增加光伏消纳电量 6582 万 kW·h，实现大工业用户和光伏企业共赢，提高新能源消纳能力。实施峰谷互换“绿色套餐”前后消纳图如图 8-15 所示。

3）实施三江源清洁蓄热锅炉供暖“绿色套餐”。2019 年 4 月 20 日至 5 月 19 日，国网青海电力先行先试，在三江源地区采暖末期开展了市场化交易试点，利用峰谷互换清洁供暖市场价格机制，组织三江源蓄热电锅炉作为储能资源与光伏弃电量联动直供，深度参与电网调峰，降低电价 0.05 元/(kW·h)，减少光伏弃电 158.3 万 kW·h，实现用户、发电、电网企业多方共赢，极大调动了需求侧参与电网调峰的积极性，对未来探索利用峰平谷电价调节政策，扩大发、用电两侧市场化响应规模，进一步拓展省内新能源消纳空间具有重要意义。实践证明，没有合理的峰平谷政策，就没有储热储能市场的可持续发展。

（3）模式创新，包括以下三个方面：

1）创新共享储能市场化运营模式。健全完善共享储能调峰服务模式，深化开展共享储能与新能源弃电量市场化交易，促进储能和新能源产业互惠互利、共同发展。相关工作已于 2019 年 4 月在青海开展的首次共享储能商业运营与市场化交易工作中得到充分验证。期间吸引了很多企业加入共享储能体系，加快推动新能源产业质量、效益和动力变革。2019 年 4 月共享储能充放电电量如图 8-16 所示。

2）打造电动汽车共享经济模式。充分发挥国家电网有限公司智慧车联网平台功能和智慧充电服务体系效能，从北京出发，途经河北、山西、陕西、甘肃和青海六省，沿线开展“绿色万里行活动”，实现车、桩、网等电力生产、消费大数据汇集和信息共享。

3）国网电商平台互联，提升全民“绿电”参与度。2019 年“绿电 15 日”期间，

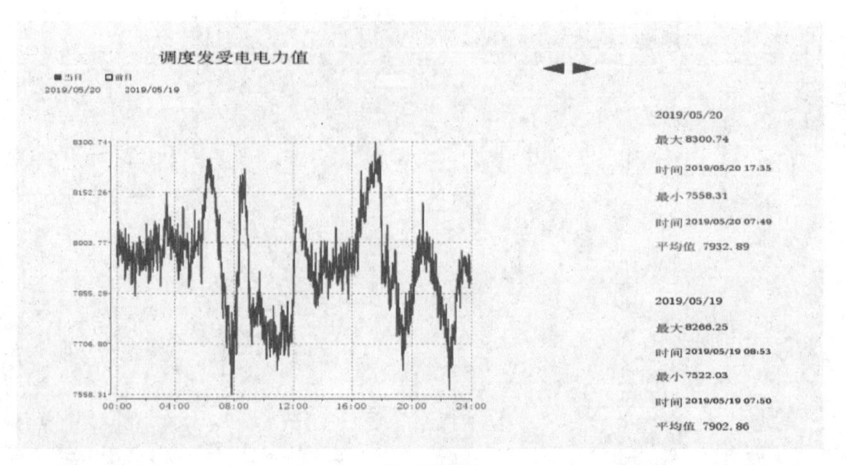


（a）实施前

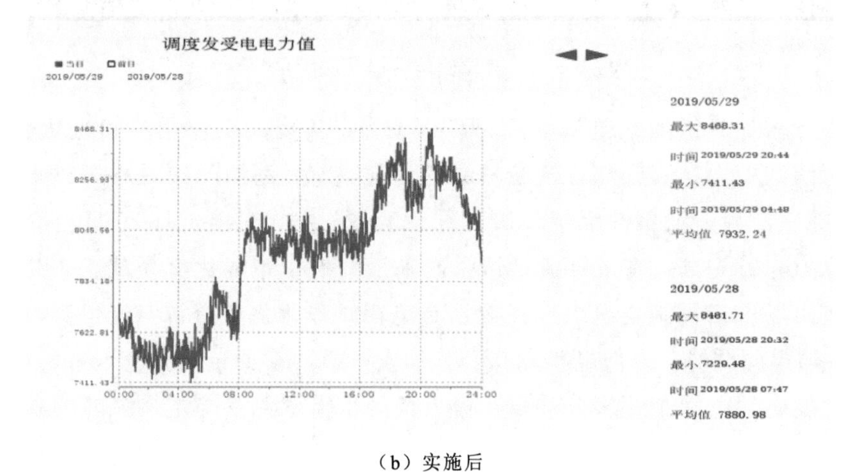


（b）实施后

图 8－15　实施峰谷互换“绿色套餐”前后消纳图

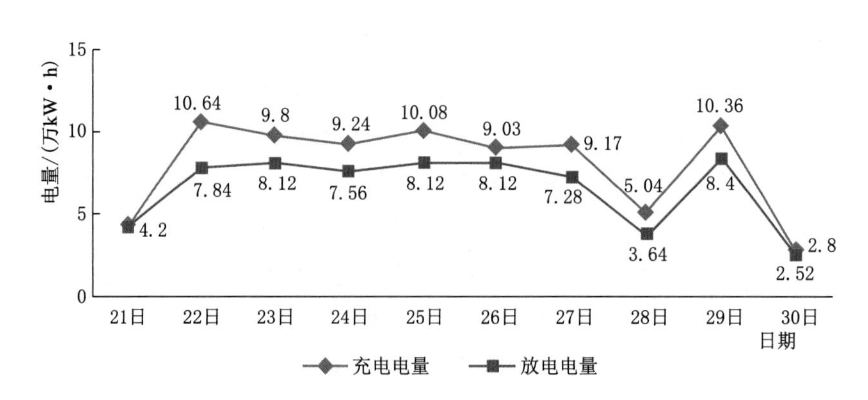


图 8－16　2019 年 4 月共享储能充放电电量

青海电力公司为三江源地区居民派送"电费红包"，提升公众参与度。

（4）评价创新，包括以下两个方面：

为逐步实现全清洁能源供电的可持续和常态化，首创提出绿电指数概念，并初步建成绿电指标体系，全方位评价绿色电力发展。

1）绿电指数评价全清洁能源供电清洁能源发电占比。通过对 2017 年"绿电 7 日"、2018 年"绿电 9 日"和 2019 年"绿电 15 日"活动首日 24h 绿电指数曲线（图 8-17）对比分析，可以看出绿电指数逐年提升。

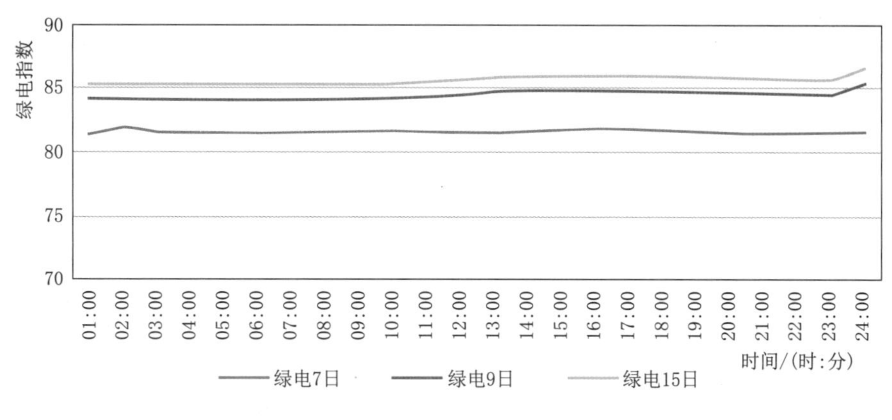


图 8-17　三次全清洁能源供电绿电指数对比图

a. 随着青海可再生能源开发力度的加大和发电技术进步，可再生能源装机容量和发电量占比不断增加，新能源建设成本和补贴电价逐步降低，绿电开发指标明显提升，新能源建设成本和补贴电价逐步降低。三次全清洁能源供电绿电开发指标对比如图 8-18 所示。

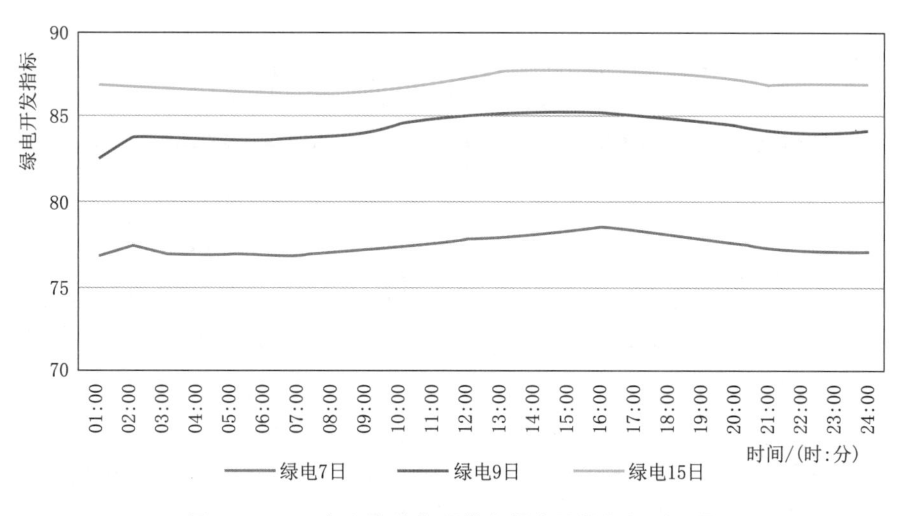


图 8-18　三次全清洁能源供电绿电开发指标对比图

b. 随着电网网架持续加强、电力市场化交易机制的探索和储能储热等新技术的应用，通道输电能力得到增强、可再生能源消纳水平不断提升，绿能共享指标持续攀升。三次全清洁能源供电绿能共享指标对比如图8-19所示。

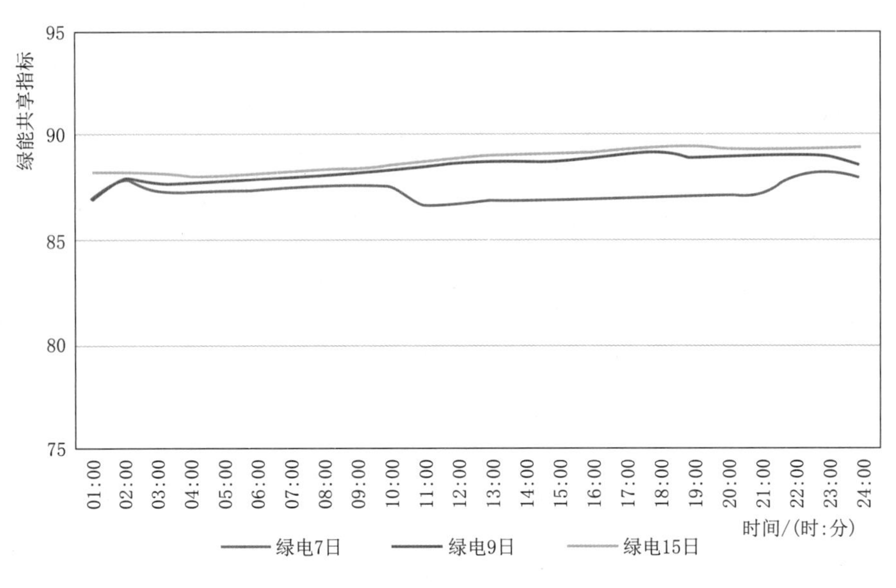


图8-19　三次全清洁能源供电绿能共享指标对比图

c. 随着电能替代范围的扩展，绿色交通体系初步构建、新能源汽车产业快速发展、清洁供暖推广实施，电能在终端能源消费比重有一定程度提升，绿色生活指标逐步改善。三次全清洁能源供电绿色生活指标对比如图8-20所示。

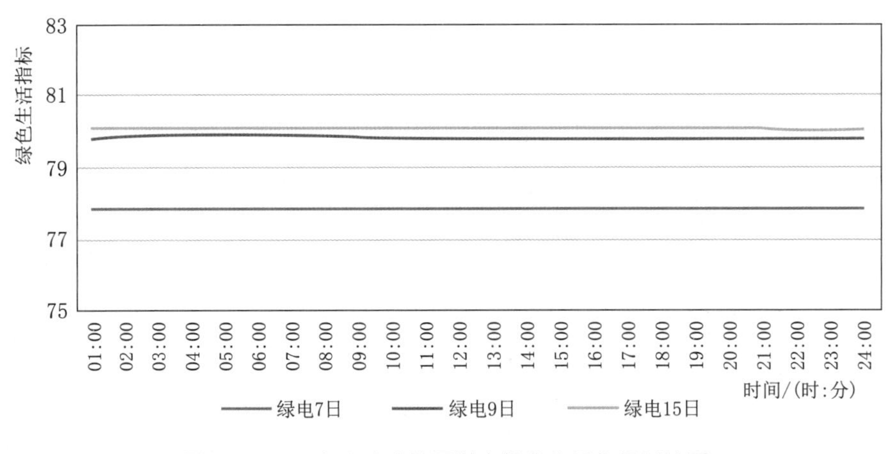


图8-20　三次全清洁能源供电绿色生活指标对比图

总之，绿电指数变化趋势符合青海绿色电力发展的实际情况，再次验证了青海近年来在推进清洁能源高质量发展方面取得的显著成效。

2）用绿电指数对比分析青海绿色电力发展水平。对比青海与全国平均绿电指数，可以看出青海清洁电力发展高于全国平均水平。主要原因：

a. 绿电开发领先全国。依托丰富的风、光、水等资源禀赋及省内政策的大力支持，青海省可再生能源装机占比及发电量占比均全国领先。

b. 绿能共享高于全国平均水平。依托有效的清洁能源消纳机制和较强的电网资源配置能力，可再生能源利用水平较高。

c. 绿色生活略低于全国平均水平。主要由于青海经济处于转型升级阶段，单位 GDP 能耗偏高、电气化水平有待进一步提升。

青海与全国平均绿电指数对比如图 8－21 所示。

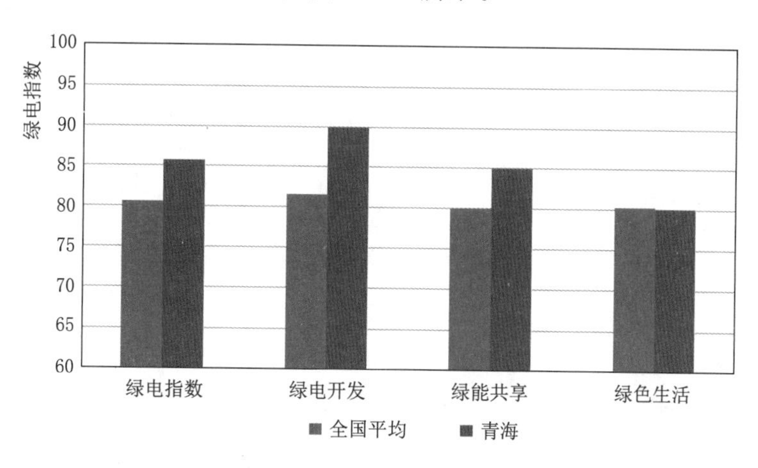


图 8－21　青海与全国平均绿电指数对比图

通过绿电指数测算，可以看到青海清洁电力发展与全国平均水平相比，在绿电开发方面优势明显，绿能共享方面表现良好，绿色生活方面仍需提升。

未来，将在建立健全电力市场化交易机制、培育绿色用能理念、倡导绿色出行方式、扩大绿色电力本地消纳及跨省跨区外送等方面继续努力，不断提升青海绿色电力发展水平，打造能源转型示范样板。

2. 五个共享

（1）平台共享。依托电网智能调控、市场化交易、绿电大数据以及智慧车联网、国网电商五大平台，通过资源优化配置，打通能源生产和消费产业链，实现上下游产业互惠互利，促进清洁能源高效利用。

（2）数据共享。建设调控云数据中心，挖掘数据价值，建立共享服务机制，提供调控信息增值服务，实现源网荷储的设备、人员、技术、管理、环境全面泛在物联和共享共用。搭建面向社会的绿能大数据中心，实现电力数据开放共享，为政府、企业等各类需求方提供多元化数据和增值服务。

（3）能源共享。以能源互联网为基础，积极推动能源生产和消费革命，提高再电气化水平，让清洁能源发展成果更好惠及人民。发挥大电网能源资源优化配置平台作用，将青海清洁经济电力送至我国中东部省份，缓解当地用电紧张状况，促进打赢蓝天保卫战。

(4) 储能共享。建立基于区块链技术的共享储能市场化交易模式，发挥共享储能、用户侧储能调峰能力，实现源网荷储协同发展。采取市场合约方式，组织1家储电方储能企业、2家售电方新能源企业开展共享储能调峰辅助服务市场化交易试点。试点交易中，储电方为鲁能多能互补储能电站（装机容量5万kW），售电方为国投华靖格尔木光伏电站（装机容量5万kW）和龙源格尔木光伏电站（装机容量5万kW）。交易期间，售电方在出力受限时，调度机构利用AGC系统进行控制，将售电方原本要弃的电量存储在储电方的共享储能系统中，在用电高峰和新能源出力低谷时释放电能，以提升新能源消纳能力和电网调峰能力，促进资源优化配置。

试点交易的10天期间，受天气影响新能源受限情况不同，储能装置利用水平波动范围较大，日充电电量2.8万～10.6万kW·h，日放电电量2.5万～8.4万kW·h，累计充电电量80.36万kW·h，累计放电电量65.8万kW·h，储能综合转换效率81.9%。其中，6月22日海西地区天气晴和多云为主，风光资源好，当日充电量达10.64万kW·h；30日海西地区阴雨天气为主，风光资源差，当日充电量仅2.8万kW·h。此次试点交易实现光伏电站增发电量65.8万kW·h，创造直接经济效益75万元，折合成全年预计光伏电站利用小时数，可增加180h，增加经济收益2250万元。交易电量根据储电方释放电量计算，按照售电方与储电方分摊交易电量收益的方式，实现光伏企业和储能企业共赢。

(5) 成果共享。借助泛在电力物联网，把青海绿电发展成果延伸到供给侧和需求侧，大力推进电能替代和综合能源服务。

# 第 9 章

# 总结与展望

习近平总书记在党的十九大报告中强调，推进能源生产和消费革命，构建清洁低碳、安全高效的能源体系；到 21 世纪中叶，把我国建成富强民主文明和谐美丽的社会主义现代化强国。青海全清洁能源供电的实践是国家电网有限公司以实际行动促进能源转型的一个缩影，为我国能源转型提供了样本。站在青海全清洁能源供电实践的新起点上，展望未来我国能源转型发展，21 世纪中叶非化石能源将成为主导能源，能源再电气化趋势明显，电网的技术特征和功能形态将发生明显变化。

2017 年国家电网有限公司在青海实施连续 7 日全清洁能源供电实践，奏响了一场水、光、风多能互补的清洁能源“交响曲”，在行业内外引起了强烈反响。在充分总结“绿电 7 日”经验的基础上，为进一步挖掘青海能源资源禀赋优势，提升全清洁能源供电工作成效，推广和扩大全清洁能源供电成果，持续打造能源转型新样板，青海电网在 2018 年又开展了以“保安全、全清洁、市场化”促进新能源最大化消纳为目标的“绿电 9 日”全清洁能源供电新实践。为全面贯彻“四个革命、一个合作”能源战略，加快推进“三型两网”企业建设，在国家电网有限公司统一组织下，青海电网顺应能源革命与数字革命融合发展趋势，深入挖掘青海能源资源禀赋优势，在 2019 年开展了连续 15 日 360h 全清洁能源供电新实践，并取得圆满成功。

青海连续三年进行“绿电 7 日”“绿电 9 日”和“绿电 15 日”全清洁能源供电，为推动建立清洁低碳、安全高效的能源供应体系提供了“青海样本”，对探索中国能源转型之路具有重要的启示意义。

从“绿电 7 日”到“绿电 9 日”再到“绿电 15 日”，不仅是数字的增加，更意味着在推动全清洁能源供电的路上，政企携手矢志不渝地创新、探索与实践。同时，在推动能源生产革命、能源消费革命、能源技术革命、能源体制革命方面持续发力，以坚强智能电网和泛在电力物联网建设为依托，探索实践具有青海特色的能源转型之路，大力推进青海特高压工程建设、前沿领域技术研究、新能源大数据“双创”平台及工业互联网示范平台搭建等工作落地落实，推动清洁能源高质量、可持续发展，助力青海清洁能源示范省建设。

# 9.1 全清洁能源供电实践总结

## 9.1.1 全清洁能源供电顺利实施的条件和基础

1. 良好的电源结构

青海水电资源丰富，太阳能资源得天独厚，风能资源富集，清洁能源发电装机比重超过80%，形成水电、光伏等清洁能源为主、火电为辅的能源供应格局。各种清洁能源之间互补运行优势明显，在白天光伏出力较大时段，水电进行深度调节为光伏让出空间，其他时段水电作为主力电源，风电提供重要电力补充，为实现青海电网全天发用电平衡奠定了坚实基础。

2. 先进的技术手段

青海电网建设使用了国际首套新能源实时柔性控制系统，建立了涵盖新能源超短期预测功能的用电负荷及水、风、光功率预测系统，提高了发电计划的准确性，达到了全天候全时段清洁能源供电的要求。

3. 突出的大电网优势

近年来，国家电网有限公司加强西北地区电网互联互通，青海电网与甘肃、新疆等电网进行新能源互济。在全清洁能源供电期间，通过实施大电网统一调度，跨省跨区平衡电力供需和安排备用容量，提升了电网优化配置资源能力和安全保障能力。

4. 科学的调控措施

依托坚强的电网基础，国家电力调控中心、西北电网调控分中心、青海电网调控中心三级调度密切配合，统筹青海及周边区域电力电量平衡。青海与西北各省签订了购电框架协议，利用省间输电通道开展跨省电力支援和消纳，在本省新能源电量供应不足时，开展新能源实时交易，确保新能源电量占比不低于20%。

5. 周密的组织策划

国家电网有限公司建立了高效的组织协调机构，在多专业综合分析论证的基础上，周密策划、精心安排，提前开展联合演练，全面制定针对性措施，确保各项安全措施和技术措施有序衔接、落实到位。广大工程技术人员严谨的态度、务实的作风也是本次“青海样本”成功实践的重要保障。

6. 各方面的协同配合

全清洁能源供电期间，为确保新能源保持最大的消纳能力，青海省内发电企业积极配合，按照电网运行方式安排，保证火电厂全停或者保持最小技术出力。在黄河水利委员会的支持下，提高龙羊峡水库出库流量，黄河上游流域各梯级电站的发电量同步增加，为青海全清洁能源供电提供了电能基础和调节空间。

### 9.1.2 全清洁能源供电的实践体会

1. 青海得天独厚的能源资源禀赋是条件

青海水光风能资源富集，拥有国家电网有限公司经营区域内最大的集中式光伏发电基地。全清洁能源供电期间，利用风、光、水等资源的互补特性实现多能互补协调控制。同时从青海省情网情出发，连续组织“绿电7日”“绿电9日”“绿电15日”三次全清洁能源供电实践，用实际验证了全清洁能源供电的可行性、安全性、经济性和环保性。

2. 广泛互联大电网和全国统一电力市场是基础

国家电网有限公司通过大电网统一调度和跨省区交易，跨省平衡电力供需和安排备用容量，为全清洁能源供电顺利实施奠定了基础。

3. 新能源技术的发展及应用是保障

在青海新能源大规模开发和产业快速形成发展中，其固有特性、资源禀赋和市场条件对电网安全、调度管理、消纳水平、产业发展及能源转型的影响日益凸显。主动创新发展新技术应用，建成国内首个清洁能源大数据服务平台，打破了新能源行业长久以来的数据“孤岛”状态，形成了全新的透明竞争生态。同时，利用多能互补协调控制技术，实施风、光、水多能协调控制。这些技术有效消除了新能源发电的间歇性对电网安全稳定运行所带来的影响，有效提升了新能源消纳水平。

4. 特高压电网是新能源进一步发展的前提

从青海省情况来看，早日建成特高压电网的任务非常紧迫。随着清洁能源示范省的加快建设，到2020年青海新能源装机容量达到3637万kW，最大负荷约1180万kW，每年清洁能源富余电量523亿kW·h。受输送通道能力制约，电网调峰能力不足矛盾更加凸显。只有通过特高压外送通道，才能实现清洁能源大规模、远距离输送和大范围优化配置，满足清洁能源的大规模开发和利用，更好地满足未来经济、社会、环境可持续发展的需要。

5. 加快推进再电气化是必由之路

青海再电气化进程在生产侧和消费侧同步发力的特征十分明显。从生产侧来看，青海清洁能源特别是新能源进入了大规模开发利用的高峰期，清洁能源发电占比已达到86%。从消费侧来看，在三江源地区大力实施清洁取暖、电热炕等电能替代项目前景广阔，并且首次组织新能源企业与三江源地区电能替代直接交易。青海再电气化成为电网促进生态保护成功实践范例，顺应了未来能源发展趋势。

6. 减少对化石能源的依赖是努力的方向

由于火电具有布局灵活、不受季节性约束的优势，在电力系统运行中发挥着不可或缺的作用。受限于西宁北部负荷中心的电压稳定问题，在全清洁能源供电期间，北部火电机组无法全停，火电仍以最小开机方式运行，青海电网已经尽最大可能减小对化石能源的依赖，这种发展趋势无疑是正确的，但需要漫长和渐进的过程以及不断努力。

## 9.2 全清洁能源供电实践价值

### 9.2.1 验证技术应用有效性

青海全清洁能源供电实践的成功，验证了新技术应用的有效性。通过应用智能电网、网源协调运行、多能互补优化等技术，全清洁能源供电实践有效缓解了新能源发电间歇性、波动性问题。

从电网控制技术来看，青海电力公司采用了先进的智能监测、控制、运行管理和决策支持手段，建立了高度智能化的调度神经控制中枢，形成了涵盖实时监控与预警、调度计划、安全校核和调度管理一体化的智能调度体系，实现了电力可靠供应及高效输配，经受住了新能源高比例接入的考验。采用电网一体化综合展现、综合辅助决策分析系统、地理信息与空间服务平台等先进的信息技术手段，建立了覆盖全网的智能化信息平台，有效提升了大电网安全控制能力。

从网源协调技术来看，青海电力公司从完善仿真手段、监控手段、规范入网性能标准和建设防御措施等方面综合施策，全力保障全清洁能源供电时期的青海电网安全稳定运行，开创性地将新能源电压调控纳入全网控制策略，实现了电压安全优质、无功功率分布合理、系统网损最小的运行目标。

从多能互补技术来看，青海电力公司在充分研究青海清洁能源发电特性的基础上，组织开展了多能互补集成优化研究，清晰呈现了更大范围下风光互补特性，科学利用不同类型清洁能源在时间和空间上的互补特性，实现优劣互补、余缺互济，有力保障了全清洁能源供电的顺利实施。

着眼未来，大规模消纳清洁能源还面临诸多技术挑战，亟须针对可再生能源开发利用的各个环节，加强大规模储能技术、源网荷互动技术、电网友好型新能源发电技术和新一代智能电网技术研发，推动源网荷协调发展和友好互动，更好地满足清洁能源大规模高比例接入的需要。

### 9.2.2 验证电网互联重要性

青海全清洁能源供电实践的成功，证明了大电网对推动清洁能源发展的重要性。青海全清洁能源供电期间，有效利用了青海电网与其他地区电网的互联互通，通过实施大电网统一调度，利用大电网实现跨省跨区电力供需平衡和备用容量安排，有力保障了电网的安全运行，促进了清洁能源的有效消纳。综合来看，大电网对推动能源转型的重要性主要体现在以下几个方面：

（1）大电网是实现互联互通的物理平台。近年来，我国清洁能源迅猛发展，水电、风电、太阳能发电装机容量目前均居世界第一。但受外送能力不足、调峰能力不够、市场机制缺乏等因素影响，清洁能源“三弃”问题十分突出，备受各方关注。解决“三弃”问题，需要从规划、政策、技术、管理等方面综合施策，加快电网发展、扩大联网规模、实现电网互联互通是其中的关键举措。

（2）大电网是实现统一调度的枢纽平台。一方面，大电网统一调度可以提升系统平衡调节能力，优化跨省跨区风、光、水、火运行方式，优先安排新能源发电，缓解新能源市场化交易机制不健全、省间交易壁垒等问题，在全网范围内最大限度消纳新能源；另一方面，大电网统一调度可以显著提升电网安全运行水平。我国电网从上百个地方电网发展到省级电网、区域电网、除台湾地区外的全国联网，电压等级不断提高，电网规模不断扩大，自1997年以来长期保持安全稳定运行，没有发生大面积停电事故，就得益于始终坚持“统一规划、统一建设、统一调度、统一管理”原则，形成了具有中国特色的大电网管理和技术支撑体系。

（3）大电网是实现市场交易的基础平台。通过电力市场交易，可以充分发挥市场配置资源的作用，提高资源配置效率，降低用电成本，促进清洁能源大范围消纳。

### 9.2.3 验证社会参与必要性

青海全清洁能源供电实践的成功，证明了能源清洁转型需要全社会广泛参与。全清洁能源供电期间，青海省政府、黄河水利委员会、北京电力交易中心、国家电网有限公司西北分部以及国家、西北、青海三级电网调度控制中心、青海省内发电企业、青海省内大工业用户等各方利益主体积极配合，共同实现了青海全清洁能源供电的成功。青海省的实践，证明我国能源要实现清洁低碳转型，必须要政府、企业、用户等各方广泛参与，积极配合。发挥全社会各方力量共同参与能源运行调节，尤其是挖掘用户侧主动参与调节潜力，有助于尽早实现能源清洁低碳转型。

用户响应是可再生能源大规模消纳的关键。清洁能源大规模并网对电力系统调峰能力提出很高要求。截至2019年年底，风电和太阳能发电集中的“三北”地区，抽水蓄能、燃气等灵活调节电源比重仅为6%左右，火电机组灵活性改造完成容量不到“十三五”规划目标的5%，电源侧调峰能力严重不足。通过引导用户优化用能特性，主动响应清洁能源出力变化，可以充分挖掘负荷侧调节潜力，促进清洁能源大规模消纳。综合来看，要实现能源清洁低碳转型，促进可再生能源大规模发展，同样离不开政府支持和企业配合。从新能源消纳来看，目前，由于缺乏促进新能源跨区跨省消纳的强力政策、有效电价和辅助服务、需求侧响应等必要的交易机制和补偿机制，省间壁垒突出，供需省份参与系统调节和市场平衡的意愿不强，仅靠电网企业推动跨区跨省调节新能源供需的难度很大，需要政府积极支持。此外，还需要电网企业和发电企业等通过强化重大技术创新，积极落实政府政策，构建适合清洁能源发展的市场机制，促进清洁能源大规模开发利用。

### 9.2.4 坚定能源转型信心

青海全清洁能源供电实践，坚定了推进能源转型的信心，证明了我国有能力为全球能源转型做出贡献。青海全清洁能源供电实践的成功，创造了新的世界纪录，在世界能源清洁转型进程中做出了积极探索和创新实践，同时表明我国在电力技术、运行、管理等方面积累了比较丰富的经验，具备较强的国际竞争力。实践验证了我国发挥大电网平衡调节作用、促进消纳可再生能源措施的针对性和有效性，彰显了我国推进能源转型的信心和决心，对促进世界可再生能源发展具有重要示范意义。

此外，我国在特高压输电、大电网控制、智能电网、电动汽车充电等领域掌握了大量核心技术，积累了丰富的工程经验，这些技术和经验在全球能源转型中可以大有作为。我国在推动全清洁能源供电、促进可再生能源发展等方面的重要实践，将为全球探索能源转型提供一条可借鉴的道路，为全球能源转型做出贡献。

## 9.3 全清洁能源供电实践对能源转型的展望

### 9.3.1 影响能源转型的关键因素

我国正处在中国特色新型工业化、信息化、城镇化和农业现代化深入推进的重要时期，经济总量将持续扩大，人民生活水平和质量将全面提高，能源保障生态文明建设、社会进步和谐、人民幸福安康的作用更加显著。在我国能源发展从总量扩张向提质增效转变的新阶段，重大能源技术突破、政策机制导向及国际能源环境变化将成为影响我国能源转型的关键因素。

能源领域的重大技术突破将影响甚至颠覆我国能源转型的路径和进程。随着能源生产和消费革命蓬勃兴起，围绕能源科技制高点的竞争日趋激烈。互联网、大数据、云计算等现代信息技术和人工智能与能源技术不断深度融合，为建设更安全、更智能的能源系统提供了支撑和引领，同时核聚变、可燃冰、干热岩、超导输电等颠覆性新能源开发利用技术，为能源转型的路径设计提供了完全不同的技术方案。如何根据资源禀赋、用能特点等客观因素选择科学合理的技术方案将直接影响转型路径及成本。以被列入国家战略性新兴产业的储能技术为例，其可与电力系统“发—输—配—用”各环节深度融合，在提供灵活性、促进新能源消纳、支撑跨区电力输送等方面发挥重要作用；同时作为多元能源解耦和融合的纽带，储能与互联网共享思维的碰撞将是实现“能源跨界”的催化剂，包括“储能＋互联网”“储能＋金融”“储能＋建筑”“储能＋交通”等新模式和新业态将对能源行业乃至社会经济格局产生深刻影响。

不同政策机制的制定与实施直接影响能源转型的效果。推动能源转型，不仅需要关键能源技术硬实力，更需要完善能源市场体系，构筑有利于能源转型的软环境。政策机制的导向性作用会直接影响能源转型的方向与节奏，但能源政策的制定与实施受多方面因素影响，任一因素变化可能导致政策效力打折甚至走样。因此，制定科学合理的政策机制，需要统筹考虑经济社会发展、能源资源禀赋、社会公众接受度及参与度等因素。

（1）从国家层面明确各类能源在转型过程中的角色定位，统筹推进传统能源与新能源的协调发展，有效解决当前能源发展不平衡、不充分的问题。

（2）建立适应绿色发展要求的能源价格机制，引导社会居民的能源消费观念及模式。

（3）加大能源环保政策宣传力度，增强全社会环保维权意识的同时，引导公众对于水电、核电等能源开发利用方式对生态环境影响的正确认识。

（4）还原能源商品属性，加快形成统一开放、竞争有序的市场体系，在发挥政府作用的同时，充分发挥市场配置资源的决定性作用。

国际能源环境的不确定因素对我国能源转型构成潜在影响。在全球协作化的大背景下，能源领域的国际合作也日趋密切，作为全球最大的能源生产国和消费国，深度参与国际能源合作已成为我国的重要国策之一。然而，伴随着能源技术的飞速发展，世界能源供需格局正发生着重大变化，全球能源治理体系加速重构，存在诸多不确定因素，直接影响我国能源安全及转型路径。随着亚太地区能源消费份额的上升，世界能源消费主体发生变化。美国借助页岩油气革命超越沙特和俄罗斯成为世界第一大石油和天然气生产国；风电、太阳能在世界范围内的推广，使得未来世界能源市场供应向多元化加速推进，供需双方的角色转变与互换将直接影响国际能源价格走势。随着“一带一路”建设的推进，国际市场的风云变幻对我国能源价格走势、主要能源进口量及对外依存度的影响越来越大。另外，我国作为全球最大的碳排放国家，承担碳减排的国际义务将成为我国能源转型的核心要义之一，而气候变化可能导致的国际碳减排新要求将会直接影响我国能源转型的整体进度与节奏。

### 9.3.2 我国能源转型的趋势研判

基于国家能源发展战略目标，综合考虑总量控制、污染排放、效率提升、非化石能源发电资源供应能力等约束，以系统供应成本最低为目标，优化我国中长期能源需求及各类电源的总量、结构、布局、跨区电力流，主要呈现如下特征：

(1) 能源需求增速放缓，电力需求保持较快增长。随着我国经济发展由高速增长阶段转向高质量发展阶段，经济发展方式、产业结构调整、增长动能转换将持续深入推进，能源消费总量需求增速将持续放缓，约在2030—2035年进入平台期，总量稳定在56亿～60亿t标准煤，其中化石能源需求将在2025年前后达到峰值（41亿～43亿t标准煤）。但电力需求仍将保持较快增长，饱和时点相比于能源需求延后10～15年，至2050年人均电力消费将达到8800～10300kW·h，电力需求将翻番。我国一次能源需求增长趋势如图9-1所示。

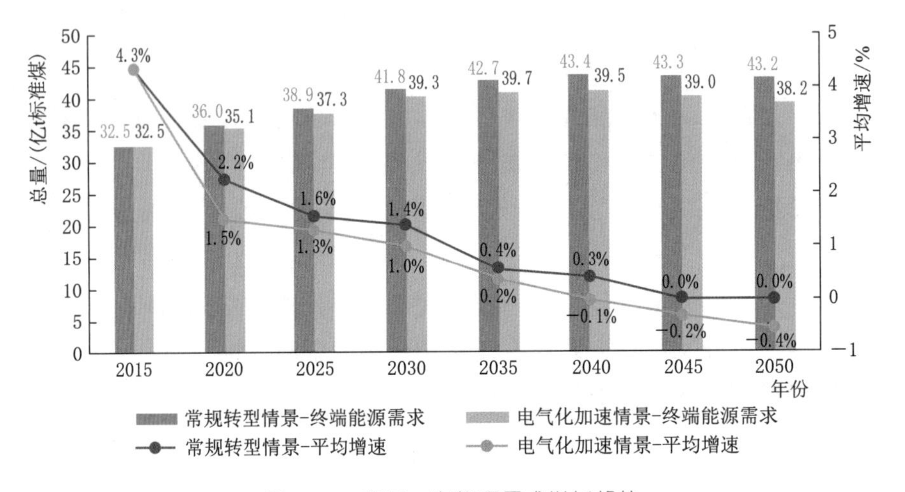


图9-1 我国一次能源需求增长趋势

(2) 能源供应结构优化升级，非化石能源将超越煤炭成为我国能源供应的主体。能源供应结构持续向清洁、低碳方向转型，非化石能源发电和天然气增长同步挤压煤炭需求空间，煤炭更多以电煤方式被利用。预计2035年左右非化石能源将超越煤炭，成为我国第一大能源品种。其中，2030年前非化石能源以核电和水电为主，2030年后风电和太阳能发电将占据主导地位。我国一次能源结构未来变化趋势如图9-2所示。

(3) 能源燃烧碳排放提前达峰，碳排放强度下降目标超额实现。随着我国化石能源消费增速放缓，能源燃烧二氧化碳排放量在2020年后进入相对稳定的平台期，预计2030年前达峰，峰值不超过100亿t。而随着电气化水平的提高，未来更多二氧化碳排放将从终端部门转移到电力行业。2030年碳排放强度较2005年下降72%，超额完成《强化应对气候变化行动——中国国家自主贡献》要求的65%上限目标。我国能源行业碳排放趋势如图9-3所示。

(4) 清洁能源集中开发与分散利用并举，跨区配置规模显著提升。近期受消纳形势与补贴政策等多重因素影响，清洁能源开发以东中部负荷中心与西部北部资源富集区并重。但长期来看，清洁能源开发向资源条件更好的西部、北部倾斜是全国一盘棋下更为科学的能源转型方案。预计2035年，我国“三北”地区新能源装机比重将超过70%，西南和南方水电比重将超过71%；“西电东送”规模将超过5亿kW，并以输送水电、风电、光伏等清洁能源为主，其中输送清洁能源比重将达到63%。我国可再生能源发电布局如图9-4所示。

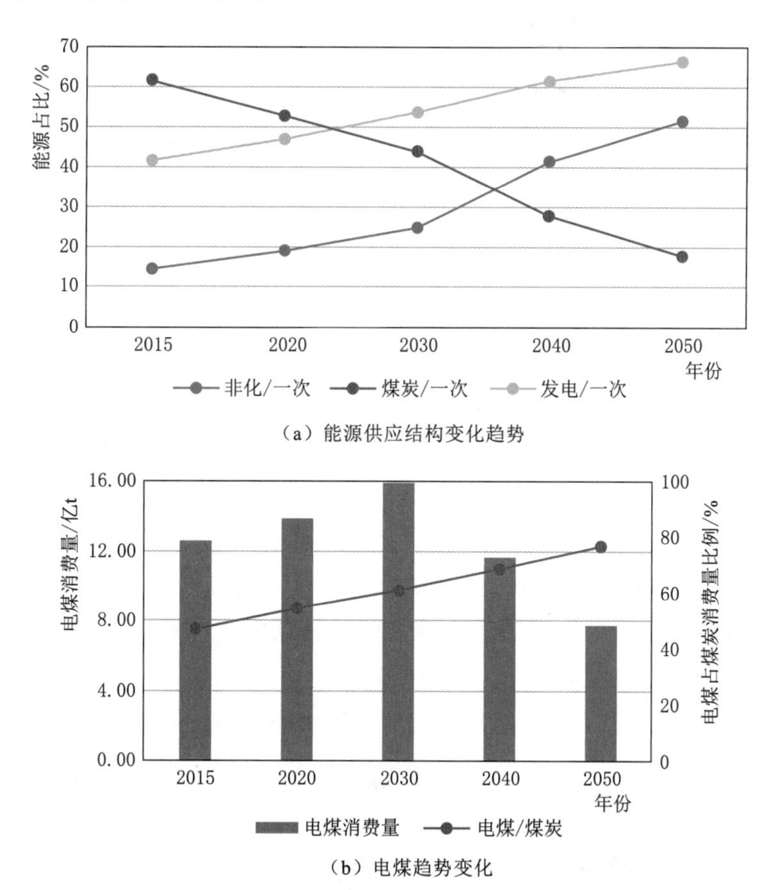


（a）能源供应结构变化趋势

（b）电煤趋势变化

图9-2 我国一次能源结构未来变化趋势

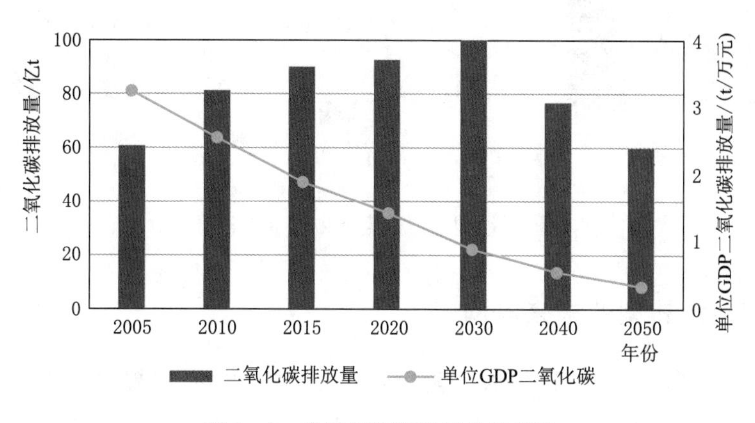


图9-3 我国能源行业碳排放趋势

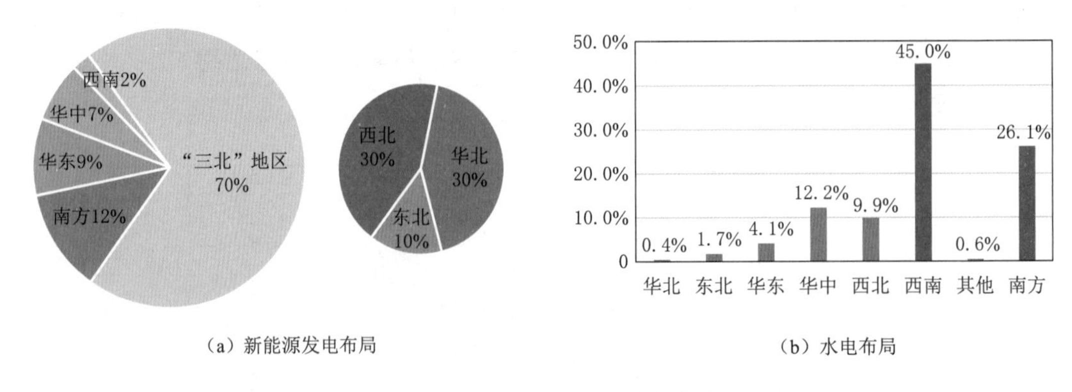


(a) 新能源发电布局　　　　(b) 水电布局

图 9-4　我国可再生能源发电布局

(5) 电气化水平持续提升，电能逐步成为第一大终端能源消费品种。随着工业、居民生活、交通、商业等各领域的电气化、自动化、智能化发展，全社会电气化水平将显著提高。2035 年前，工业部门仍是我国电气化水平提升的重点领域，通过智能制造和自动化生产的电量拉动以及电锅炉、电窑炉、电加热、电驱动等电能替代，使得电能占终端能源消费比重超过 30%，2025—2030 年间电能将超越煤炭成为终端能源消费的主体；2035 年后，工业部门用电量稳中略降，随着第三产业规模持续扩大以及电动汽车、城市轨道交通、电采暖等电能替代的持续深度推进，居民生活、交通、商业成为电气化水平提升的主要领域，2050 年电气化水平达到 40.4%，电能的终端能源消费主体地位持续巩固。各行业对终端电气化水平贡献度分析如图 9-5 所示。

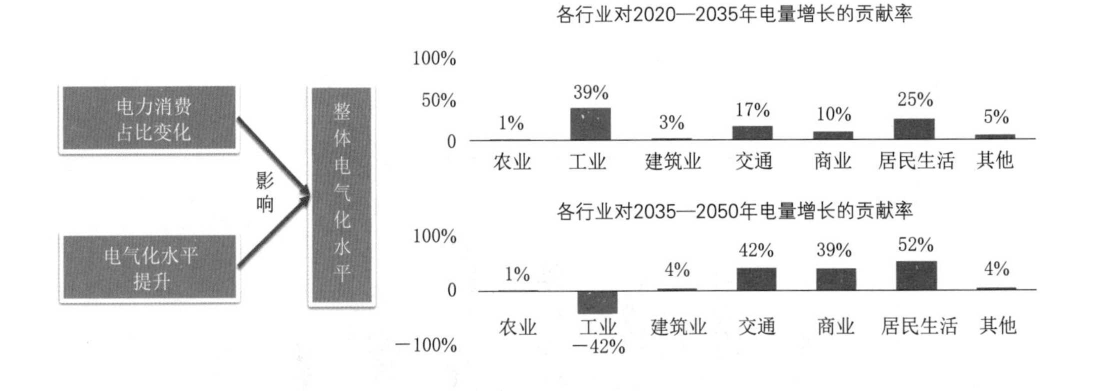


图 9-5　各行业对终端电气化水平贡献度分析

### 9.3.3　承载能源转型的未来电网

从我国能源转型的发展趋势看，随着电气化进程的加快推进、新能源高比例接入、新型用能设备广泛应用，"大云物移"和人工智能技术与电网深度融合，电网基础设备由传统交流设备向电力电子设备转变、电网运行特性由自然功率分布向灵活柔性可控转变、系统物理特征由旋转惯量系统向旋转-静止混合系统转变。因此，未来电网将从物理特性、运行模式、市场形态等方面发生根本改变，从技术特征上将向新一代电力系统演进；从功能形态上将向能源互联网演进。建设以坚强智能电网为核心的新一代电力系统，进而构建融合多能转换技术、智能控制技术和现代信息技术，广域泛在、开放共享的能源互联网，是电网发展的必然趋势。

1. 新一代电力系统

推动能源转型，需要打造“广泛互联、智能互动、灵活柔性、安全可控、开放共享”的新一代电力系统，推动源网荷协调发展和友好互动，提高系统调节平衡能力，更好地满足清洁能源大规模、高比例接入的需要。

（1）广泛互联，是指系统规模大、接入主体多，电网成为资源大范围优化配置平台。电力系统接入主体多样化，可再生能源在时间维度上具有季节性和时段性，空间维度上具有互济性。分布式电源、微电网、储能、电动汽车等新型用能设备大量接入，电力供需形态多样化，负荷特性呈现明显差异性和互补性。

（2）智能互动，是指系统具备高度智慧化和交互性，电力生产、消费与电力市场紧密融合。“大云物移”和人工智能技术得到广泛应用，电网与互联网实现深度融合，电力系统全环节具备智能感知能力、实时监测能力和智能决策水平。发电和用户的双向选择权放开，发电侧与售电侧各主体在电力市场中广泛参与、充分竞争，用户通过经济政策或价格信号，实现主动负荷需求响应。

（3）灵活柔性，是指系统具有强大的适应性和抗干扰能力。储能、虚拟同步机、大功率电力电子器件、柔性输电等新技术、新设备广泛应用，系统的灵活性和适应性显著提升。源随荷动、荷随网动，源网荷实现联动，电网运行的弹性显著增强。

（4）安全可控，是指系统具有高度稳定性和可靠性，电网安全可控能控。电网预防和抵御事故风险的能力显著提升，能够防范严重故障冲击，降低大面积停电风险。交流与直流、各电压等级电网协调发展，主网、配电网效率效益和供电可靠性双提升。网络信息加密技术普及，电力系统信息安全防护水平显著增强。

（5）开放共享，是指系统具有高度开放性和共享度，电网成为综合能源服务平台。电力、燃气、热力、储能等资源通过电网实现互联互通，能源综合利用效率得到优化。互联网理念贯穿各类用电业务，形成透明开放的服务网络，支撑分布式能源、各类用能设备友好接入。

2. 能源互联网

随着科技进步和市场发展，能源系统发展呈现出信息化水平显著提升、清洁能源开发集中式与分布式协同、横向不同能源品种间互联互通与互补协同、纵向“源—网—荷—储”协调性显著提升等趋势，能源系统的网络形态日趋明显，电网向能源互联网转型初具雏形。

2004 年，能源互联网概念在《经济学人》（*The Economist*）杂志上被首次提出，旨在通过建设大量分布式发电及储能设备，并加以信息化改造，提升电力系统的灵活性和自愈能力。到 2011 年，杰里米·里夫金的《第三次工业革命》一书出版，具象化了能源互联网的定义，即构建能源生产民主化、能源分配分享互联网化的能源体系，实现以“可再生能源＋互联网”为基础的能源共享网络，至此掀起了能源互联网的新一轮全球热潮。能源互联网的发展历程如图 9－6 所示。

图 9－6　能源互联网的发展历程

在能源互联网的概念发展过程中，由于各方关注重点不同，形成“互联网改造能源系统”“能源大范围联网”“多能互补、源网荷储协调”等不同“流派”，其主要特点及代表见表 9－1。各“流派”实际分别强调了“互联”和“互联网”两方面内容，“能源＋互联”包括“能源大范围联网”和“多能互补、源网荷储协调”，“能源大范围联网”强调能源通过大范围的互联网络进行大规模配置，“多能互补、源网荷储协调”强调能源各品种间、上下游间互联，有机结合。上述“互联”和“互联网”两方面融合形成了能源互联网。

**表 9－1　　能源互联网主要“流派”的特点及代表**

| “流派”名称 | 主　要　特　点 | 代　　表 |
| --- | --- | --- |
| 互联网改造能源系统 | 主要针对能源系统灵活性不足的问题，通过借鉴互联网开放对等的理念及体系架构，对能源系统关键设备、形态架构、运行方式进行深刻变革，实现分布式能源、电动汽车等接后海量主体的即插即用和能量信息双向流动 | 杰里米·里夫金提出能源互联网概念；美国 FREEDM 概念；日本的 Digital Grid 概念；国内周孝信、杜祥琬等提出的能源互联网理念等 |

续表

| “流派”名称 | 主要特点 | 代表 |
| --- | --- | --- |
| 能源大范围联网 | 主要针对能源系统高污染、高排放问题，通过信息通信技术和先进输电技术的融合，构建能源坚强传输网络，实现清洁能源大范围配置与大规模利用 | 全球能源互联网概念 |
| 多能互补、源网荷储协调 | 主要针对能源系统低质量、低效率问题，通过信息技术促进多种能源之间的相互替代和综合优化，以及能源系统上下游之间的协调运行，提升能源系统的效率和安全稳定性 | 欧盟 FINSENY 概念；德国 E-Energy 概念；我国的新奥泛能网、智能能源网等 |

在融合过程中，“能源＋互联”和“能源＋互联网”两大类概念的交集不断加强，并集不断丰富。其中“电为核心、电网为平台”的交集趋势逐渐显现。可以说“能源互联网”概念的提出，是“智能电网”概念向整个能源系统的扩展和进一步互联网化的延伸。因此，在能源技术进步、与数字技术融合以及“互联网＋”新理念新模式新业态的推动下，传统电网向能源互联网转型升级。传统电网向能源互联网演进过程如图 9-7 所示。

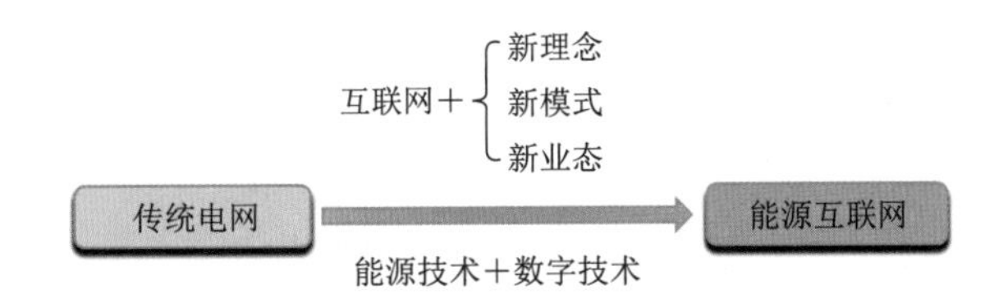


图 9-7　传统电网向能源互联网演进过程

基于以上判断，综合各方观点，本书认为能源互联网是基于未来电网的能源系统、信息系统、社会系统有机融合的巨系统，是网络广泛互联、用户灵活参与、支撑清洁能源大规模开发利用的未来能源系统。从电网演化到能源互联网，其核心特征体现在电为中心、网为平台、智能互联以及“两个替代”。

（1）电为中心，就是推动更多的一次能源转化为电能来配置和使用，使电能安全、经济、绿色、高效的优势得到充分发挥。

（2）网为平台，就是把电网作为能源资源优化配置的枢纽和基础平台。以特高压为骨干网架、各级电网协调发展的坚强智能电网是能源互联网的重要物质基础。

（3）智能互联，是能源互联网的典型特征。一方面，通过现代化大电网广泛互联，实现能源空间、时间上的互补互济；另一方面，不断增强系统智能响应能力，推动源网荷协调发展和友好互动，更好地满足清洁能源、各种新型用能设备的广泛接入。

（4）“两个替代”，是能源互联网的价值所在。一方面，在能源生产侧实施清洁能源替代，以水能、风能、太阳能发电替代化石能源发电，逐步推动清洁能源成为主导能源；另一方面，在能源消费侧实施电能替代，通过以电代煤、以电代油，不断提高电能占终端能源消费的比重。

推动能源转型的过程，本质上就是建设能源互联网的过程，也是传统电网向新一代电力系统演化的过程。这期间首先需要不断完善加强电网基础设施建设，打造广泛互联、灵活柔性、安全可靠的质量强网；同时在清洁能源发电、柔性输电、大规模储能、智能用电等领域实现重大技术创新，为满足能源互联网灵活智能、多元互动的基本要求提供技术支撑；在市场机制设计上精准施策，建立涵盖宏观战略到微观实践的能源政策保障体系，培育新产业、新业态、新模式，助力创新技术从研发到产业的快速成长和发展；最后，引导全社会共同参与，充分释放用户侧共建、共享能源互联网的活力，打造属于全社会的以智慧能源为动力、以高度电气化为特征的能源系统。

# 参　考　文　献


［1］　BP世界能源统计年鉴2019［R］．英国石油公司，2019.

［2］　景春梅，王成仁．新常态下我国能源发展的战略选择［J］．中国经贸导刊，2016（13）：68－70.

［3］　关于空气颗粒物综合科学评估报告［R］．美国环保署，2009.

［4］　2019年中国环境状况公报［R］．生态环境部，2020.

［5］　全球风能报告2018［R］．全球风能理事会，2019.

# 后　记

19世纪后期电的发明及其在20世纪的广泛利用，直接推动了第二次工业革命，对人类社会生产力的繁荣发展和社会文明进步起到了前所未有的促进作用。电能作为清洁、高效、便捷的二次能源，终端利用效率高达90%以上，使用过程清洁、零排放，在终端能源消费中扮演着日益重要的角色。

进入21世纪，以清洁能源大规模开发利用为标志的新一轮能源革命深入推进，风能、太阳能、水能等清洁能源蓬勃发展，全球范围正在开启新一轮电气化进程，即再电气化。与传统能源生产消费方式下的电气化相比，再电气化进程在生产侧和消费侧同步发力的特征十分明显。从生产侧来看，体现为清洁能源特别是新能源的大规模开发利用，清洁能源发电占一次能源比重持续提升。从消费侧来看，体现为电能对化石能源的深度替代，电能占终端能源消费比重不断提升。能源生产和消费革命的过程，实际上就是再电气化的过程。电网连接能源生产和消费，是能源资源转换利用的枢纽和基础平台，在适应和引领再电气化进程中发挥关键作用。

我国是世界最大的能源生产国和消费国，取得了举世瞩目的清洁能源发展成就，也面临着比任何国家都艰巨的挑战。截至2019年年底，我国常规水电装机达到3.26亿kW，年发电量1.3万亿kW·h，在建规模约5400万kW；风电装机容量2.1亿kW，年发电量4057亿kW·h；太阳能发电装机容量2.05亿kW，年发电量2243亿kW·h；生物质装机容量2369万kW，年发电量1111亿kW·h。新能源装机容量和发电量仅次于煤电和水电，成为我国第三大电源（其中在16个省区已成为第二大电源）。2019年年底我国清洁能源装机容量占比为39.5%，预计到2030年将超过50%。清洁能源高比例接入，不仅带来巨大调峰调频压力，而且导致系统转动惯量降低，对电网控制带来前所未有的挑战，迫切需要传统电力系统加快向“广泛互联、智能互动、灵活柔性、安全可控、开放共享”的新一代电力系统升级，推动源网荷储协调发展和友好互动，有效适应清洁能源大规模发展需要。

青海区域168h清洁能源供电的创新实践，正是国家电网有限公司对构建新一代电力系统、促进再电气化进程的一次积极尝试和探索。继2017年6月在青海连续7日实现全清洁能源供电之后，在2018年6月实现全清洁能源连续供电9日216h，以及2019年6月实现全清洁能源连续供电15日360h，两次刷新了清洁能源供电的世界纪录。“绿电7日”“绿电9日”和“绿电15日”的成功实践，显示了功率预测、多能互补、柔性并网等先进能源科技与物联网、大数据、云计算等先进信息技术深度融合所迸发出的巨大能量，充分验证了国家电网有限公司推动我国能源转型各项举措的有效性，更加坚定了我们推动能源转型的信心和决心，同时也为人类社会摆脱化石能源依赖，构建人类命运共同体，实现可持续发展提供了中国智慧和中国方案。

我国清洁能源开发走的是集中与分散相结合的道路，客观上需要依托大电网、构建大市场、在全国范围优化配置能源资源。近年来，局部地区“三弃”矛盾的出现，与电源电网发展缺乏统筹、跨区输电通道建设滞后、系统调峰能力不足、市场机制不健全等各种因素有关，需要在政府调控下，加强规划引导和市场机制建设，凝聚各方合力，推动电源、电网和市场有机衔接，加快突破储能等核心技术，多措并举、综合施策以解决“三弃”矛盾。更重要的是，促进清洁能源发展、实现能源转型是一项社会化的系统工程，涉及能源开发、配置、消费等各环节，面临基础设施、政策、市场、技术等诸多挑战，需要政府、企业、用户等全社会的共同参与和支持。

习近平总书记在党的十九大报告提出，推进能源生产和消费革命，构建清洁低碳、安全高效的能源体系，为我国能源发展指明了方向。国家电网有限公司将深入学习贯彻习近平新时代中国特色社会主义思想和党的十九大精神，以青海全清洁能源供电实践的经验和启迪为开端，积极适应引领能源革命和电网发展趋势，加快建设世界一流的能源互联网，推动能源转型发展，服务生态文明和美丽中国建设，满足人民美好生活对清洁能源的需求，为实现“两个一百年”奋斗目标和中华民族伟大复兴中国梦作出新的更大贡献！

# 《大规模清洁能源高效消纳关键技术丛书》
# 编辑出版人员名单

**总 责 任 编 辑**　王春学

**副总责任编辑**　殷海军　李　莉

**项 目 负 责 人**　王　梅

**项 目 组 成 员**　丁　琪　邹　昱　高丽霄　汤何美子　王　惠　蒋雷生

# 《全清洁能源供电的研究与实现》

**责任编辑**　王　梅

**封面设计**　李　菲

**责任校对**　梁晓静　张伟娜

**责任印制**　崔志强　冯　强